国家出版基金项目
NATIONAL PUBLICATION FOUNDATION

"十三五"国家重点出版物
出版规划项目

现代生物质能高效利用技术丛书

生物质热裂解及合成燃料技术

易维明 等编著

PYROLYSIS AND
SYNTHETIC
FUEL
TECHNOLOGY
OF BIOMASS

Efficient Utilization Technology of Modern Biomass Energy

化学工业出版社
·北京·

本书为"现代生物质能高效利用技术丛书"中的一个分册,在介绍生物质资源和生物质热裂解基本原理的基础上,详细阐述了生物质热裂解方法及过程、生物质热裂解气化工艺及主要设备、生物质热裂解液化工艺及主要设备、生物质热裂解炭化工艺及主要设备、生物质热裂解产物加工与合成燃料技术,最后分析了热裂解及合成燃料的产业化;书后还附有相关标准,便于读者参考使用。

本书具有较强的技术性、可操作性和针对性,可供从事生物质能源工程研究的科研人员、技术人员和管理人员参考,也可供高等院校生物工程、能源工程、资源科学与工程及其相关专业师生参阅。

图书在版编目(CIP)数据

生物质热裂解及合成燃料技术/易维明等编著. —北京:
化学工业出版社,2020.7(2024.4 重印)
(现代生物质能高效利用技术丛书)
ISBN 978-7-122-36622-1

I.①生… Ⅱ.①易… Ⅲ.①生物燃料-研究 Ⅳ.①TK6

中国版本图书馆 CIP 数据核字(2020)第 068630 号

责任编辑:刘兴春 刘 婧　　　　文字编辑:陈 雨
责任校对:王 静　　　　　　　　装帧设计:尹琳琳

出版发行:化学工业出版社
　　　　　(北京市东城区青年湖南街 13 号　邮政编码 100011)
印　　装:北京建宏印刷有限公司
787mm×1092mm　1/16　印张 20¼　彩插 1　字数 422 千字
2024 年 4 月北京第 1 版第 2 次印刷

购书咨询:010-64518888
售后服务:010-64518899
网　　址:http://www.cip.com.cn
凡购买本书,如有缺损质量问题,本社销售中心负责调换。

定　　价:128.00 元

前言
PREFACE

人类赖以生存和发展的重要物质保证就是能源。近年来我国已经逐渐接近世界第一大能源消费国的水平，然而我国的人均资源量却处于世界较低水平，同时传统能源的使用带来的环境问题也越来越紧迫，因此加大研发生物质在内的可再生能源显得极为重要。能源的核心是传统化石能源问题，一方面，传统化石燃料支撑着世界发达的物质文明，资源逐渐枯竭、需求却越来越大、成本越来越高、价格不断攀升；另一方面，化石燃料使用造成的环境压力越来越大。能源和环境问题是 21 世纪人类所面临的重大挑战，开发可再生、清洁的能源和实现能源多元化发展已经成为世界大趋势。

生物质能是绿色植物通过光合作用存储下来的太阳能，是唯一存储为有机物形式的可再生能源。相比生物转化，热化学转化过程明显具有高效的特点。热化学过程表观表现包含燃烧、热裂解气化、液化、炭化、重整或裂解等过程。热化学转化过程的本质是在热的作用下（有时会借助催化剂），在不同温度、不同气氛条件下使得复杂碳水化合物的化学结构断裂而生成小分子，并发生能量转移的过程，在此过程中包含的反应有大分子热裂解、热裂解固体产物半焦气化、热裂解气相产物进一步裂解和重整、较大分子热裂解产物的重聚和二次裂解、气固可燃产物的氧化及燃烧、气相产物水蒸气变换等。该过程不同产物与终产物相互关联：互为反应物、生成物，并可能存在内部供热问题；中间产物和最终产物还对发生于其他产物的反应存在可能的催化和抑制作用。这些反应分阶段进行，且与温度和升温速率紧密相关。

生物质热裂解技术具有良好的原料适应性、较高的能源转化率等特点。通过这类技术可以将可再生的生物质转化为高品位的能源及化学品，不仅可以解决自然资源的可持续性利用问题，还可以缓解化石资源日益枯竭的局面，以此促进社会经济和环境保护的同时发展。生物质热裂解的主要任务是如何通过热化学手段把生物质复杂大分子的碳水化合物转变为高品质的气体、液体、固体形式的烃类燃料及有机材料。通过热裂解技术可以将生物质转化为热裂解油再加以分离提质从而得到高价值生物汽、柴油及航空燃料；也可以将生物质热裂解气化后的合成气（H_2/CO 等）进一步热化学合成液体燃料和化学品；生物质热裂解炭化可以制备生物炭，应用于替代燃煤以及其他炭基材料等。生物质热裂解技术的研发不仅要研发相关转化技术，还需要具备相关传热传质的基础知识并研发与之相关的工艺设备。该过程是一个复杂的工程和科学问题，内涵极其丰富，包括了化学、工程热物理、材料、机械和自动控制方面的相关问题，彼此之间存在较强的关联性。深入研究热裂解各转化过程，对于研究优化转化过程效率、调控产品品质、抑制副产物生成、实现高效工业化生产都具有重要意义。

目前可以生产生物燃料的工艺技术路线有多种，它们分别适合于不同的生物质原料，这些技术的最终目标都是将生物质转化为与化石燃料相类似的产品。目前被列入标准（ASTM D7566）的主要技术是："天然油脂加氢法"技术和"生物质（气化-费托合成）液化"技术。而且这两种技术实现制备生物燃料的过程具有工艺共同性：都需要加氢脱氧处理和异构化/选择性加氢裂化。对于生物质热裂解技术而言，实现制备生物燃料的技术路线完全可以耦合这两条技术路线。

基于生物质热裂解制备生物燃料过程中复杂的科学和工程问题，围绕生物质热裂解及合成燃料技术，本书分别从科学问题和工程应用这两个层面结合展开论述，从技术原理、研究进展论述并通过工程或应用实例分析，系统阐述了生物质热裂解在制备生物燃料方面的知识。本书具有较强的技术性、可操作性和针对性，可以作为生物质能源方向的研究与技术人员的重要参考资料，也可供高等学校生物工程、能源工程、资源科学与工程及相关专业师生参考。

本书是编著者长期从事生物质热裂解研发所积累的成果，由长期从事生物质热化学转化研究的山东省"泰山学者"特聘专家易维明教授策划并组织山东省清洁能源工程技术研究中心的一批该领域青年骨干进行编著。该中心于1999年在山东理工大学成立以来一直专注于生物质热裂解过程与装备的研发，先后主持攻关多项国家级课题。在中心成立后持续受到国家"863"计划、国家支撑计划、国家自然科学基金等相关基金的资助。本书正是该中心对过去多年间持续攻关多项相关国家课题所取得一系列成果的系统总结。本书具体编著分工如下：王芳博士负责编著第1章；林晓娜博士负责编著第2章和第3章；田纯焱博士负责编著第4章、第5章、第7章和第8章；沈秀丽博士和王芳博士共同负责编著第6章。全书最后由易维明教授统稿并定稿。另外，山东省清洁能源工程技术研究中心的李宁博士生参与编著第4章、王绍庆博士参与编著第5章、张德俐博士参与编著第6章；孔令帅硕士生、赵鲲鹏硕士生、杨俊涛硕士生、张东红硕士生、任夏瑾硕士生等同学在此期间协助收集和撰写相关资料，对他们的辛勤工作表示感谢！另外，在本书编著中参考和引用了大量国内外文献，以及在出版期间获得同行专家和编辑的帮助，在此一并表示感谢。

限于编著者水平和编著时间，书中不足和疏漏之处在所难免，恳请读者指正为谢！

2019 年 11 月

第3章
生物质热裂解方法及过程 ─────────077

第4章
生物质热裂解气化工艺及主要设备 ─────────109

第5章 143
生物质热裂解液化工艺及主要设备

第6章
生物质热裂解炭化工艺及主要设备

第7章
生物质热裂解产物加工与合成燃料技术

第8章
热裂解及合成燃料的产业化分析

附录 —————————————————267

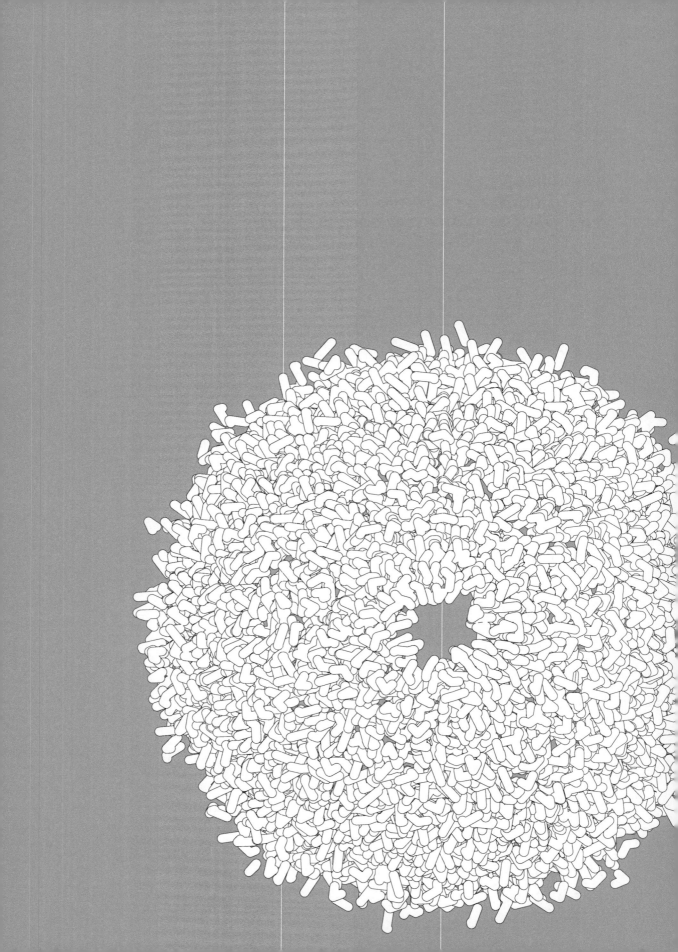

第 1 章

生物质资源

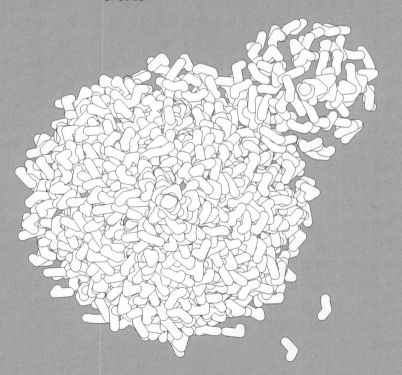

1.1 生物质的种类及分布

能源可以分为可再生能源和不可再生能源两类。可再生能源是指能够重复产生的自然能源，它可供人类长期使用，譬如太阳能、风能、水能、潮汐能、地热能和生物质能等；不可再生能源则是指那些在短期内不会重复产生并最终会枯竭的能源，如煤炭、石油、天然气等。如果按照其性质来分，则包括燃料能源和非燃料能源两类。燃料能源一般包括矿物燃料（煤炭、石油、天然气等）、生物燃料（柴草、木材、沼气、有机废弃物等）、化工燃料（甲醇、乙醇、废旧塑料制品等）和核燃料（铀等）；太阳能、风能、水能、潮汐能和地热能等则属于非燃料能源。可见生物质能属于燃料能源范畴，具有可再生优势。

能源是人类赖以生存和进行经济建设的物质基础，能源的合理开发与有效利用关系到世界未来的可持续发展。进入 21 世纪以来，世界经济与科技发展迅速，能源消耗逐年增加，预计，全球的能源消耗将从 2002 年的 $1.4843×10^{13}$ t 标准煤增长达到 2025 年时的 $2.3238×10^{13}$ t 标准煤，原油每天的需求量也会从 2004 年的 8200 万桶达到 2025 年的 1.11 亿桶[1]。同时，近年来，煤、石油、天然气等化石能源的使用造成了二氧化碳排放量呈几何级数增长的趋势，导致全球大范围气候异常和局部气候失衡[2]。能源与环境问题成为制约世界经济发展的两大主要因素。作为一个经济快速增长的发展中国家，在 21 世纪，我国将面临着经济增长、能源合理开发和环境保护的多重压力。我国长期以煤炭作为基本能源来源，造成能源利用效率低，环境恶化。我国人均 GDP 所消耗的能耗是世界平均水平的 3 倍，是一般发展中国家的 2 倍。大量化石能源的燃烧致使我国 CO_2 排放量逐年升高，据统计，1978 年我国 CO_2 排放量为 146 万吨，到 2012 年我国 CO_2 排放量达到 1003 万吨，增长了近 6 倍[3]。

据 2019 版《BP 世界能源统计年鉴》统计，在 2018 年期间，尽管中国的经济增长正在放缓且正经历结构转型，但是中国仍是世界上最大能源消费国、生产国和净进口国。中国占全球能源消费量的 23.6%。2018 年，我国二氧化碳排放量达到 94.287 亿吨，占全球二氧化碳排放量的 27.8%，年增长率为 2.2%，达到三年来新高。在很大程度上，碳排放的增长就是能源消费上升的直接结果，其主要原因是我国能源密集型产业正经历的周期性特征。所以为减少碳排放，必须进一步调整能源消费结构。近年来，我国大力倡导低碳经济，追求绿色 GDP，而低碳经济的实质是能源高效利用、清洁能源开发，核心能源技术和减排技术创新、产业结构和制度创新以及人类生存发展观念的根本转变[1]。开发新能源和可再生能源，并将其转变为高品位能源，可以逐步减轻对化石能源依存度及环境和生态问题，所以进一步发展可再生能源是 21 世纪能源产业开发利用的重点，也是世界各国调整能源产业结构、发展低碳经济的必然选择[4]。

作为可再生能源的一种，生物质是指利用大气、水、土地等通过光合作用而产生的各种有机体，即一切有生命的可以生长的有机物质统称为生物质。广义概念：生物质包括所有的植物、微生物以及以植物、微生物为食物的动物及其生产的废弃物。有代表性的生物质如农作物、农作物废弃物、木材、木材废弃物和动物粪便。狭义概念：生物质主要是指农林业生产过程中除粮食、果实以外的秸秆、树木等木质纤维素（简称木质素）、农产品加工业下脚料、农林废弃物及畜牧业生产过程中的禽畜粪便和废弃物等物质。

生物质能是可再生能源的重要组成部分。生物质能的高效开发利用，对解决能源、生态环境问题将起到十分积极的作用。进入 20 世纪 70 年代以来，世界各国尤其是经济发达国家都对此高度重视，积极开展生物质能应用技术的研究，并取得许多研究成果，达到工业化应用规模。

生物质包括植物通过光合作用生成的有机物，如植物、动物及其排泄物等。生物质的能源来源于太阳，所以生物质能是太阳能的一种。生物质是太阳能最主要的吸收器和储存器，生物质通过光合作用能够把太阳能积聚起来，储存于有机物中，这些能量是人类发展所需能源的源泉和基础。

生物质是地球上最广泛存在的物质，它包括所有动物、植物和微生物以及由这些有生命物质派生、排泄和代谢的许多有机质。各种生物质都具有一定能量。以生物质为载体、由生物质产生的能量便是生物质能。生物质能是太阳能以化学能形式储存在生物中的一种能量形式，直接或间接来源于植物的光合作用。地球上的植物进行光合作用所消费的能量，占太阳照射到地球总辐射量的 0.2%。这个比例虽不大，但绝对值很惊人，经由光合作用转化的太阳能是目前人类能源消费总量的 40 倍。可见，生物质能是一个巨大的能源。生物质能的分类主要有薪柴、木质废弃物、农业秸秆、牲畜粪便、制糖作物废渣、城市垃圾和污水、水生植物等（表 1-1）。

表 1-1　生物质能分类

分类		举例
能源作物	陆生生物质	甘蔗、木薯、玉米、甜菜、油菜籽、甜高粱、能源林等
	水生生物质	微藻、水葫芦等
生物质废弃物	农业残余物	秸秆、稻壳、花生壳等
	林业残余物	伐木残余物、木材加工废弃物、建筑废物等
	渔业残余物	渔业加工残余物
	工业残余物	酿酒、制糖、食品、制药、造纸废水等
	动物粪便	禽畜粪便、屠场废弃物等
	城市废弃物	生活垃圾、有机废水等

绿色植物利用叶绿素通过光合作用，把 CO_2 和 H_2O 转化为葡萄糖，并把光能储存在其中，然后进一步把葡萄糖聚合为淀粉、纤维素、半纤维素、木质素等构成植物本身的物质，从而形成包括植物、农作物、林产物、海产物（各种海草）和城市垃圾（纸张、天然纤维）等生物质。据估计，作为植物生物质的主要成分，木质素和纤维素每年以约 1640 亿吨的速度再生，如以能量换算相当于石油产量的 15～20 倍。如果这部分资源得到好的利用，人类相当于拥有一个取之不尽的资源宝库。而且，由于生物质能利用了空气中的 CO_2，燃烧后再生成 CO_2，所以不会增加空气中的 CO_2 含量。CO_2 是最主要的温室气体（greenhouse gases），它对全部温室效应的贡献为 26％，对大气中除水蒸气外各种气体引起的温室效应的贡献约为 65％。鉴于利用生物质作为能源不会增加大气中 CO_2 的含量，即碳中性（carbon neutral），生物质与矿物质能源相比更为清洁。

1.2 生物质的组成与结构

1.2.1 生物质的工业分析

生物质的工业分析是分析生物质中水分、灰分、挥发分和固定碳四类物质的总称。根据工业分析可以初步判断生物质的组成和性质，工业分析成分影响生物质的利用途径。它不仅可以指导工业生产，在理论研究上也有重要意义。

1.2.1.1 水分

生物质中含水量对生物质热化学转化过程影响很大。根据水分在生物质中存在的状态，可分为以下三种形式。

（1）外在水分

外在水分也称为物理水分，它是附着在生物质表面及大毛细孔中的水分。将生物质放置于自然环境中，外在水分会自然蒸发，直至空气中的相对湿度达到平衡为止。失去外在水分的生物质，称为风干生物质。生物质中外在水分的多少与环境有关，与生物质的品质无关。

（2）内在水分

内在水分也称为吸附水分。将风干的生物质在 102～105℃ 下干燥，此时所失去的水分称为内在水分。它存在于生物质的内部表面或小毛细管中。内在水分的多少与生物质的品质有关。生物质中的水分越高，在热加工时耗能也越大，导致有效能越低。内在水分高对生物质燃烧、热裂解等热化学转化都是不利的。

（3）结晶水

结晶水是生物质中矿物质所含的水分，这部分水分非常少。一般情况下，将生物质加热至 200℃以上时，结晶水才能完全去除。

生物质工业分析所得到水分不包括结晶水，只包括外在水分和内在水分，两者综合称为生物质的全水分。

1.2.1.2　灰分

灰分是指生物质中所有可燃物质完全燃烧后所剩下的固体物质，主要由 CaO、K_2O、Na_2O、MgO、SiO_2、Fe_2O_3 和 P_2O_5 等组成。生物质灰分测定方法可参考《固体生物质燃料工业分析方法》（GB/T 28731—2012），称取一定量的固体生物质燃料试样，放入马弗炉中，以一定的速度加热到（550±10)℃，灰化并灼烧到质量恒定，以残留物的质量占试样质量的质量分数作为试样的灰分。由于生物质灰分中存在一些矿物质的化合物，它们可能对热加工制气过程起到催化作用。生物质灰分的熔融特性是生物质热化学转化的重要指标。灰熔点对热加工过程的操作温度有决定性的影响，操作温度超过灰熔点，可能造成结渣，导致不能正常运行。一般生物质的灰熔点在 900～1050℃之间，有的还可能更低。

1.2.1.3　挥发分和固定碳

在隔绝空气的条件下，将生物质样品在（900±10)℃下加热一定时间，将所得到的气体中除去水分所剩下的部分即为挥发分。挥发分是生物质中有机物受热分解析出的部分气态物质，它以占生物质样品质量的百分比表示。加热后所留下来的固体称为焦炭，焦炭中含有生物质试样的全部灰分，除去灰分后所剩下的就是固定碳。水分、灰分、挥发分和固定碳质量的总和即生物质试样的质量。

挥发分的主要组分是烃类化合物、碳氧化物、氢气和焦油蒸气。挥发分反映了生物质的许多特性，如生物质的热值的高低等。

1.2.2　生物质中的元素组成

生物质中除含有少量无机物及一定量水分外，大部分为有机质，其基本元素组成为碳、氢、氧、氮；此外，还包含少量的硫和磷。

1.2.2.1　碳

生物质中的主要组成元素，在干燥柴草及木材中，其含量一般为 40%～50%。在生物质热化学转化中，碳元素的存在形式主要有两种，一种是与氢、氧、氮等元素组成烃类化合物，在热转化过程中通常以挥发分形式析出；另一种会在热化学转化过程中形成固定碳，生物质中固定碳含量较低，一般在 10%～20%之间。

1.2.2.2　氢

在生物质中除碳元素之外的另一能量来源的重要元素，以烃类化合物形式存在，一般含量为 6% 左右。生物质热裂解液化过程中较高的氢含量可以提高生物油的热值及使用性能。

表 1-2 列出了不同种类生物质的工业分析指标和元素组成。

表 1-2 不同种类生物质工业分析与元素分析

元素组成	工业分析/%				元素分析/%				
	水分	灰分	挥发分	固定碳	C	H	O	N	S
玉米秸秆	6.16	7.69	70.25	15.90	39.07	5.03	46.29	1.30	0.12
棉秆	5.88	5.46	69.59	19.07	43.51	5.39	44.00	1.20	0.10
松木屑	4.86	1.01	81.45	12.68	48.69	5.74	44.61	0.16	0.11
稻壳	4.95	16.80	63.63	14.62	38.63	4.64	38.45	0.50	0.10
麦秸	4.39	8.90	67.36	19.35	41.28	5.31	43.27	0.65	0.18
牛粪	6.46	32.40	48.72	12.52	32.07	5.46	26.20	1.41	0.22

1.2.2.3 氧

生物质中主要组成元素，一般含量为 40%～50%，在生物质热化学转化过程中，除一部分存在于烃类有机化合物中，较大部分会转化为碳氧化物与氮氧化物等气体。生物质中较高含氧量会降低自身热值，影响热裂解所得生物油品质。

1.2.2.4 氮与硫

生物质中 N 与 S 元素主要来源于植物细胞生长初期原生质内的蛋白质。其中 N 含量一般不高于 3%，生物质燃烧过程中，在较低燃烧温度下 N 元素容易形成 N_2，在较高的燃烧温度下会形成 NO_x，而在生物质热裂解过程中 N 元素会与 C、H、O 元素形成吡啶等有机化合物；S 元素在生物质中含量较少，一般为 0.1%～0.3%，在热化学转化过程中会形成 SO_x 与 H_2S 等有害气体，不仅对设备有严重损害，还会造成大气污染，所以对于含硫量较高的生物质加工时需对系统进行脱硫处理。

1.2.2.5 其他元素

生物质中除了碳、氢、氧等基本元素外，还有许多种无机元素。研究表明，生物质中的金属离子在热裂解过程中具有降低焦油产量、提高固体和气体产物的作用，碱金属盐对生物质三组分热裂解也具有一定影响，但是不同的金属离子又有各自不同的影响特性。与煤、石油、天然气等常规化石燃料相比，生物质中碱金属（主要是 K、Na 金属元素）、碱土金属（主要是 Ca、Mg 金属元素）含量很高[5]，尤其是禾本科纤维原料，除了少数原料（竹子）在 1% 左右外，一般多在 2% 以上，其中稻草的灰分含量甚至达到了 17% 以上。

1.2.3 生物质的木质纤维素结构

木质纤维素类生物质是自然界中最丰富的生物质，尚未被人类完全开发利用，具有十分巨大的利用潜力。木质纤维素类生物质主要由纤维素、半纤维素和木质素组成，称为三大组分。纤维素与半纤维素均为碳水化合物，木质素则属于芳香族化合物。此外，生物质中还含有少量的灰分与抽提物等。

1.2.3.1 纤维素

纤维素是由许多 D-吡喃葡萄糖基彼此以 $1,4-\beta$ 苷键连接而成的线型高分子，它的化学结构如图 1-1 所示。其化学式为 $C_6H_{10}O_5$，化学结构的实验分子式为 $(C_6H_{10}O_5)_n$，其中 n 为聚合度。含碳 44.44%，氢 6.17%，氧 49.39%。

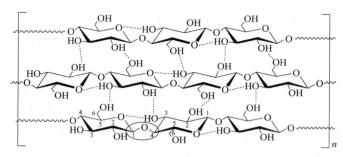

图 1-1　纤维素分子结构

自然界中的纤维素分子链长度约为 5000nm，聚合度约为 10000。纤维素分子之间通过氢键和范德华力结合形成结晶性纤维素，除结晶性纤维素外的那一部分纤维素称为非结晶性纤维素[6,7]。通常认为纤维素的一次热裂解有两条互相竞争的途径：

① 纤维素脱水生成炭、CO_2 和 H_2O；

② 纤维素降解生成以左旋葡萄糖为主的中间产物。

1.2.3.2 半纤维素

半纤维素是由不同的单糖构成的不均一聚糖，分子链短且带有支链，具有复杂的碳氢结构，由不同的聚合体构成，如戊糖（木糖、树胶醛糖）、己糖（甘露糖、葡萄糖、半乳糖）。在阔叶木和农作物中，如稻草，半纤维素中占支配地位的物质是木聚糖，而在软木材中是葡甘露聚糖[8]。它的化学结构如图 1-2 所示。

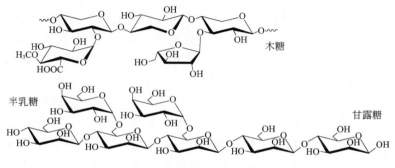

图 1-2　半纤维素分子结构

半纤维素较纤维素分子量低，分支侧链短，是木质素和纤维素的连接体，使整个纤维素-半纤维素-木质素网状结构更加坚硬。半纤维素由于聚合度低，结晶结构少，甚至没有，因此在酸性介质中比纤维素易降解。不同半纤维素混合体溶解度呈现递减次序：甘露醇，木糖，葡萄糖，树胶醛糖和半乳糖。它的溶解度随温度的升高而升高，但由于高分子聚合体的熔点未知，所以其溶解度不能被测量。在180℃的中性条件下，半纤维素混合物发生分解。然而，实际的开始溶解温度可能在150℃左右。半纤维素成分的分解率不仅与温度有关，还与其他方面有关，例如分子量和pH值等[9]。

半纤维素在生物质中的含量虽然比较少，但它在三组分中的热稳定性最弱，一般认为其热裂解机理与纤维素近似，但是中间产物主要以呋喃类为主。

1.2.3.3 木质素

木质素是仅次于纤维素的一种具有丰富大分子的有机聚合物，存在于细胞壁内。木质素在纤维之间，与纤维素和半纤维素等成分一起构成植物的主要结构。木质素是由苯基丙烷结构单元通过醚键和碳-碳键连接而成的具有三维空间结构的天然高分子化合物，是植物细胞壁的重要组成成分，对植物结构起机械支持和传导水分的作用，并能抵御病虫害及微生物的入侵[10]。它不溶于水，并且非常不活跃，所有的这些性质都导致了木质素的难降解性。木质素均具有苯基丙烷单位的基本骨架，根据其甲氧基数量的差别，将其大致分为三种类型，即愈创木基丙烷、紫丁香基丙烷和对羟苯基丙烷，其结构如图1-3所示。一般情况下，针叶木原料的木质素主要含有愈创木基丙烷，阔叶木则主要含有愈创木基丙烷与紫丁香基丙烷，草本原料则包含了愈创木基丙烷、紫丁香基丙烷和对羟苯基丙烷三种类型。

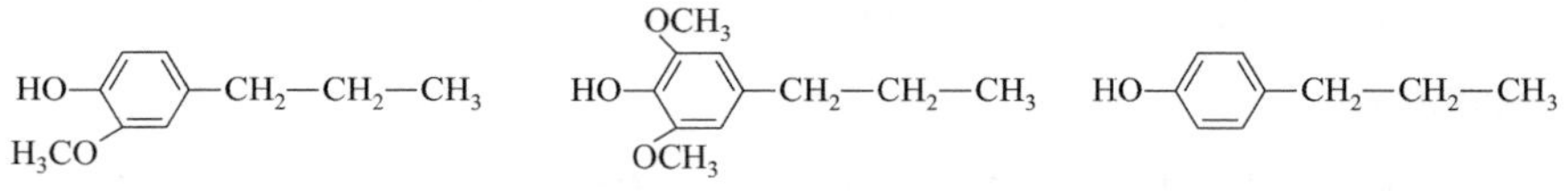

(a) 愈创木基丙烷结构　　(b) 紫丁香基丙烷结构　　(c) 对羟苯基丙烷结构

图1-3　愈创木基丙烷、紫丁香基丙烷和对羟苯基丙烷结构示意

1.2.3.4 生物质其他组分

除了纤维素、半纤维素和木质素三大组分外，生物质还有少量的抽提物与灰分。尽管这些物质的含量不高，但是在生物质利用过程中的作用则不可忽视。

抽提物是指使用水、有机溶剂等溶剂提取出来的物质，一般为低分子物质。属于抽提物的种类很多，其中重要的有天然树脂、单宁、香油精、色素、木脂素及少量的生物碱、果胶、淀粉、蛋白质等[11]。按照不同的溶剂，其抽提物的抽出程度不同，但是无论溶于哪一种溶剂，抽提物都可以分为亲水性和亲脂性两类物质，其对生物质热裂解过程中的影响不可忽视[12]。由于抽提物的高挥发性，其含量会对生物质的热值具有积极影响，并对木质素的分解产生一定的影响[13,14]。生物质中除了绝大多数的有机组分外，还存在少量的无机矿物组分，它们经生物质热化学转化后，通常以金属氧化物形式存在于灰分中。所以，在对生物质进行高值化利用过程中，不仅要重视其三组分的含量与分布，也要考虑其抽提物与灰分的影响。

1.3　生物质的理化特性

生物质的一些理化特性，如含水率、粒度、密度、流动特性及热性质等对生物质原料的收集、运输、储存和热化学转化过程有较大的影响。在生物质热裂解中，这些理化参数与温度、压力、升温速率等热裂解条件共同作用，影响热裂解过程。

1.3.1　含水率

生物质来源于生物，含有大量的水分，未处理的木材或秸秆的含水率高达 $50\%\sim60\%$，自然风干后为 $8\%\sim20\%$。生物质燃料所含的水分可分为自由水和结合水：自由水存在于干细胞腔内和细胞之间，可用自然干燥的方法去除，与运输和储存条件有关，在 $5\%\sim60\%$ 之间变化；结合水为细胞壁的物理化学结合水，一般比较固定，约占 5%。含水率测量的一般方法为将原料置于 $105℃\pm2℃$ 干燥箱中，干燥至质量恒定。选用 $105℃\pm2℃$ 烘干时可去除原料中的自由水，若要除去原料中结合水，则干燥温度需选用 $200℃$。

能源研究中含水率采用以下方式计算：

$$含水率=\frac{水分质量}{总质量}\times100\%$$

含水率影响着生物质的堆积储存与热化学转化产物品质。如果生物质含水率在 25% 以上，并且不进行预干燥就堆积储存，易霉烂变质，失去应有的热化学转化特性。因此，在生物质利用过程中要限制原料的含水量，预先对原料进行干燥处理。

1.3.2　粒度与形状

在生物质热化学转化技术中，粒度与形状可影响生物质热化学转化动力学参数。生物质粒径与形状常左右着热裂解速率与传质传热速率，若生物质颗粒较大将会导致颗粒内外加热速率的不均和温度的不均，当颗粒内部裂解温度过低时会产生过多的炭。因此减小生物质粒径有利于减少热裂解过程焦炭生成，提高生物油产率。大多数热裂解液化工艺原料颗粒小于 5mm，对于闪速热裂解颗粒应小于 1mm。

生物质的粒度和颗粒组成可以通过筛分法进行测定[15]。筛分法是在一定的试验条件下，将原料样品通过一定孔径的标准筛过筛后，称量存留在各筛上的存留物料的质量。根据各筛上存留物料的质量和原试样的总质量求出物料的分计级配百分率、累计级配百分率和典型颗粒粒度等性能指标，颗粒粒度大于 0.5mm 的生物质颗粒可以通过干筛法进行测定；颗粒粒度小于或等于 0.5mm 的生物质颗粒可采用湿筛法或干筛法进行测定。生物质粒度除传统的测定方法外，还可以利用激光粒度仪进行测定。激光粒度仪作为一种新型的粒度测试仪器，已经在粉体加工、应用与研究领域得到广泛的应用。它的特点是测试速度快、测试范围宽、重复性和真实性好、操作简便等。它是通过颗粒的衍射或散射光的空间分布（散射谱）来分析颗粒大小的仪器，采用 Furanhofer 衍射及 Mie 散射理论，测试过程不受温度变化、介质黏度、试样密度及表面状态等诸多因素的影响，只要将待测样品均匀地展现于激光束中，即可获得准确的测试结果。

1.3.3　密度

生物质的密度是指单位体积生物质的质量，由于颗粒间和颗粒本身存在空隙，通常有 3 种表示方法，即堆积密度、视密度、真密度。

堆积密度是指既包括颗粒间空隙，也包括颗粒本身孔隙的单位体积生物质的质量。在自然堆积时，单位体积物料的质量就是堆积密度。视密度是指不包括颗粒间空隙，但包括颗粒本身孔隙的单位体积生物质的质量。真密度是指既不包括颗粒间空隙，也不包括颗粒本身孔隙的单位体积生物质的质量。对于同一种生物质样品，这三种密度的数值依次增大。生物质的堆积密度和视密度在生物质热化学转化过程中比较常用，而真密度则不常用。

在测量堆积密度时，由于原料堆积方式和堆积体积不同，其堆积密度也不相同，有时差别还会较大。

表 1-3 给出部分生物质的堆积密度。

表 1-3　不同生物质原料的堆积密度

种类	堆积密度/(kg/m³)	种类	堆积密度/(kg/m³)
硬木片	230	花生壳	200～250
软木片	180～190	稻壳	100～140
成型颗粒	560～710	玉米芯	260
木屑	120	棉秸	200
木炭	250	碎稻草	40～60

1.3.4　堆积角、内摩擦角、滑落角

　　颗粒物料的堆放与流动都与它的摩擦性能有关。当颗粒状物料自漏斗连续落在水平面上，会形成一个圆锥体，圆锥体母线与水平底面的夹角叫作该物料的堆积角，它反映了物料颗粒间的相互摩擦性能。堆积角是衡量颗粒物料流动性的重要指标，流动性好的物料颗粒在很小的坡度就会滚落，只能形成很小的锥体，堆积角很小。堆积角大的物料，颗粒的流动性差，不易滚落，形成较高的锥体。谷壳类物料的堆积角一般不超过 45°，故在固定床热解炉中依靠重力能顺畅地向下移动，易形成充实而均匀的反应层。

　　在容器内，经容器底部孔口下流的流动物料与堆积物料之间形成的平衡角称为内摩擦角，即孔口上方一圈停滞不动的物料的边缘与水平面所形成的夹角，它往往要大于堆积角。内摩擦角的大小显示颗粒群内部的层间摩擦特性。

　　将载有颗粒物料的平板逐渐倾斜，当颗粒物料开始滑动时的最小倾角，即平板与水平面的夹角，称为滑落角。颗粒群的滑落角表示颗粒物料与倾斜的固体表面的摩擦特性。对于非黏性颗粒物料，一般要小于堆积角。滑落角越大，则物料滑落速度越大。该参数对生物质热化学转化装置及其辅助期间的设计十分重要。为了使颗粒物料可自由流动，在设计料斗时必须要求料斗底部设计成圆锥状。

1.3.5　热值

　　生物质的热值（发热量）是衡量其燃料价值特性的一个重要指标，是进行热化学转化中热平衡、热效率和燃料消耗量计算不可缺少的重要参数。燃料的热值是指单位质量（对气体燃料而言为单位体积）的燃料完全燃烧时所能释放的热量。燃料的热值取决于燃料中可燃成分的含量和化学组成，同时还与燃料的燃烧条件有关。根据不同的燃烧条件等有关情况，燃料的热值有下列 3 种表示方法[16]。

1.3.5.1　弹筒热值

　　弹筒热值可通过氧弹式量热计进行测定，是指燃料（气体燃料除外）在充有过量氧气的氧弹内完全燃烧，然后使燃烧产物冷却至初始温度（约 25℃），在此条件下单位质量燃料所放出的热量，即为弹筒热值。在这种条件下，燃料中的碳完全燃烧生成二氧化碳，氢完全燃烧并经冷却生成液态水，硫和氮（包括弹筒内空气中的游离氮）与过量氧作用生成三氧化硫和少量氮氧化物，并溶于水生成硫酸和硝酸。在用氧弹式量热计测定固体或液体样品的热值时，所测得实验值即为弹筒热值。

1.3.5.2　高位热值

　　在常压条件下燃料在空气中燃烧时，燃料中的硫只能生成二氧化硫，氮变为游

离氮，燃烧产物冷却到初始温度时，水呈液体状态，以上这些与燃料在氧弹系统内燃烧情况不同。由弹筒热值减去硫酸和硝酸的形成热和溶解热，即为高位热值。高位热值是燃料在空气中完全燃烧时所放出的热量，能够表征燃料的质量，所以在评价燃料质量时可用高位热值作为标准。

1.3.5.3　低位热值

燃料在燃烧装置中，燃烧产物的温度较高，水呈汽态，随燃烧产物即烟气排出炉外。而氧弹中的燃烧，其燃烧产物的最终温度一般约为 25℃，这时水蒸气凝结成水，在凝结过程中释放出热量。因此燃料在燃烧装置中进行时所利用的热量比在氧弹中测出的热量少，所少的热量就等于水的汽化潜热。燃料低位热值可通过高位热值减去水的汽化潜热得到，低位热值是燃料能够有效利用的热量。

相同基燃料的高、低位热值的差别仅在于水蒸气吸取的汽化潜热。考虑到烟气中水蒸气由两部分水组成，即燃料中固有的水分及氢元素化合而成的水分。而后者由下列化学反应

$$H_2 + \frac{1}{2}O_2 \longrightarrow H_2O \tag{1-1}$$

可知，1kg 氢燃烧后产生 9kg 水，故 1kg 燃料燃烧后产生 $\frac{9H+M}{100}$ kg 水。而水常压下汽化潜热近似取 2508kJ/kg，则相同基的低位热值与高位热值的换算关系为

$$LHV = HHV - 2508 \times \left(9 \times \frac{H}{100} + \frac{M}{100}\right) = HHV - 25(9H + M) \tag{1-2}$$

式中　H、M——H_2 与 H_2O 的摩尔质量；
　　　　LHV——低位热值；
　　　　HHV——高位热值。

在实际工程应用中，固体和液体燃料的热值通常采用低位热值。不同燃料空气干燥基低位热值，一般薪柴为 17.0～20.9MJ/kg、秸秆为 13.9～16.2MJ/kg。

表 1-4 给出了几种常见生物质的干燥无灰基热值。

表 1-4　常见生物质的干燥无灰基热值　　　　　　　　　　　　　　单位：MJ/kg

种类	HHV_{daf}	LHV_{daf}	种类	HHV_{daf}	LHV_{daf}
玉米秸	19.065	17.746	榉木	19.432	18.077
玉米芯	19.029	17.730	松木	20.353	19.045
麦秸	19.876	18.532	红木	20.795	19.485
稻草	18.803	17.636	杨木	19.239	17.933
稻壳	17.370	16.017	柳木	19.921	18.625
花生壳	22.869	21.417	桦木	19.739	18.413
棉秸	19.335	18.089	枫木	20.233	18.902
杉木	20.504	19.194			

当生物质只有元素分析数据而无热值测定数据时，可用元素分析数据根据门捷列夫经验公式来估算燃料热值。以生物质收到基为例：

低位热值估算：$LHV_{ar} = 339C_{ar} + 1028H_{ar} - 109(O_{ar} - S_{ar}) - 25M_{ar}$　　　(1-3)

高位热值估算：$HHV_{ar} = 339C_{ar} + 1254H_{ar} - 109(O_{ar} - S_{ar})$　　　(1-4)

式中　C_{ar}、H_{ar}、O_{ar}、S_{ar} 和 M_{ar}——燃料收到基的碳、氢、氧、硫和水分含量，%。

一般来说，生物质的热值并不等于各可燃元素热值的代数和，因为它们不是这些元素的机械混合物，而且这些元素之间有极其复杂的化合关系。目前对于生物质而言，其弹筒热值可通过氧弹式量热计进行精确测定，然后再将其弹筒热值转换为高位热值和低位热值。

1.3.6　比热容

比热容又称比热容量，简称比热，是单位质量物质的热容量，即单位质量的物质每升高 1℃ 所需要的热量。它与生物质的状态种类有关，与吸收热量的多少、温度的高低没有关系。由于生物质材质疏松，多孔，导热性能差，比热容小，测量温度范围不能取很大。生物质的比热容不是固定的，它随着生物质种类、水分、灰分变化而变化，与温度的变化关系大体是：在 0℃ 与某一温度之间，比热容随温度增加而增加；超过某一温度，比热容则随温度增加而降低。

物质的比热容为
$$C = \frac{1}{m} \cdot \frac{dQ}{dT}$$　　　(1-5)

式中　C——物质的比热容，J/(kg·K)；

　　　m——物质的质量，kg；

　　　dQ——物质内被输入的热量，J；

　　　dT——物质被输入上述热量后其温度的增量，K。

由上式可以看出，通过测量物质的质量为 m 的试样在其温度上升 dT 时所需的热量 dQ，就可以计算出比热容。但是对物质的比热容有影响的因素是多方面的，如我们通常测量的比热容实际上是定压比热容，而物质受定压加热时往往就要体积膨胀，这就需要一部分能量来克服分子间的结合力，因而物质的定压比热容比定容比热容要大一些。

生物质比热容测量方法有热平衡法、施米特和莱登弗罗斯特对比热容的测量方法、克里舍的测定低导热固体比热容的方法[17] 及目前较为常用的差示扫描量热法（DSC）测量[18]。

利用 DSC 可以得到常温到 400K 左右的生物质比热容。但是当温度升高达到生物质热裂解温度后，由于热裂解造成生物质试样质量降低，原有的处理方法得出的比热容出现偏差，需要把这个偏差去掉。DSC 方法测定比热容利用参比物的办法进行，由下述公式计算得出：

$$C_p = C'_p \cdot \frac{m'}{m} \cdot \frac{y}{y'}$$　　　(1-6)

式中　C_p——被测生物质的比热容，J/(kg·K)；

　　　m——被测生物质的质量，kg；

　　　y——被测生物质与空白DSC基线的位移差，W/g；

　　　C_p'——参比物（一般是氧化铝）的比热容，J/（kg·K）；

　　　m'——参比物的质量，kg；

　　　y'——参比物与空白DSC基线的位移差，W/g。

当被测生物质质量m在检测中发生变化时，由DSC获得的C_p数值就会产生误差。修订此误差可以采取热重数据来进行。就是按照同样的条件作出生物质样品的热重曲线，由此可以得到相应温度下生物质挥发百分比，由此来修正公式（1-6）中的被测生物质质量m，从而获得修订后的生物质比热容。

$$C_p = \frac{m'}{m} \cdot \frac{y}{y'} \cdot C_p' \cdot \frac{1}{\alpha} \tag{1-7}$$

式中　α——某一温度下样品的剩余质量百分比。

1.3.7　热导率

热导率定义为热流密度与温度梯度之比，即在单位温度梯度作用下物体内所产生的热流密度，是表征物质导热能力的物理量。热导率是针对均质材料而言的，一般情况下，生物质是存在多孔、多层、多结构、各向异性的材料，其热导率实际上是一种综合导热性能的表现，也称为平均热导率。生物质是多孔性物质，孔隙中充满空气，空气是热的不良导体，所以生物质的导热性较小。生物质导热性除受温度影响外，还取决于木材的密度、含水率和纤维方向。生物质在顺纤维方向的热导率比在垂直纤维方向的要大。

根据导热基本定律，傅里叶定律为：

$$q = \lambda \frac{dt}{dx} \tag{1-8}$$

式中　q——通过材料的热流密度，W/m^2；

　　　λ——材料的热导率，W/(m·K)；

　　　$\frac{dt}{dx}$——温度沿给定方向的温度梯度。

根据傅里叶定律我们可以推导出材料热导率的算法：

$$\lambda = \frac{q}{\frac{dt}{dx}} \tag{1-9}$$

我们可以看出材料的热导率与单位时间内通过给定面积的热量成正比，与给定方向温度的变化率成反比。

热导率的测量方法有很多种，一般分为稳态法和非稳态法。稳态法主要包括平板法和同心圆球法。稳态法的原理是在理想状态下，材料传导方式是一维，无横向流动传热，通过测量试样两侧的温差、试样的厚度以及试样的热流密度，进而计算得到热导率的数值。稳态法是一种基准方法，最开始是用于检测其他方法精确度的依据。但测量时间较长，对环境条件要求较高，而且操作不方便，同时精度不高。非稳态法具有检测迅速、灵敏、温度范围和量程广等优点，近年来发展得比较快，于是非稳态法成为现在热导率研究的主流。非稳态原理的测量方法分为很多种，近年来研究和应用较多的主要概括为以下几种方法[18]。

1.3.7.1　热线法

热线法是一种动态的测量方法，对样品要求低，主要用于液体热导率的测量，还可用于测量气体、粉末状固体的热导率。徐桂转等[19]利用热线法测量了花生壳以及麦秸的热导率，但是花费时间较长，实验操作要求比较高，并且分析误差比较大，一般为 $5\% \sim 10\%$。

1.3.7.2　热丝法

热丝法又称为"铂电阻测温技术"或"T（R）技术"。热线作为热源和温度传感器，其电阻值会随着温度的改变而改变。因此，根据电阻值的变化测出升温数据。这种方法的优点是测量的是热线的平均温度，避免了像经典热线法中因为接触点存在差异而造成误差。但此方法多用铂丝作为热线，由于铂金属价格昂贵，因此也限制了该法的应用。

1.3.7.3　热探针法

也叫作瞬态热流法，测量原理与热丝法相同，只是热感应探头不一样。一种是加热元件和测温元件分开，这种热针测得的是热线上某一点的温度；另一种是加热元件和测温元件为热敏电阻丝，并封装在针套内，这种方法测温均匀，但由于探针制作工艺要求较高而受限制。

1.3.7.4　瞬态板热源法

简称 TPS，是以热线法为基础，持续发展而来的一项技术。该法将热线中直的热源变成螺旋状，形成平面板热源，增加了热源与介质之间的接触面，同时减小了接触热阻，可对大块固体以及液体的热导率进行测量。

以上方法均存在测量精度不高、测量范围较窄等不足。

1.3.7.5　闪光法

该法是由 Parker 和 Jenkins 等于 1961 年首先提出的，激光作为热源时又叫激光闪射法。使用该法同时测定材料的热扩散性能，以及比热容与密度。三者通过计算公式可得到材料的热导率。由于这种技术具有测量样品用量少、精度高、测试时间短和温度范围宽，得到了广泛的应用，到目前为止激光闪射法已经成为一种成熟的材料热物性测定方法。

图 1-4 为激光导热仪实物图，仪器采用激光闪射法测量材料的热导率。

该法特点是需要的样品尺寸较小，同时测量的温度范围广。激光导热仪基本原理如图 1-5 所示。

图 1-4　激光导热仪 LFA 467

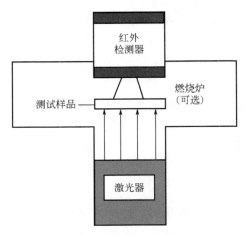

图 1-5　激光导热仪基本原理

　　设定温度 T，由激光源瞬间射出一束光，样品吸收光以后下表面瞬间升温，热量以一维热传导方式传播到样品另外一面。测量上表面中心部位温升过程，得到如图 1-6 所示的关系曲线。

　　假设热量在样品内部的传导过程为一维传热，环境为绝热条件，此时曲线会在到达最高点后保持恒定，热扩散系数 α 可由下式得到：

$$\alpha = 0.1388 d^2 / t_{50} \tag{1-10}$$

式中　t_{50}——半升温时间（检测温度的信号升高到顶点的一半所需的时间），s；

　　　　d——样品的厚度。

　　热导率与热扩散系数之间存在以下关系：

$$\lambda(T) = \alpha(T) \cdot C_p(T) \cdot \rho(T) \tag{1-11}$$

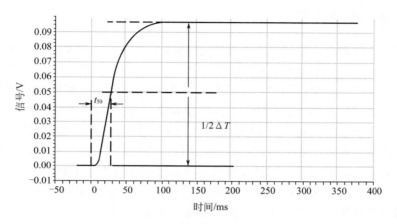

图 1-6   温度信号与时间的关系曲线

式中　α——热扩散系数，m^2/s

　　C_p——比热容，$J/(kg\cdot K)$；

　　ρ——密度，kg/m^3，其中密度随温度的变化可使用材料的热膨胀系数进行
　　修正。

激光闪射法不仅能测量普通固体样品的导热性能，还可测量纤维、液体、粉末等材料的热扩散系数并得到热导率的数值。

1.4　我国生物质资源分布及其现状

我国农林生物质资源丰富、数量巨大，较常见的有秸秆、稻壳、薪材、锯末和甘蔗渣等。据统计，我国每年农作物秸秆资源、畜禽粪便类资源、林木薪柴资源的实物量分别约为 8 亿吨、30 亿吨与 2 亿吨。但是，从可利用量角度来看，林木薪柴的可利用量比例居于第一位，其次为农作物秸秆类资源，我国的生物质能可利用量总能评估约为 7 亿吨标准煤[20]。

我国幅员辽阔，生物质资源来源广泛、数量巨大，但我国生物质能原料分布明显不均。我国是农业生产大国，主要农业生物质资源农作物秸秆的分布格局与农作物种植的分布相一致。我国作物秸秆主要分布在东部地区，包括华北平原和东北平原，是我国农作物秸秆的主要分布区。河北、内蒙古、辽宁、吉林、黑龙江和江苏等粮食主产区为秸秆产出的主要地区。单位国土面积秸秆资源量高的地区依次为山东、河南、江苏、安徽、河北、上海、吉林等。

1.4.1 农业生物质资源

我国是农业生产大国，农业生产废弃物主要为农作物秸秆和农产品加工废料，主要包括水稻、玉米和小麦秸秆等废弃物以及稻壳、玉米芯、花生壳和甘蔗渣加工废料。据统计，我国每年的农业生产废弃物中有 60% 用于能源开发利用，还包括大量的农业生产废弃物直接燃烧等，其转换效率仅有 10%～20%[21]。我国主要秸秆类资源可利用量较高的地区分别是河南、山东、黑龙江、河北、四川、吉林、安徽、江苏、内蒙古和湖南等，不同省份的可用量差异较为明显。同时，秸秆资源可用能源密度差异也非常明显，其分布与可利用量分布不存在一致的趋势[20]。随着各种商品能源在农村的使用，以及其他用途用量的减少，我国的农作物秸秆很多被弃于地头田间直接焚烧，既危害环境又浪费资源。因此，我国农业生物质资源具有巨大的应用潜力。

1.4.2 林业生物质资源

林业生物质资源是指能用于能源或薪材的森林及其他木质资源，薪炭林、林业生产的"三剩物"、经济林修剪和林业经营抚育间伐过程产生的枝条和小径木、灌木林平茬复壮等是其主要来源。另外，还有造林苗木截干、城市绿化树和绿篱修剪等也可以作为生物质能源使用。我国具有丰富的林业生物质资源，其种类多、生物量大、燃烧值高，具有重要的利用和发展潜力，是生产"木质煤、生物柴油、生物乙醇"的重要可再生生物能源。

林业生产采伐剩余物和林木抚育间伐量为现阶段林业生物质资源的主要来源。对比作物秸秆实物量的估算结果，大部分省份林木薪柴实物量比作物秸秆要高出一个数量级，但林木薪柴实物量省份间的差异变幅最大。我国主要林木薪柴资源实物量较高的地区分别是四川、西藏、云南、内蒙古、黑龙江、吉林、广西、陕西、湖南和福建等。同样的，林木资源可用能源密度差异也非常明显，其分布与可利用量分布不存在一致的趋势[18]。

据测算，我国陆地林木生物质资源总量（地上部分）在 180 亿吨以上，根据目前的科学技术水平和经济条件测算，可获得的总量为 8 亿～10 亿吨，其中可作为能源利用的生物量为 3 亿吨以上。可见，我国的林木薪柴类资源的可利用潜力十分巨大。

1.4.3 畜禽粪便

畜禽粪便是一种重要的生物质能源，包括畜禽粪便、尿及其与垫草的混合物，除一部分作为肥料在牧区有少量直接燃烧外，我国所产生的畜禽粪便主要是作为沼气的发酵原料，在部分省（市）所推行的"富民工程"中，这种利用形式得到了较普遍的发展[22]。其中，大中型养殖场的粪便更便于集中开发和规模化利用。现阶段我国以畜禽粪便为主要发酵原料的大中型沼气工程已经进入商业化运行状态，具有十分巨大的发展潜力。我国畜禽粪便资源实物量较高的地区分别是河南、四川、山东、内蒙古、河北、湖南、云南、黑龙江、广西和湖北等。畜禽粪便产量达到了36.34亿吨/年，远超过秸秆类资源数量，但是其可利用率却非常低，不及秸秆类资源的利用率[20]。

除了上述农业生物质资源、林业生物质资源和畜禽粪便等，能源作物以及生活污水和工业有机废水也具有较大的利用潜能。

1.4.4　我国生物质能源的现状

中国未来能源发展的主要切入点在以下4个方面：
① 能源的高效利用；
② 农村能源开发和利用；
③ 低碳能源结构的建设；
④ 能源长距离输送。

因此，多元化的能源尤其是清洁能源的开发利用迫在眉睫。其中，生物质能源作为一种环境友好型可再生能源，储量丰富，能够降低 CO_2 排放量，利用前景广阔。

广义上讲，生物质是各种生命体产生或构成生命体的有机质的总称，生物质所蕴含的能量称为生物质能。从能源利用的角度来看，凡是能够作为能源而利用的生物质能均统称为生物质能源[23]。可以通俗形象地将生物质能称为地上长出来的能源。即生物质能源是太阳能通过光合作用这一途径，转变为化学能储存在生物质中的一种能量形式[24]。有关资料显示，全球每年这种通过光合作用产生而储存于各种植物体中的化学能达到了 3×10^{18} t，这些能量足以满足全世界10年的能量需求[25]。中国的生物质能资源相当丰富，中国的生物质资源年产量是美国与加拿大总量的84%，是欧洲总量的121%，是非洲总量的131%。据测算，中国理论生物质能资源为 5.0×10^9 t 左右标准煤，是目前中国总能耗的4倍左右[11]。联合国环境与发展委员会预测，到2050年，世界能源消耗的50%将会依赖于生物质能的利用。

生物质能源作为一种环境友好型可再生能源，具有以下特点[26]。

(1) 可再生性
生物质能属可再生资源，生物质能由于通过植物的光合作用可以再生，与风能、太阳能等同属可再生能源，资源丰富，可保证能源的永续利用。

(2) 低污染性
生物质的硫含量、氮含量低，燃烧过程中生成的 SO_x、NO_x 较少；生物质作为燃料时，由于它在生长时需要的二氧化碳相当于它排放的二氧化碳的量，因而对大气的二氧化碳净排放量近似于零，可有效地减轻温室效应。

（3）广泛分布性

缺乏煤炭的地域，可充分利用生物质能。

（4）生物质燃料总量十分丰富

生物质能是世界第四大能源，仅次于煤炭、石油和天然气。根据生物学家估算，地球陆地每年生产1000亿～1250亿吨生物质；海洋每年生产500亿吨生物质。生物质能源的年生产量远远超过全世界总能源需求量，相当于目前世界总能耗的10倍。我国可开发为能源的生物质资源2010年达到了3亿吨。随着农林业的发展，特别是炭薪林的推广，生物质资源还将越来越多。

近年来，国家高度重视生物质能的开发和利用，颁布了《可再生能源法》《可再生能源产业发展指导目录》等一系列法律规章制度，并不断加大这方面的资金投入，有力地促进了生物质能利用技术的开发。

我国目前的生物质能技术主要包括生物质发电、生物质制气（氢气、甲烷、一氧化碳和沼气）、生物液体燃料（生物油、甲醇、生物柴油、乙醇及二甲醚等）、生物固体（木炭或成型燃料）等[27]。生物质能转化技术主要分为物理转化技术、生物质热化学转换技术和生物转换技术三种主要类型[28]，此外还有海洋微藻等新能源技术。

物理转化主要指生物质固化，在高压条件下，不添加任何黏结剂，将一定粒度的生物质粉挤压成密度为$0.7kg/dm^3$以上的清洁燃料。生物质固化解决了生物质能形状各异、堆积密度小且较松散、运输和储存使用不方便的问题，提高了生物质的使用效率。目前我国生物质固化成型设备有环模辊压式成型机、螺旋挤压式成型机、机械活塞冲压式成型机和液压活塞冲压式成型机四种，其中环模辊压式固化成型设备的优势较为明显[29]。另外，生物质型煤则是指将煤和其他生物质破碎处理后，经过充分的干燥，按比例混合压制而成，期间需要加入少量的固硫剂。这一技术巧妙地将化石燃料和生物质燃料两者结合在一起，但是现阶段实现生物质型煤的成本很高，限制了它的发展。

生物转换技术主要包括沼气技术和燃料乙醇。沼气是指有机物在厌氧条件下经过多种微生物分解与转化作用后产生的可燃气体，其主要成分是甲烷和二氧化碳。我国对沼气的相关研究起始于20世纪初，直到70年代左右开始大规模应用探索，这期间通过不断的尝试积累了大量的经验。就目前来看，我国沼气技术利用方式有户用沼气池与沼气工程。据统计，2017年我国各类沼气工程10万余处，其中大型6000多处，中型1万余处，小型8万余处，年产沼气22亿立方米。农村户用沼气池4000万余户，年产沼气132亿立方米[30]。燃料乙醇是利用农产品或农林废弃物发酵转化而成，再由乙醇经脱水处理后，掺杂上适量的变性剂而制成的。目前全球范围内，燃料乙醇主要使用在灵活燃料汽车、汽油发动机汽车和乙醇发动机汽车上面，是一种很有潜力的汽车代用燃料。

生物质热化学转换技术则包括直接燃烧技术、生物质气化技术、生物质直接液化技术和热裂解液化技术。生物质直接燃烧是其最早的利用方式，燃烧过程所产生的能量可用于发电或者供热。生物质气化技术指生物质在高温缺氧条件下转变为小分子可燃气体的过程，期间需要不断地通入气化剂，一般为空气。从 20 世纪 80 年代开始，中国生物质气化技术得到了充分的发展，中科院广州能源研究所进行了 4MW 级生物质气化燃气-蒸汽整体联合循环发电示范工程的设计研究，并取得了较好的结果。山东省能源所开发研制的生物质气化集中供气系统的燃气成本低于 0.15 元/m^3[31]。生物质直接液化技术，又称为高压液化，是指生物质在高压、添加催化剂等工艺条件下直接获得液体产物。目前基础研究依然是这一方面的重点，在研究过程中发现，水生植物是这一技术理想的研究对象，直接液化藻类是较有前景的方式之一[32]。生物质热裂解液化技术是指在无氧或者缺氧条件下，利用热能切断生物质大分子的化学键，使之转变为低分子物质的过程[33]。我国在这个领域中起步较晚，20 世纪 90 年代，沈阳农业大学从荷兰屯特大学引进旋转锥反应器生物质闪速热裂解装置及技术开始了这方面的研究。目前国内沈阳农业大学、山东理工大学、中科院广州能源研究所、中国科技大学等科研单位在这方面做了许多的研究工作。热裂解反应器装置开发方面，中国科技大学的自热式流化床反应器、东北林大的转锥式热裂解反应器以及山东理工大学的下降管式反应器和双螺旋滚筒式反应器都是具有自主知识产权的新型热裂解反应器。

海洋微藻作为"后石油时代"重要的能源，具有产能大、无污染、可再生等优点，发展前景广阔。但由于我国海洋微藻能源研究及应用尚处于起步阶段，仍有许多问题难以解决[34]。

参考文献

[1] 中国科学院能源领域战略研究组.中国至 2050 年能源科技发展路线图［M］.北京：科学出版社，2010.

[2] 张得政，张霞，蔡宗寿，等.生物质能源的分类利用技术研究［J］.安徽农业科学，2014，44（8）：81-83.

[3] Zhao X, Luo D. Driving force of rising renewable energy in China: Environment, regulation and employment［J］. Renewable and Sustainable Energy Reviews, 2017, 68: 48-56.

[4] 贾凤伶，刘应宗.低碳经济下可再生能源利用模式研究［J］.中国农机化，2012，1：75-79.

[5] 刘金淼，姚瑶，马欣欣，等.不同金属离子对生物质热解特性的研究综述［J］.现代化工，2016（06）：32-36.

[6] 刘荣厚，沈飞，曹卫星.生物质生物转换技术［M］.上海：上海交通大学出版社，

2015: 12.

[7] 裴继诚. 植物纤维化学 [M]. 北京: 中国轻工业出版社, 2012: 7.

[8] Saha B C. Hemicellulose bioconversion [J]. Ind. Microbiol. Biotechnol, 2003, 30: 279-291.

[9] Hendriks A T W M, Zeeman G. Pretreatment to enhance the digestibility of lignocellulosic biomass [J]. Bioresourece Techonology, 2009, 100: 10-18.

[10] Argyropoulos D S, Menachem S B. Lignin//Eriksson K-E L (Ed.). Advances in Biochemical Engineering Biotechnology, Vol. 57 [M]. Germany, Springer, 1997: 127-158.

[11] 刘荣厚, 牛卫生, 张大雷. 生物质热化学转换技术 [M]. 北京: 化学工业出版社, 2005.

[12] Ranzie, Cuocia, Faravellit, Frassoldatia, Migliavacca G, Pieruccis, Sommariva S. Chemical kinetics of biomass pyrolysis [J]. Energy & Fuels, 2008, 22 (6): 4292-4300.

[13] Demirbas A. Estimating of structural composition of wood and non-wood biomass samples [J]. Energy Sources, 2005, 27 (8): 761-767.

[14] Meszarose, Jakabe, Varhegyig. TG/MS, Py-GC/MS and THM-GC/MS study of the composition and thermal behavior of extractive components of Robiniapseudoacacia [J]. J Anal Appl Pyrolysis, 2007, 79 (1/2): 61-70.

[15] JB/T 9014. 3—1999.

[16] 易维明. 热工参数测量 [M]. 北京: 中国农业出版社, 2017.

[17] 易维明. 生物质比热容的测量方法 [J]. 山东工程学院学报, 1996, 1: 7-10.

[18] 王靖. 热解过程中生物质及其半焦热物性和结构演化规律的研究 [D]. 淄博: 山东理工大学, 2014.

[19] 徐桂转, 梁新, 岳建芝. 利用热线法对松散类生物质导热系数的测试 [J]. 可再生能源, 2004 (5): 23-25.

[20] 袁振宏, 雷廷宙, 庄新姝, 等. 我国生物质能研究现状及未来发展趋势分析 [J]. 太阳能, 2017, 2:12-19.

[21] 肖波, 周英彪, 李建芬. 生物质能循环经济技术 [M]. 北京: 化学工业出版社, 2006.

[22] 高文永. 中国农业生物质能源评价与产业发展模式研究 [D]. 北京: 中国农业科学院, 2010.

[23] 袁振宏, 吴创之, 马隆龙, 等. 生物质能利用原理与技术 [M]. 北京: 化学工业出版社, 2005.

[24] 冯丽敏. 生物质能产业化前景分析 [J]. 农业科技与装备, 2010, 2: 8-11.

[25] 王永明, 蒋振山, 朱小宁, 等. 我国农业生物质秸秆能源化利用的途径及思路 [J]. 环境与可持续发展, 2010, 2: 50-52.

[26] 刘荣厚. 生物质能工程 [M]. 北京: 化学工业出版社, 2009.

[27] 雷学军, 罗梅建. 生物质能转化技术及资源综合利用开发研究 [J]. 中国能源, 2010, 32 (1): 22-28.

[28] 翟秀静, 刘奎仁, 韩庆. 新能源技术 [M]. 北京: 化学工业出版社, 2010.

[29] 陆凯, 金宝强. 浅析生物质燃料的使用与生物质固化成型设备的选择 [J]. 江苏农机化, 2010, 6: 26-28.

[30] 李景明, 李冰峰, 徐文勇. 中国沼气产业发展的政策影响分析 [J]. 中国沼气, 2018,

36（5）:3-10.

[31]　余珂，胡兆吉，刘秀英.国内外生物质能利用技术研究进展［J］.江西化工，2006，4：30-33.

[32]　郑继陆，朱锡锋，郭庆祥，等.生物质制取液体燃料技术发展趋势与分析［R］.中国工程科学，2005，7（4）：5-10.

[33]　易维明.生物质能导论［M］.北京：中国农业科技出版社，1996.

[34]　刘小澄，刘永平.中国微藻生物柴油产业的发展机遇和挑战［J］.现代化工，2011，31（2）：1-5.

第 2 章

生物质热裂解基本原理

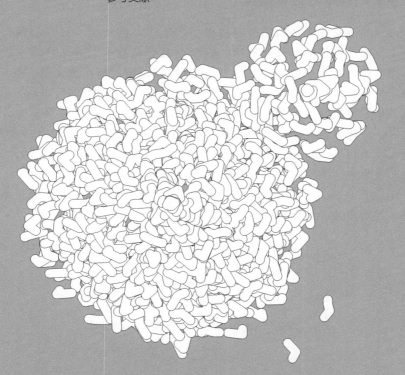

生物质热裂解是指生物质在完全缺氧或有限氧的环境中受热降解形成固体、液体和气体三相产物的热化学转化过程[1]。这个过程非常复杂，会发生一系列的物理及化学变化。物理变化包括热量传递、物质扩散等，化学变化包括分子键断裂、分子内（间）脱水、异构化和小分子聚合等反应。

生物质主要由纤维素、半纤维素和木质素三组分组成。其中，纤维素是由许多吡喃型 D-葡萄糖基在 1,4 位以 β-糖苷键联结而成的高聚物，其含量为 40%～60%；与纤维素不同，半纤维素是由两种或两种以上单糖组成的不均一聚糖，其含量为 20%～35%；木质素是由苯丙烷结构单元通过醚键和碳-碳键连接而成、具有三维结构的芳香族高分子化合物，其含量为 15%～35%[2]。生物质原料复杂的化学组成，使其热裂解过程极为复杂。本章将重点介绍生物质及其三组分热裂解的动力学特性及产物的形成机理。

2.1 纤维素热裂解机理

2.1.1 纤维素热裂解动力学模型

由于纤维素在生物质原料中占据了几乎 1/2 的含量，其热裂解行为很大程度上体现出生物质整体的热裂解规律，因而当前研究基本上都从纤维素的热裂解行为入手开展工作。一般来说，在低于 150℃ 的温度范围内纤维素主要发生水分蒸发与干燥等物理变化，纤维素的化学性质基本不变，当温度超过 150℃ 以后，纤维素开始缓慢地发生热裂解反应，化学性质开始发生变化，具体表现为纤维素大分子苷键发生断裂反应，纤维素大分子结构遭到破坏发生降解，聚合度降低，分子间或分子内脱水，形成 CO_2 和 CO 等，温度超过 400℃ 时，纤维素的热裂解进入聚合及芳构化阶段，最终形成焦炭[3~5]。

Kilzer[6] 提出了一个被很多研究人员所采用的纤维素热分解反应途径的概念性框架，其反应途径如图 2-1 所示。

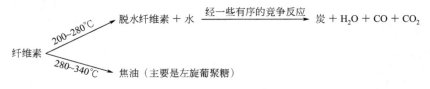

图 2-1 Kilzer 提出的纤维素热分解反应途径

由图 2-1 可以看出，低的加热速率倾向于延长纤维素在 200～280℃ 范围热裂解所用的时间，结果是焦油产率减小、炭产率增大。Antal 等[7] 对此进行了评述（图 2-1）。首先，纤维素经脱水作用生成脱水纤维素，然后脱水纤维素进一步分解生成炭和挥发物。与脱水纤维素在较高温度下的竞争反应是一系列纤维素解聚反应产生左旋葡聚糖（LG）焦油，LG 焦油经过二次反应或生成炭、焦油和气，或主要生成焦油和气。例如，纤维素的闪速热裂解把高升温速率、高温和短滞留时间结合在一起，实际上就是排除炭的生成途径，使纤维素完全转化为焦油和气；慢速热裂解使一次产物在基质内的滞留时间加长，从而导致 LG 焦油主要转化为炭。纤维素热裂解产生的化学产物包括 CO、CO_2、H_2、炭、LG 以及一些醛类、酮类和有机酸等，醛类化合物及其衍生物种类较多，是纤维素热裂解的一种主要产物。

1975 年，Broido 和 Nelson[8] 将纤维素在 230～275℃ 长时间预热，然后在 350℃ 等温条件下热裂解，发现焦炭产量由没有预热时的 13% 增加到了 27%，而焦油产率大大降低。这一结果说明纤维素热裂解过程中存在一对平行的竞争反应途径，由此提出了如图 2-2 所示的竞争反应动力学模型。

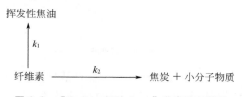

图 2-2　"Broido & Nelson" 多步反应模型

Shafizadeh[9] 在低压、259～407℃ 温度条件下对纤维素进行批量等温实验，发现在失重初始阶段有一加速过程，提出纤维素在热裂解反应初期有一高活化能的从"非活化态"向"活化态"转变的反应过程。由此将"Broido & Nelson"多步反应模型改进成广为人知的"Broido-Shafizadeh"（B-S）模型，如图 2-3 所示。

图 2-3　"Broido-Shafizadeh" 纤维素热裂解模型

该模型包括一个初始反应步骤和两个竞争反应分支，其中反应速率 $k_i = A_i \exp[-E/(RT)]$，通过实验求出各热裂解动力学参数如表 2-1 所列。虽然 B-S 模型的描述非常概略，但其包含了最受关注的 3 种产物（气体、液体和固体）的生成，并且具有合适的复杂程度，因此成为应用较为广泛的纤维素热裂解动力学模型。

表 2-1　B-S 模型动力学参数

反应序号	活化能/(kJ/mol)	指前因子/s^{-1}
1	242.8	2.8×10^{19}
2	198.0	3.17×10^{14}
3	150.7	1.32×10^{10}

在 B-S 模型的基础上，不同研究者依据自己的实验结果提出了更多的纤维素动力学途径。Piskorz 等[10] 在 B-S 模型的基础上做了进一步改进，如图 2-4 所示。该模型的一次裂解反应为低温的炭化反应与纤维素聚合度快速降低之间的竞争反应。当纤维素聚合度降低到 200 时，葡萄糖环断裂生成羟基乙醛（乙醇醛，HAA）与通过转糖基作用解聚生成左旋葡聚糖构成竞争反应。

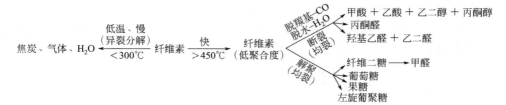

图 2-4　Piskorz 等改进 B-S 模型

Milosavljevic 等[11] 在保留 Broido 模型的基础上引入第三个竞争反应，将纤维素的热裂解模型归结为低温（327℃）时的高活化能（218kJ/mol）与高温时的低活化能（140～155kJ/mol）之间的竞争关系，模型如图 2-5 所示。他们认为高温时纤维素热裂解以生成第二类生物油的反应为主导，反应活化能较低，导致了表观活化能的先升高后降低，但未给出生成第二类生物油的证明。

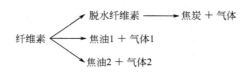

图 2-5　Milosavljevic 等的三个竞争反应模型

Várhegyi 等[12,13] 指出 B-S 模型把原本相当复杂的化学、物理现象过于简单化，他们对这个模型重新测定，认为在 250～370℃间没有活性纤维素的引发反应。其中 C、D、E 是中间产物，…表示挥发分，模型如图 2-6 所示。

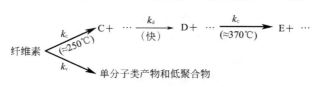

图 2-6　Várhegyi 等提出的纤维素反应模型

　　一些研究者对纤维素热裂解产物——焦炭的来源进行探讨，发现焦炭不仅以纤维素热裂解的一次产物存在，在某些情况下，特别是在高温、长气相停留时间等反应条件下，挥发分的二次反应也会产生大量的焦炭。在纤维素热裂解过程中，由于不可能采用足够小的颗粒粒径以及热裂解产物的及时淬冷装置，一次产物在高温反应条件下发生二次热裂解几乎是不可避免的。二次裂解本身包含着一系列复杂的由热分解规律和自由基理论支配的化学键断裂、重组的过程，但总体上来讲降低了反应物质的平均分子量，实验显示轻质小分子气体是二次裂解过程的主要产物。因此，新的纤维素热裂解机理模型中引入二次反应。

　　如图 2-7 所示，Diebold[14] 通过实验建立了一个统一的纤维素全局热裂解模型，并探讨了活性纤维素在反应中的作用，发现低温慢速热裂解有助于焦炭的生成；中温快速热裂解得到的焦油较多；高温快速热裂解有助于气体的生成。

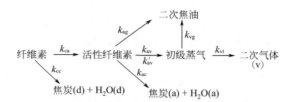

图 2-7　Diebold 提出的纤维素全局热裂解动力学模型

　　余春江等[15] 基于 B-S 热裂解动力学模型进行了验证计算和分析比较，讨论了竞争反应动力学参数、"活性纤维素"的存在与状态以及热裂解产物二次反应等几个方面的问题，并在此基础上提出了一种改进的纤维素热裂解动力学模型，如图 2-8 所示。改进后的动力学模型采用了新的竞争反应动力学参数，克服了 B-S 模型中由于试验样品较大，样品颗粒内部存在传热限制而导致的动力学参数偏差；另外，计算表明，在快速加热条件下，纤维素热裂解过程中的活性纤维素相变过程可以影响热裂解的传热、传质过程，改进后的动力学模型特别强调了该过程的重要性；最后，为了体现挥发分二次分解对纤维素热裂解反应的影响，改进模型在反应途径中包含了该过程。经过改进完善后的热裂解动力学模型更加贴近于客观事实，这将有利于对纤维素热裂解这一复杂过程展开进一步研究。

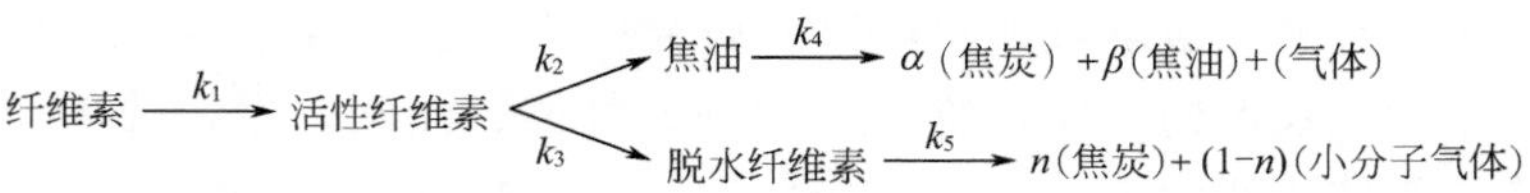

$$纤维素 \xrightarrow{k_1} 活性纤维素 \begin{matrix} \xrightarrow{k_2} 焦油 \xrightarrow{k_4} \alpha（焦炭）+\beta（焦油）+（气体） \\ \xrightarrow{k_3} 脱水纤维素 \xrightarrow{k_5} n（焦炭）+(1-n)（小分子气体） \end{matrix}$$

图 2-8　余春江等改进的 B-S 模型

　　廖艳芬等[16] 也对 B-S 模型进行了改进，将中间产物 LG 二次反应途径引入模型之中，改进 B-S 机理模型见图 2-9。低温下，活性纤维素经过内部脱水反应 k_3，交联重整形成一次焦炭和气体。随着温度的升高，异裂 k_2 和均裂 k_4 两种热裂解途径竞争消耗活性纤维素。其中缩醛结构的开环以及环内 C—C 键的断裂生成包括乙醇醛、甲醛和丙酮醇等其他小分子挥发分和气体；转糖基作用下糖苷键的断裂形成了包括

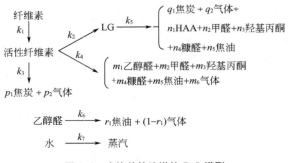

图 2-9　廖艳芬等改进的 B-S 模型

LG 及其同分异构体的脱水糖成分；LG 进一步发生二次裂解 k_5，生成了包括自身以外的所有纤维素热裂解产物。焦炭 1 和焦炭 2 分别为低温下脱水炭化生成的一次焦炭与挥发分气相二次反应生成的二次焦炭。生物油中化合物 LG、HAA、甲醛和羟基丙酮单独列出，呋喃类化合物为呋喃甲醛，其余的醛、酮、酯类生物油组分则综合为焦油 2。

　　活性纤维素的存在问题一直是争议的焦点，研究者们围绕着这个问题，进行了许多验证实验。Boutin 等[17,18] 通过闪速热裂解和急速降温收集到了一种介于纤维素和生物油之间的中间化合物，并认为该物质可能就是活性纤维素。Lede 等[19] 研究发现在闪速升温条件下纤维素热裂解初期会生成一种液态的中间产物，其成分主要是一些低聚糖。类似的现象在 Piskorz 等[20] 和王树荣等[21] 的实验中也得到了证实。刘倩等[22] 还通过热重分析，研究了纤维素热裂解过程中活性纤维素的生成。这些实验结果证明了活性纤维素的存在，即纤维素的热裂解都必然经过了这一重要的物理化学变化过程，从而使纤维素大分子进入热裂解的主要阶段，继而生成焦油、焦炭和小分子气体。

2.1.2　纤维素热裂解产物形成机理

　　纤维素结构较为简单，不同种类的生物质中含有的纤维素的结构没有太大差别，因此，对于纤维素热裂解机理和规律的研究较为广泛。纤维素快速热裂解实验结果表明，纤维素热裂解的主要产物为生物油、气体、焦炭，生物油的产率最高，焦炭含量较少，气体主要为 CO、CO_2 等[23~25]。生物油的主要成分是 LG，这是纤维素热裂解的典型产物。LG 对温度比较敏感，在高温环境中容易发生开环断裂、脱水形成乙醇醛，这是纤维素热裂解产物中另一重要组分。生物油中呋喃类化合物，如糠醛、5-甲基-2-糠醛、5-羟甲基糠醛和糠醇，也占据了重要地位，同时还存在少量其他吡喃酮和呋喃酮类杂环化合物。除此之外，生物油中还检测到 1-羟基-2-丙酮、3-羟基-2-丁酮和 2-羟基-2-环戊烯-1-酮等酮类物质。

　　具体产物见表 2-2。

表 2-2　纤维素热裂解主要产物[26]

产物	产率/%	产物	产率/%
甲酸	6.59	5-甲基糠醛	0.24
呋喃/丙酮	0.73	2-羟基-3-甲基-2-环戊烯-1-酮	0.21
乙醇醛	6.69	左旋葡萄糖酮	0.35
乙酸	0.04	5-羟甲基呋喃甲醛	2.76
2-甲基呋喃	0.37	脱水吡喃木糖	2.95
丙酮醇	0.30	左旋葡聚糖-吡喃糖	58.78
2-糠醛	1.26	左旋葡聚糖-呋喃糖	4.08
2-呋喃甲醇	0.54	其他脱水糖	1.43
3-呋喃甲醇	0.25		

目前，关于纤维素热裂解机理的研究报道已有很多，普遍认为在纤维素热裂解中，解聚是最为重要的一个过程，在这个过程中主要发生糖苷键的断裂，并伴随着一定的重排、脱水等反应，形成以 LG 为主的解聚产物[27]。Richards[28] 提出纤维素热裂解析出挥发分过程中存在两条主要的路径：一条通过转糖基作用下纤维素聚合物的糖苷键的断裂释放出左旋葡聚糖；另一条通过葡萄糖单体环的分裂以及相应的重整生成乙醇醛等小分子产物，因而这两类产物以两种完全不同的方式竞争着活性纤维素。廖艳芬[29] 根据实验得到的结果，结合前人对纤维素热裂解的研究成果，提出了纤维素热裂解反应机理，如图 2-10 所示。该反应机理基本与 Richards 提出的观点一致，纤维素尾部单体的脱离导致整个分子链的解聚，生成左旋葡聚糖为主的脱水糖类，与纤维素单体内部脱水和重整形成的小分子酮、醛、醇类小分子挥发分相互竞争着活性纤维素的消耗。温度的提高将促进吡喃环的断环反应，糖类对温度反应敏感，在高温和长气相停留时间条件下将发生剧烈的二次裂解，生成纤维素单体开环过程中几乎所有的产物。

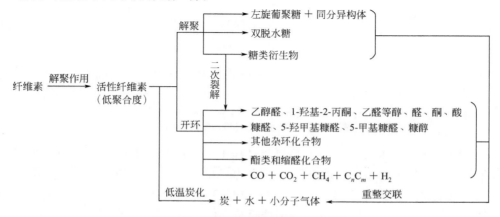

图 2-10　廖艳芬提出的纤维素热裂解机理

与 Richards 观点不同，Lin 等[30] 认为纤维素首先降解为低聚糖，分子量减小，进而分解为单糖，最先生成的单糖为左旋葡聚糖（图 2-11）。左旋葡聚糖可通过脱水、重排生成其他脱水单糖（左旋葡萄糖酮、1,4：3,6-二脱水-β-D-吡喃葡萄糖），这些脱水糖可以重聚成聚合物，或通过裂化/反醇醛缩合、脱水、脱羰或脱羧反应进一步生成羟基乙醛、羟基丙酮、丙酮醛和呋喃类物质。所有的产物都可以进一步转化为焦炭（CO 和 CO_2 除外）。

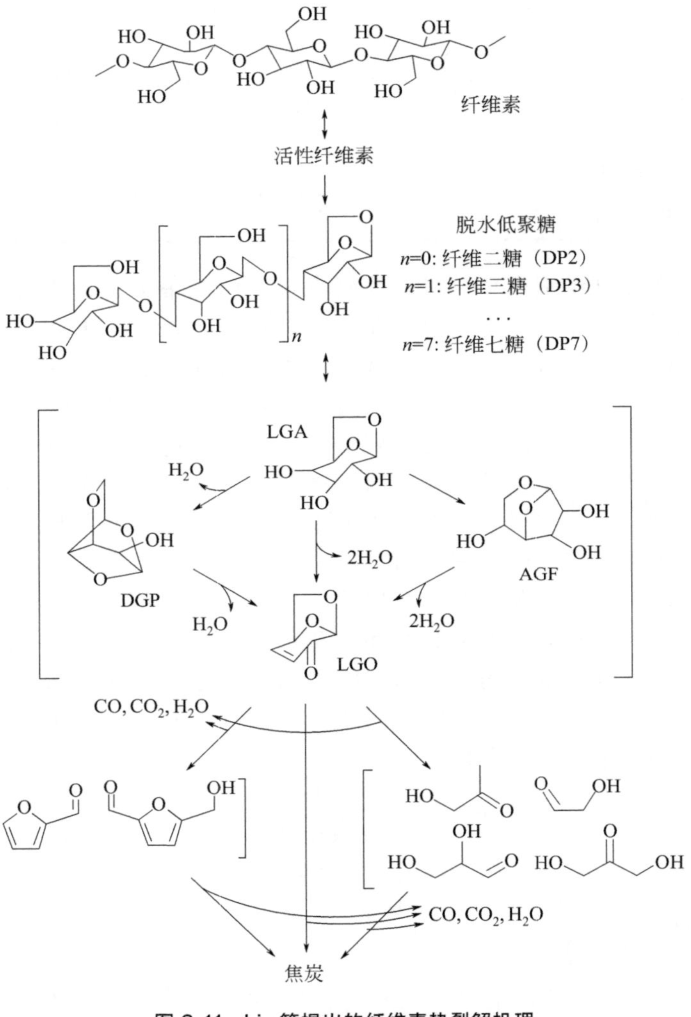

图 2-11　Lin 等提出的纤维素热裂解机理

Shen 等[31] 提出了纤维素热裂解过程中主要产物的形成路径，如图 2-12 所示。他们认为纤维素热裂解形成 LG、5-羟甲基呋喃甲醛（5-HMF）及小分子醛酮类化合物的反应路径存在竞争机制。图 2-12 路径（1）显示纤维素 1,4-糖苷键发生断裂，然后单体单元上的 C1 和 C6 发生缩醛反应，C6 上释放的自由羟基连接到 C4 上，从而形成了 LG，C6 位置上的自由羟基是形成 LG 的引发剂。Li 等[32] 提出了相似的纤维素热裂解形成 LG 路径，认为 1,4-糖苷键断裂伴随着葡萄糖单体单元分子内重排形成了 LG。路径（5）显示纤维素单元糖苷键断裂在 C1 上得到醛结构，C4 和 C5 结构重整生成双键，随后 C2 和 C3 对应的羟基脱水得到双键，最终 C2 和 C5 的羟基发生缩醛反应生成 5-HMF。此外，LG 二次裂解也可形成 5-HMF（图 2-11）。如路径（3）和（4）所示，纤维素的半缩醛键比较活泼，C2 和 C3 键稳定性也比较差，上面两个比较活泼的键发生断裂得到乙醇醛（HAA）或乙二醛和四碳碎片，四碳碎片经过重排、脱水、断键等形成丙酮醇（HA）、丙酮等小分子化合物。

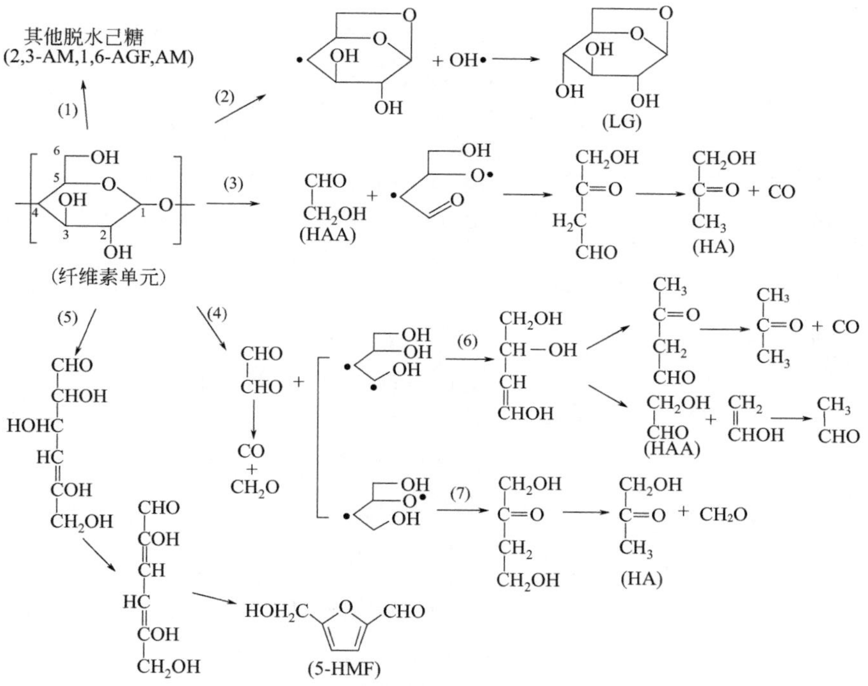

图 2-12　Shen 等提出的纤维素热裂解过程主要产物的形成路径

Dong 等[33] 在 Shen 的研究基础之上，进一步提出了纤维素热裂解的反应机理，明确了纤维素结构单元的断键位置（图 2-13）。值得说明的是，他们认为纤维素结构单元上的 C5 和 C6 键发生断裂形成甲醛和五碳碎片，五碳碎片发生重排、脱水反应形成呋喃甲醛（路径 3）。路径 4 显示 C1-O 键和 C1-C2 键发生断裂，最终形成与路径（3）相同的产物。

LG 是纤维素快速热裂解形成的最主要的产物，对于活性纤维素形成 LG 的机理，获得了广泛的关注。目前，普遍接受的是 Richards 和 Ponder 等[34] 提出的异裂解聚反应机理：在转糖基作用下葡萄糖单体间糖苷键的异裂断开导致短键的生成，其尾部形成共振稳定的葡糖基阳离子，在易于生成 LG 的环境下，该阳离子以 1,6-脱水苷的形式稳定，而后该结构单元邻近糖苷键的断裂将形成 LG（图 2-14）。黄金保等[35] 基于密度泛函理论（DFT），以纤维二糖为纤维素模型化合物，计算了不同的 LG 形成路径（图 2-15）。

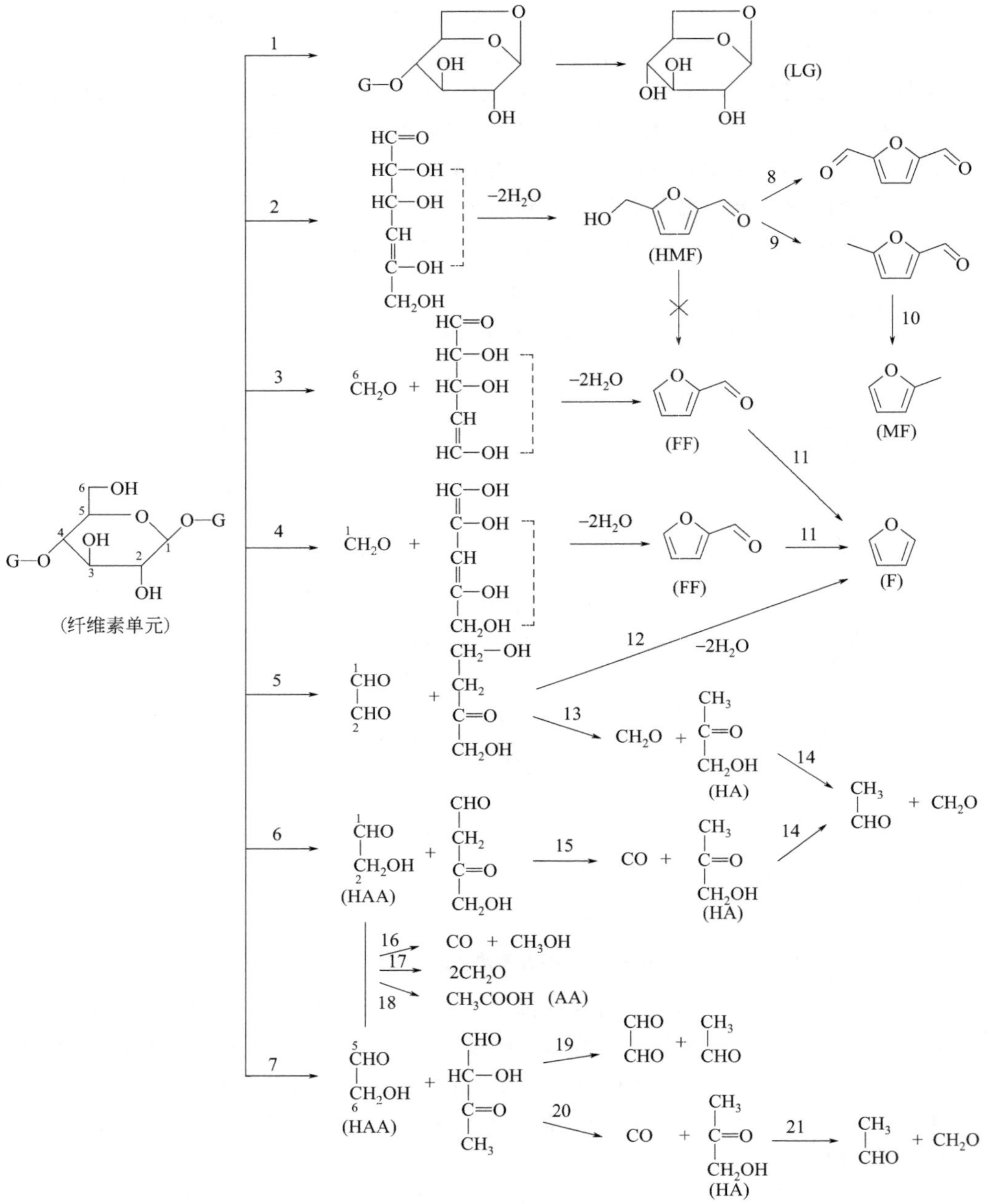

图 2-13　Dong 等提出的纤维素快速热裂解路径

张阳等[36]总结了纤维素快速热裂解过程中 LG 的生成路径，如图 2-16 所示。发现纤维二糖通过均裂反应生成 LG 的总能垒为 524kJ/mol，糖苷键 C—O 键首先发生均裂反应，需解离能 321kJ/mol；自由基再通过一个反应能垒为 203kJ/mol 的协同反应生成 LG。而在糖苷键协同断裂途径中，通过一步协同反应直接得到葡萄糖和 LG 分子，能垒仅为 378kJ/mol。比较可知，纤维二糖通过协同反应生成 LG 的能垒

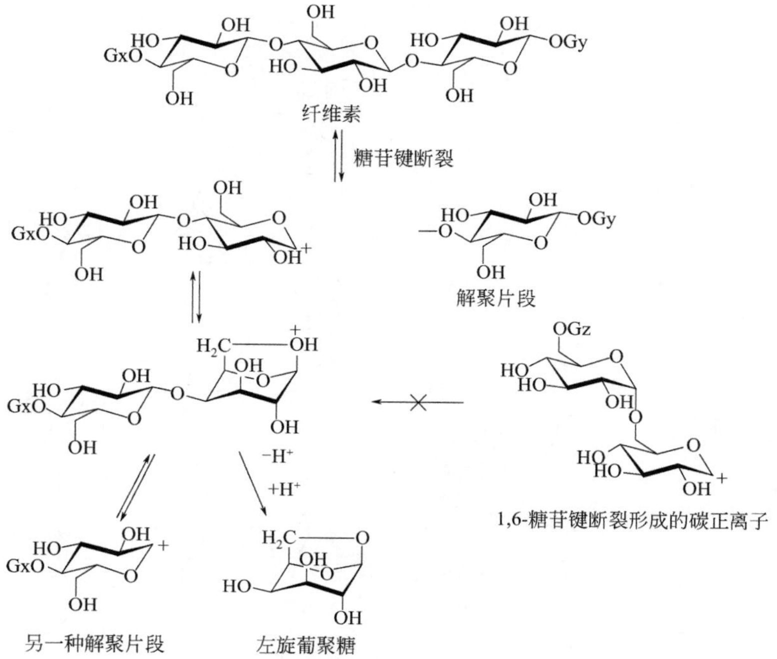

图 2-14　Richards 和 Ponder 提出的 LG 形成机理

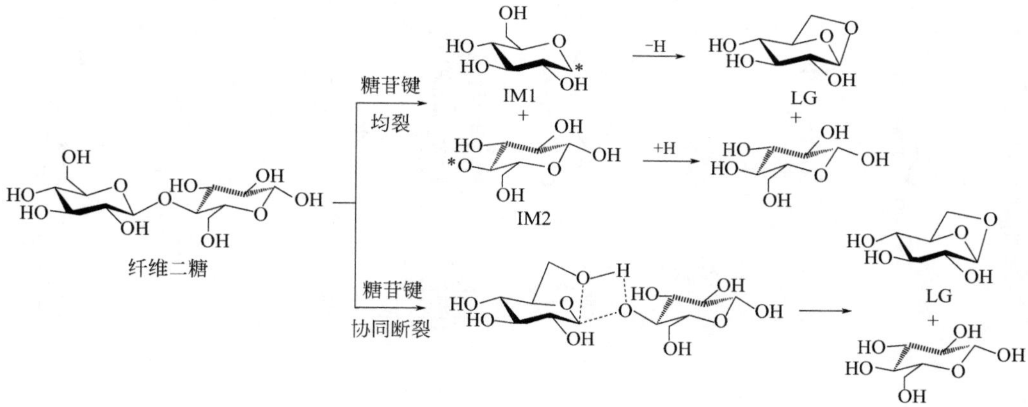

图 2-15　黄金保等计算的 LG 形成路径

要低于通过糖苷键均裂反应生成 LG 的能垒。

　　LG 作为纤维素热裂解的重要初级产物存在两条竞争反应路径，即挥发和二次裂解。Shen 等[31] 提出了 LG 二次裂解的反应路径，如图 2-17 所示。左旋葡聚糖热裂解生成了纤维素单体热裂解过程中几乎所有的产物。温度对糖类热裂解的影响很大，较高的温度促进了 LG 等糖类发生类似于纤维素单体开环的分解反应。相关研究认为左旋葡聚糖热裂解过程中反醇醛缩合反应是开环的主要途径，通过水合作用生成了葡萄糖单体或左旋葡聚糖单体，较高温度下单体分子内部继续脱水和重整形成了小分子酮类、醛类产物[37]。

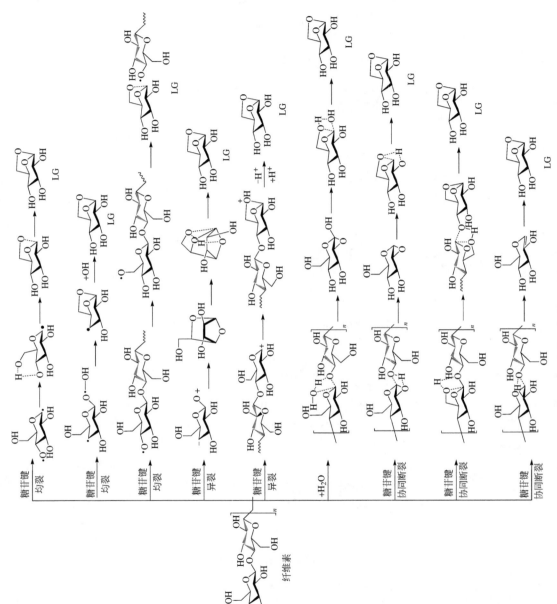

图 2-16 张阳等总结的纤维素快速热解过程 LG 的生成路径

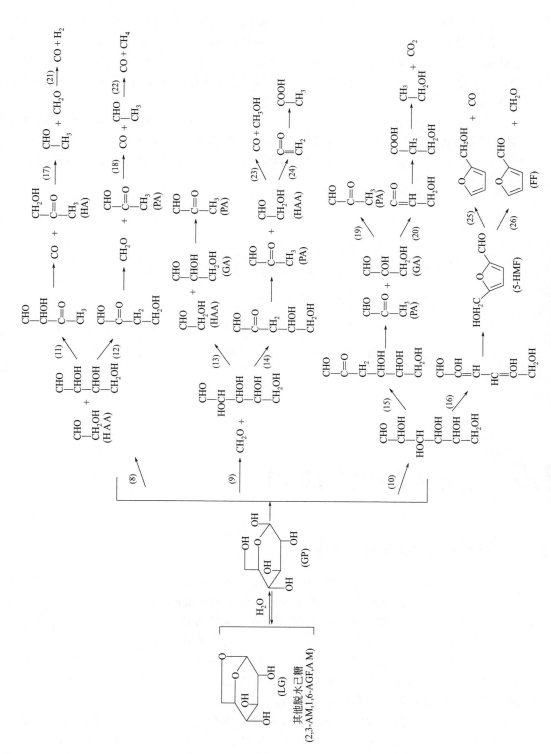

图 2-17　Shen 等提出的 LG 二次裂解的化学反应路径

纤维素热裂解除了生成 LG 外，还可通过开环断裂形成直链六碳碎片，在烯醇进行酮化重整后的半缩醛过程中可得到呋喃环结构（如 5-HMF）；也可形成甲醛和五碳分子碎片，五碳分子碎片可重整为呋喃甲醛；也可形成一个二碳分子碎片和一个四碳分子碎片，二碳分子碎片将重整为相对稳定的乙醇醛。上述反应路径在图 2-12 和图 2-13 中都有所呈现，在此不再赘述。

纤维素热裂解产物中会检测到少量的芳香族化合物，苯环结构的形成可以通过醛、酮化合物之间的缩聚反应得到[38]，乙醛的缩合物与挥发分产物中的烯醛中间产物进行缩聚环化，放出 H· 的同时形成苯环结构（图 2-18），该结构进一步转化为苯酚、甲苯等化合物形式。

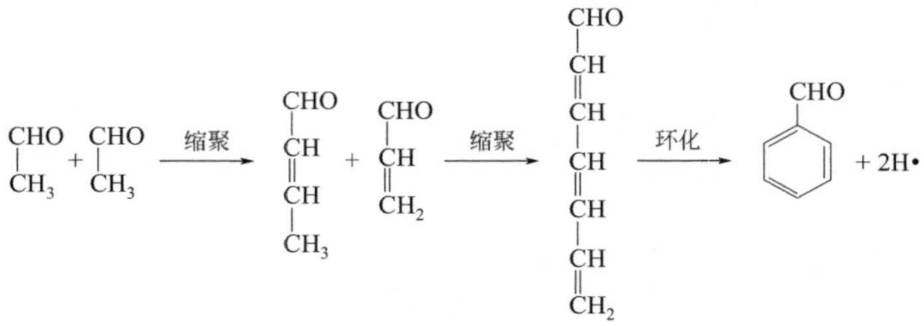

图 2-18　缩聚反应形成苯环结构的途径

2.2　半纤维素热裂解机理

2.2.1　半纤维素热裂解动力学模型

相对纤维素而言，针对半纤维素的热裂解动力学的研究是比较少的。由于半纤维素从生物质中很难分离出来，通常使用 3 种方法来模拟半纤维素：

① 通过差减掉纤维素和木质素剩余半纤维素的方法；
② 使用化学方法直接从生物质中分离出半纤维素；
③ 利用半纤维素的主要成分木聚糖来作为其模化对象[39]。由于差减法的不精确性和化学分离方法致使半纤维素结构发生了改变，目前有关半纤维素的研究大部分都是针对其模化物如木聚糖等来开展的。

关于半纤维素的热裂解动力学研究，研究者们在一定条件下对半纤维素热裂解进行了等温和非等温动力学研究，使用的模型也比较丰富，既有单步全局反应模型，也有多步反应阶段反应模型。这些动力学模型大部分是基于分析半纤维素热重质量损失数据构建的，这也是获得半纤维素热裂解表观活化能的常用方法。图 2-19 给出了半纤维素单步反应动力学模型，表 2-3 总结了文献中报道的半纤维素单步反应模型的动力学参数[40]。

图 2-19　半纤维素单步反应动力学模型

表 2-3　半纤维素热裂解的单反应/阶段模型的动力学参数

原料	反应器、气氛	温度和升温速率	A/s^{-1}	$E_a/(kJ/mol)$
山毛榉木聚糖	TGA,Ar	473~563 K	NS[①]	107.4
从 9 种木材中提取的半纤维素	TGA,N_2,150mL/min	383~773K,5K/min	$10^{6.31~6.84}$	约 100
开心果壳半纤维素	TGA,N_2,30mL/min	800℃,5~20℃/min	$10^{10.78~13.15}$	124~149
木聚糖	TGA,He,100mL/min	450~750K,5K/min	5.02×10^{12}	178.3
云杉葡甘露聚糖	TGA,N_2	25~750℃,3~20℃/min	NS	约 220
工业葡甘露聚糖	TGA,N_2	25~750℃,3~20℃/min	NS	约 190
木聚糖	TGA,N_2,80mL/min	900K,10K/min	6.1×10^{14}	179.84
稻秆和玉米秆半纤维素	TGA,N_2,60mL/min	25~800℃,0.3℃/min	NS	150
柳桉和水曲柳半纤维素	TGA,N_2,60mL/min	25~800℃,0.3℃/min	NS	150
樟子松和铁杉半纤维素	TGA,N_2,60mL/min	25~800℃,0.3℃/min	NS	160

① NS：未标明；Ar、He 和 N_2 为分别在 Ar、He 和 N_2 气氛中热裂解。

　　单步反应模型能够描述起始材料的降解速率并模拟热裂解过程中半纤维素的质量损失曲线，但无法预测在热裂解条件、样品粒径、加热速率和温度等参数变化条件下不同原料之间甚至相同原料之间产率的变化。这是目前文献中报道的半纤维素热裂解的表观活化能范围较宽（100~220kJ/mol）的主要原因。Williams[41] 报道了在不同升温速率下，由单步反应模型得出的半纤维素反应活化能在 125~259.5kJ/mol 范围内变化。Burnham 等[42] 认为，半纤维素热裂解的表观活化能小于纤维素热裂解的表观活化能，约为 195kJ/mol。

　　另一种用于半纤维素热裂解的动力学模型是多步反应阶段模型，半纤维素的热裂解和产物的形成通过一系列连续或平行反应来描述。采用半纤维素模化物进行热重试验时发现，半纤维素在 200℃ 左右开始发生分解而失重，在 270℃ 左右出现了最大失重峰，同时在 230℃ 左右还存在一个肩状峰[43~45]，说明半纤维素的热裂解过程中存在多步反应机理。Koufopanos[46] 研究了锯屑分离出来的半纤维素以不同升温速率热裂解至 700℃，用多步反应模型模拟之后，得到其在各阶段的活化能分别为 72.4kJ/mol、174kJ/mol、172kJ/mol。Várhegyi[47] 对木聚糖的热裂解采用两阶一级反应进行模拟，得出对应的活化能分别为 193kJ/mol 和 84kJ/mol。Orfão[48] 则利用独立的 3 个反应模型对生物质热裂解进行模拟，得到对应半纤维素的活化能为 238kJ/mol。另外，文丽华[49] 用两阶段积分法对木聚糖进行模拟，建立了木聚糖在两个阶段的表观反应动力学模型，两个升温速率下的动力学常数经过补偿效应计算，分别对应的活化能是 118.6kJ/mol 和 66.7kJ/mol。

Miller 和 Bellan[50] 提出了一个用于模拟半纤维素热裂解的反应模型，如图 2-20 所示。在这个模型中，半纤维素分解的最初步骤是形成活性半纤维素，然后是两条平行路线，形成焦油（生物油）或焦炭和气体。这些平行路线具有不同的动力学参数。添加连续的分解反应来描述焦油中气体的形成，这可以解决二次分解问题并解释多个质量损失阶段、气体产量的增加以及在更高温度的实验中观察到的生物油产量的降低等现象。形成活性半纤维素的引发步骤不会引起任何质量变化，这将该模型与单反应阶段模型区分开来。该模型强调了半纤维素快速热裂解首先形成活性半纤维素，活性纤维素通过进一步分解形成小分子化合物。同样，在半纤维素或纤维素的热裂解过程中，通过实验观察到的样本质量损失有非常细微的变化。该模型仍然基于产物集总策略将产物按相区分，即半纤维素、活性半纤维素、挥发性化合物（生物油和气体）、焦油（生物油）、天然气和焦炭，因而只能预测典型产物的产率而没有任何关于典型热裂解产物的信息，如乙酸、糠醛、乙醇醛、二氧化碳和一氧化碳等。

$$\text{半纤维素} \xrightarrow{k_1} \text{活性中间体} \begin{array}{l} \xrightarrow{k_2} \text{焦油} \longrightarrow \text{气体} \\ \xrightarrow{k_2/k_4} X \text{炭} + (1{-}X) \text{气体} \end{array}$$

图 2-20　Miller 和 Bellan 提出的半纤维素热裂解动力学模型

2008 年，Ranzi 等[51] 报道了用于半纤维素热裂解的比较复杂的动力学模型，如图 2-21 所示，半纤维素热裂解形成两种中间物质，中间物质经过连续的分解途径形成木糖、H_2、H_2O、CO、CO_2、$HCHO$、CH_3OH、C_2H_5OH 和焦炭。每一条路径都有独立的动力学参数。此外，该模型包括总产物（G[CO_2] 和 G[COH_2]），它们被捕获在固体基质或熔融相中，并进一步产生 CO_2、CO 和 H_2，以解释在较高温度下实验观察到的 CO_2、CO 和 H_2 的释放问题。此外，该模型在定义不同产物的化学计量系数以处理其不同的形成率方面优于现有的其他模型。然而，该模型也存在一定的问题，例如不包含一些产率较高的乙酸、糠醛、脱水木糖和二羟基糖产物（总计高达 50%）。

Di Blasi[52] 对从燕麦中提取到的木聚糖进行了等温热重试验，并采用半全局模型对结果进行模拟，得到了较好的结果。如图 2-22 所示，A 代表木聚糖，B 代表中间产物（低聚合度的半纤维素），第一阶段和第二阶段都存在形成挥发分或固体两条

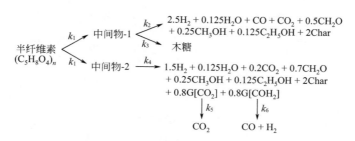

图 2-21　Ranzi 等提出的半纤维素热裂解的总动力学方案

竞争反应路径。2013 年，Di Blasi 等[53] 报道了第一个用于葡甘聚糖热裂解的动力学模型。如图 2-23 所示，该模型包括葡萄糖甘露聚糖分解的两个竞争途径，形成挥发性化合物和固体中间体，接着是两个连续的降解途径，形成二级挥发性化合物和焦炭。该模型利用葡萄糖甘露聚糖样品的质量损失曲线作为温度的函数，其偏差小于 2%。

图 2-22　Di Blasi 提出的半纤维素　　　图 2-23　Di Blasi 等提出的葡萄糖甘露聚糖
两步分解动力学模型　　　　　　　　热裂解动力学模型

　　总的来说，上述动力学模型能够解释实验现象并在一定程度上促进对半纤维素热裂解动力学的理解。此外，复杂热裂解系统使用全局动力学模型简化了数据收集和分析以及数值解法，这对许多实际应用具有重要意义。然而，半纤维素热裂解的动力学模型仅限于文献报道的特定原始材料和操作条件，其他应用的外推可能性很小。真正的半纤维素是非均质多糖的混合物，其主要由木糖、甘露糖、半乳糖、阿拉伯糖和糖醛酸组成。因此，天然的、提取的或商业的半纤维素的配方与理论戊糖多糖（$C_5H_8O_4$）$_n$ 或己糖多糖（$C_6H_{10}O_5$）$_m$ 的配方非常不同。例如，Wang 等[54]认为从不同原料中提取的半纤维素可用不同的公式来表示，例如从水曲柳中提取的半纤维素的组成公式为（$C_5H_{8.98}O_{4.66}$）$_n$/（$C_6H_{10.78}O_{5.59}$）$_m$。此外，基于动力学数据建立的模型没有解决传质和传热的限制以及样品和反应系统温度测量的固有误差，而这些因素已被证明对半纤维素的热裂解系统有重大影响。

2.2.2　半纤维素热裂解产物形成机理

　　与纤维素不同，半纤维素的结构比较复杂，是由木糖、阿拉伯糖、甘露糖、半乳糖、葡萄糖醛酸和乙酰基等组成的一种非均一多聚糖[55]，其分子结构随半纤维素来源的不同而有所不同。半纤维素的基本单元如图 2-24 所示。

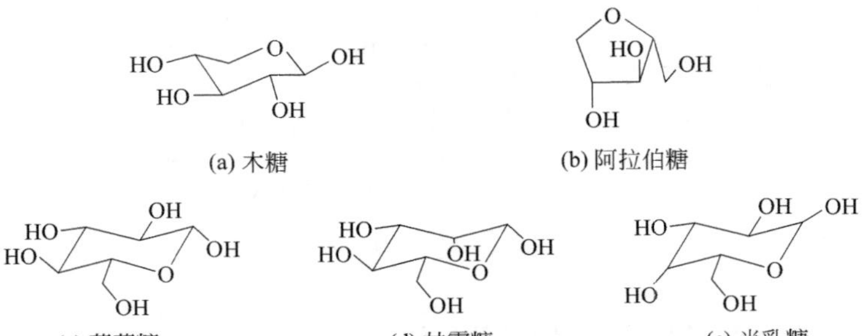

(a) 木糖   (b) 阿拉伯糖

(c) 葡萄糖   (d) 甘露糖   (e) 半乳糖

图 2-24　半纤维素中的基本单元

对于林业类生物质，硬木中半纤维素主要为木聚糖以及少量的葡甘露聚糖（3％～5％），木聚糖骨架为以 β-1,3-糖苷键或 β-1,4-糖苷键（主要连接方式）相连的木聚糖链，木糖单元的 C2、C3 位被乙酰基、半乳糖、葡萄糖醛酸或 4-O-甲基葡萄糖醛酸不同程度地取代（图 2-25）[56]。

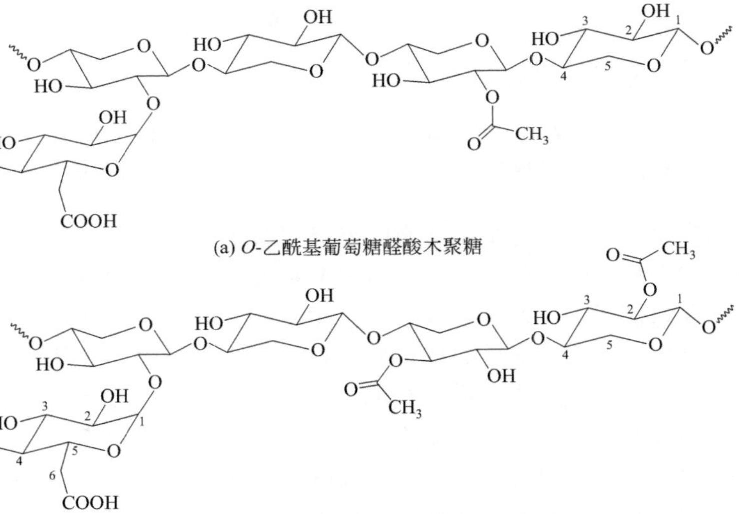

(a) O-乙酰基葡萄糖醛酸木聚糖

(b) O-乙酰基-4-O-甲基葡萄糖醛酸木聚糖

图 2-25　硬木中的半纤维素

软木中，半纤维素主要为甘露聚糖（干生物质中占比 20％～25％），依据甘露糖单元上取代基的不同，甘露聚糖可分为半乳甘露聚糖、葡甘露聚糖以及半乳葡甘露聚糖。半乳甘露聚糖骨架为以 β-1,4 糖苷键相连的甘露糖链，甘露糖单元 C2、C3 位上连接有乙酰基，C6 位通过 α-1,6 糖苷键与半乳糖相连；葡甘露聚糖和半乳葡甘露聚糖骨架为以 β-1,4 糖苷键相连的葡萄糖和甘露聚糖链，前者甘露糖单元 C2、C3 位上连接有乙酰基，后者除此外还有 C6 位通过 α-1,6 糖苷键相连的半乳糖（图 2-26）[40]。

草本类生物质中半纤维素主要为阿拉伯糖木聚糖，其骨架为以 β-1,4 糖苷键相连的木聚糖链，阿拉伯糖基连接在木糖单元的 C3 位上，在阿拉伯糖基的 C5 上通过

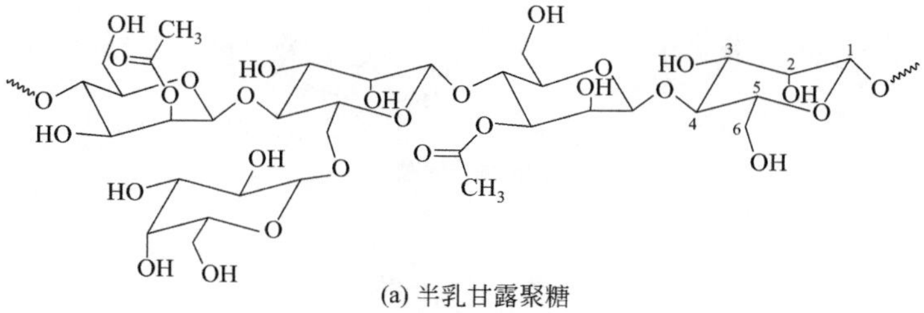

(a) 半乳甘露聚糖

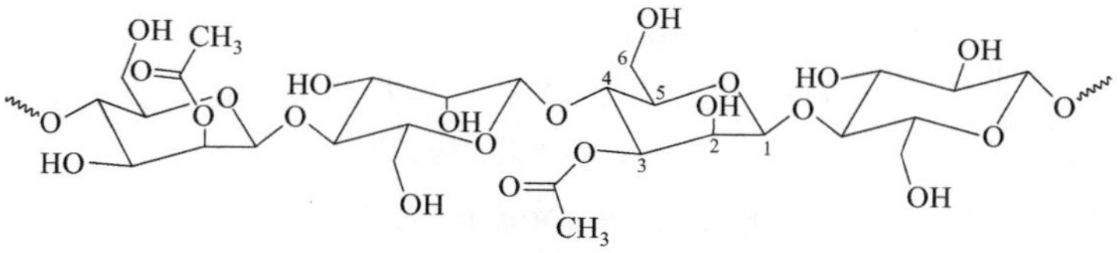

(b) 葡甘露聚糖

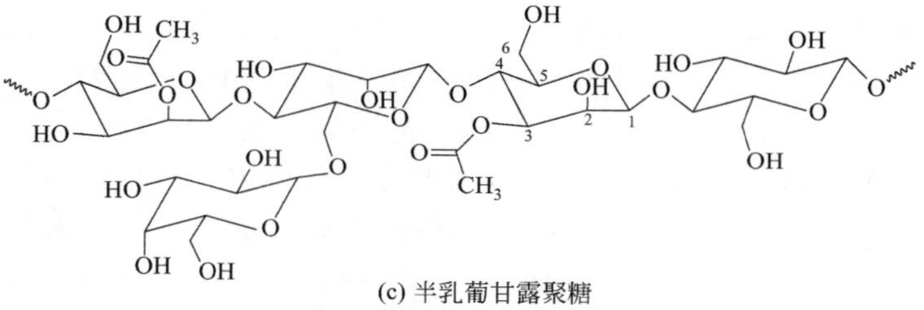

(c) 半乳葡甘露聚糖

图 2-26　软木中的半纤维素

酯键连接有阿魏酸（一般认为其属木质素），此外木糖单元的 C2、C3 位上不同程度地连接有乙酰基（图 2-27）[54,57]。

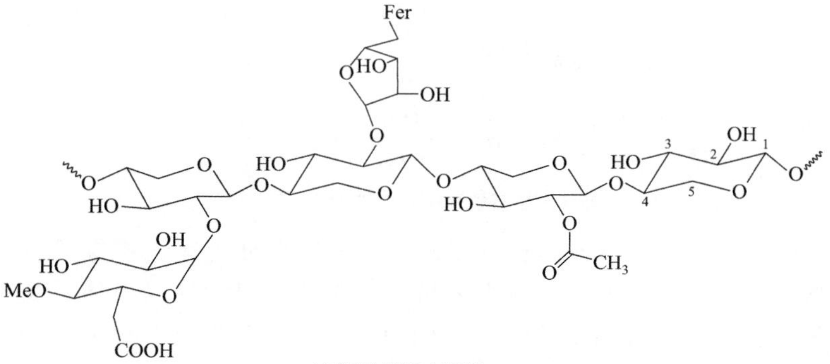

(a) 阿拉伯糖木聚糖

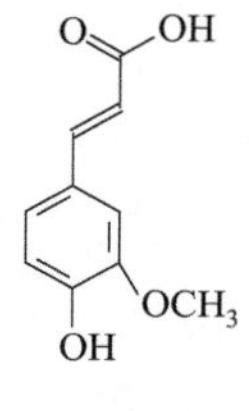

(b) 阿魏酸(Fer)

图 2-27　草本生物质中的半纤维素

对于海草或海藻生物质，其半纤维素主要为同木聚糖和 α-1,3、α-1,4 键连接的硫酸化半乳聚糖（图 2-28）[40]。

由此可知，各种半纤维素中都含有木聚糖，木聚糖尤其在阔叶材、麦草和稻草的半纤维素中为主要成分。因此，关于半纤维素的研究大部分都是针对其模化物如木聚糖等来开展的。

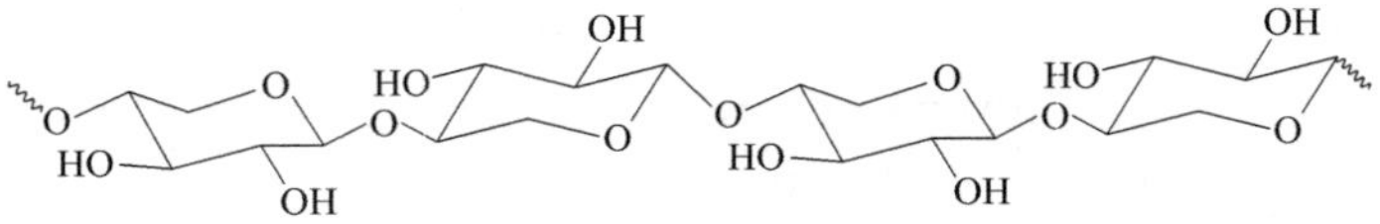

(a) 同木聚糖

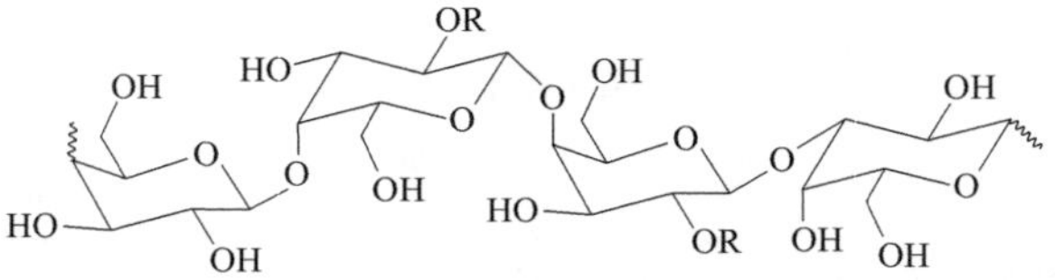

(b) 硫酸化半乳聚糖

图 2-28 海草中的半纤维素

众多半纤维素快速热裂解试验结果表明[58~60]，半纤维素热裂解的主要产物为生物油、气体和焦炭。其中，生物油的主要成分为水分、甲酸、乙酸、丙酸、乙醇醛、1-羟基-2-丙酮、1-羟基丁酮、2-糠醛和少量苯基化合物等；气体则主要为CO、CO_2、H_2、CH_4、C_2H_4等，CO和CO_2的体积分数占气体总量的90%以上。半纤维素热裂解的反应机理极其复杂，包括聚合物的解聚、不稳定中间物的反应、糖苷键的断裂、脱水、开环断裂、重排、逆醛醇缩合和成炭反应。木聚糖热裂解生成的焦油中含有大量的酸类化合物，如甲酸、乙酸和丙酸等，这是因为木聚糖结构中含有乙酰基和糖醛酸侧链，另外木糖吡喃环在开环时也能生成含羰基的化合物。吡喃环木糖C—C键和C—O键断裂开环除了产生含羰基的化合物外，还可产生含羧基的化合物。含羰基的化合物可发生脱羰反应生成CO，而含羧基的化合物可发生脱羧反应生成CO_2，具体反应路径见图2-29。

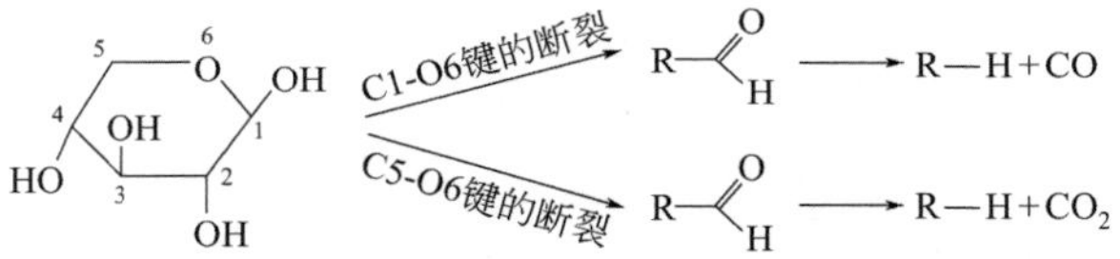

图 2-29 吡喃环木糖断裂开环的两种途径

半纤维素的组成单元不单一且拥有较多的支链的特性使得其比纤维素更容易在较低温度发生热分解。低温下半纤维素中少量羟基开始脱出，生成小分子气体和可冷凝挥发分。随着温度升高，半纤维素侧链苷键和主链苷键开始断裂，4-O-甲基葡萄糖C4位上的4-O-甲基断裂生成甲醇，O-乙酰基侧链断裂生成乙酸或CO_2（>200℃），木聚糖β-1,4糖苷键断裂，生成木糖单体或木糖中间体，由于木糖中间体没有和葡萄糖一样的C6-OH，木糖自由基会经历缩聚形成残炭和开环生成小分子产物两个竞争反应，此外少量的木糖自由基会生成1,4-脱水-D-吡喃木糖和二脱水糖[61,62]。同时，木糖吡喃环开环，发生C—C键断裂、半缩醛C—O键的断裂、脱羟基、脱羧基等反应，生成H_2O、CO、CO_2、1-羟基-2-丙酮、乙酸、丙酮、糠醛等产物[63]。木聚糖侧链取代位置的不同导致形成不同的木糖单体，从而经历不同的反应路径（图2-30）。热裂解过程产生的大量分子碎片不稳定，将通过一系列的重整、

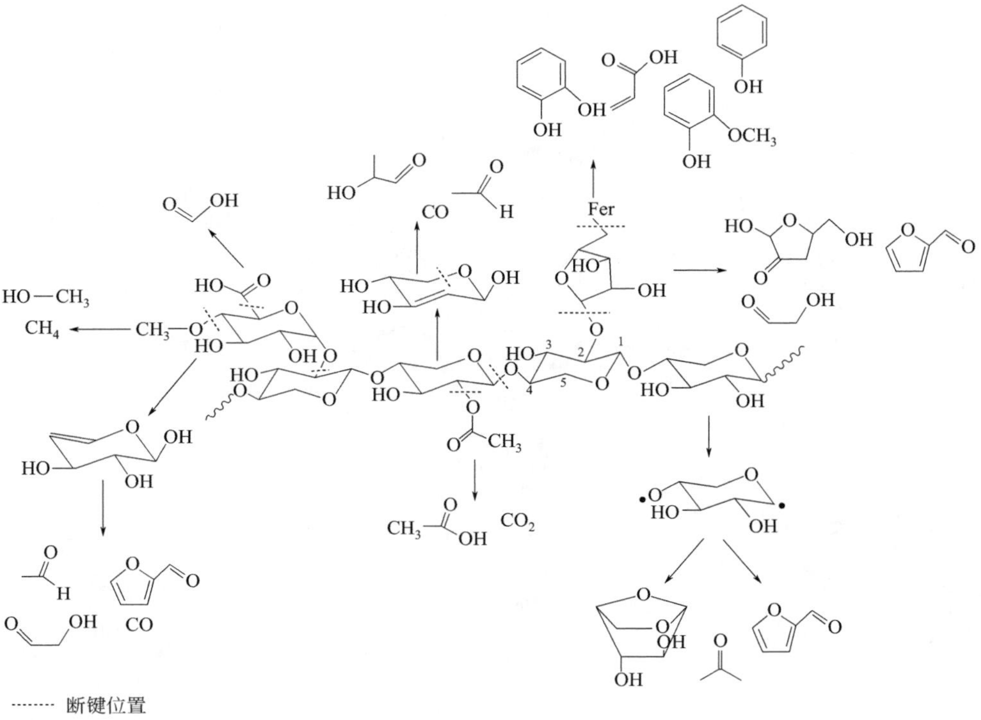

------- 断键位置

图 2-30　木聚糖热裂解路径及产物

脱水、脱羧、断键以及缩聚等反应生成各种产物。

　　Shanks 等[62] 提出半纤维素热裂解存在两条竞争反应路径，并通过实验验证了这一假设，如图 2-31 所示，半纤维素解聚、脱水形成呋喃和吡喃衍生物，呋喃糖和吡喃糖环断裂成小分子氧化物。

　　Wang 等[64] 提出了木聚糖热裂解的反应路径（图 2-32）：主链单元分解，伴随着 O-乙酰基木聚糖侧链断裂及 4-O-甲基葡萄糖醛酸木聚糖脱羧基反应，形成六元环中间体；然后六元环中间体开环形成线型碳链，线型碳链发生断键、环化反应形成最终产物。他们认为除乙酸外的所有热裂解产物的形成都需要非环状的 D-木糖中间体。

　　Shen 等[65] 综合前人的研究，提出了木聚糖热裂解过程中形成主要产物的具体反应路径，如图 2-33 所示，假定乙酸和 CO_2 的主要形成途径是木聚糖结构中乙酰基脱除和乙酰基的脱羧反应，两者都与 CO 的形成存在竞争，所有的醛类，如甲醛和乙醇醛，可脱羧形成 CO，这解释了 CO 的产率随温度升高而增加的现象。

　　糠醛（FF）作为木聚糖的典型热裂解产物，关于其生成机理，不同的学者提出不同的反应路径（图 2-34）。Shen[65] 认为有两条路径生成 FF：一条路径是木糖单体半缩醛键首先发生断裂，接着 C4 上的羟基和 C5 上的氢反应，脱去 H_2O，然后 C3 上的羟基和 C2 上的氢反应，脱去 H_2O，最后 C2 和 C5 上羟基反应，脱去 H_2O 连接成环，生成 FF；另一条路径是 4-O-甲基葡萄糖醛酸脱去 CO_2 和甲醇后经历与木糖单体同样的反应生成 FF。此外，还有研究认为 FF 来自于木聚糖侧链的阿拉伯呋喃糖[66]。

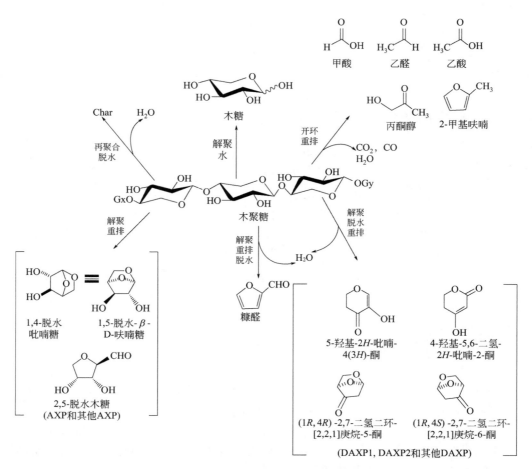

图 2-31 Shanks 等提出的柳枝稷半纤维素热裂解机理

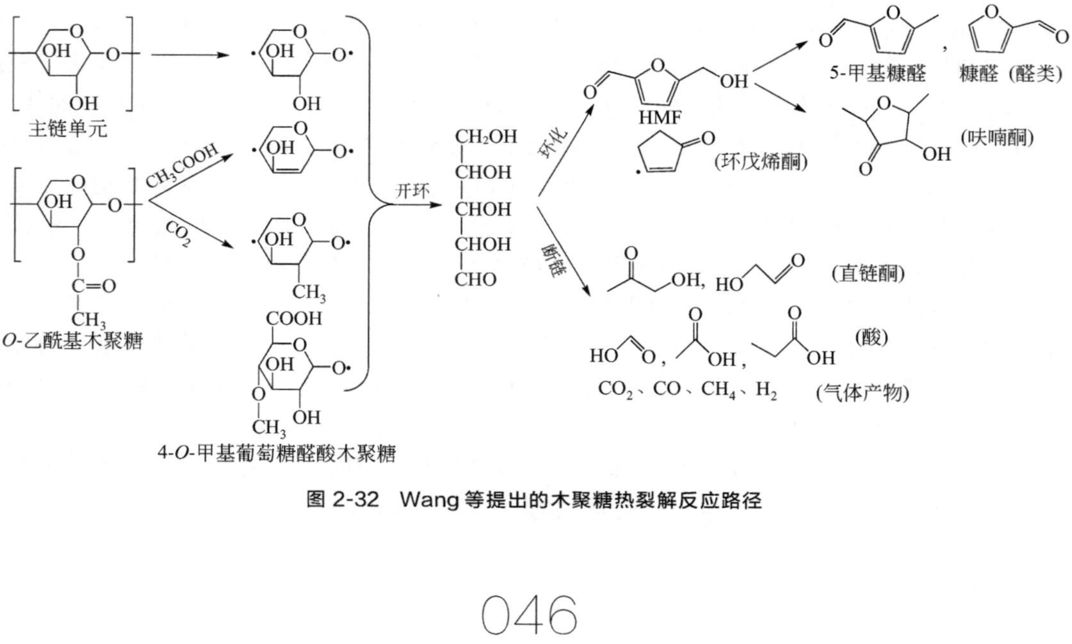

图 2-32 Wang 等提出的木聚糖热裂解反应路径

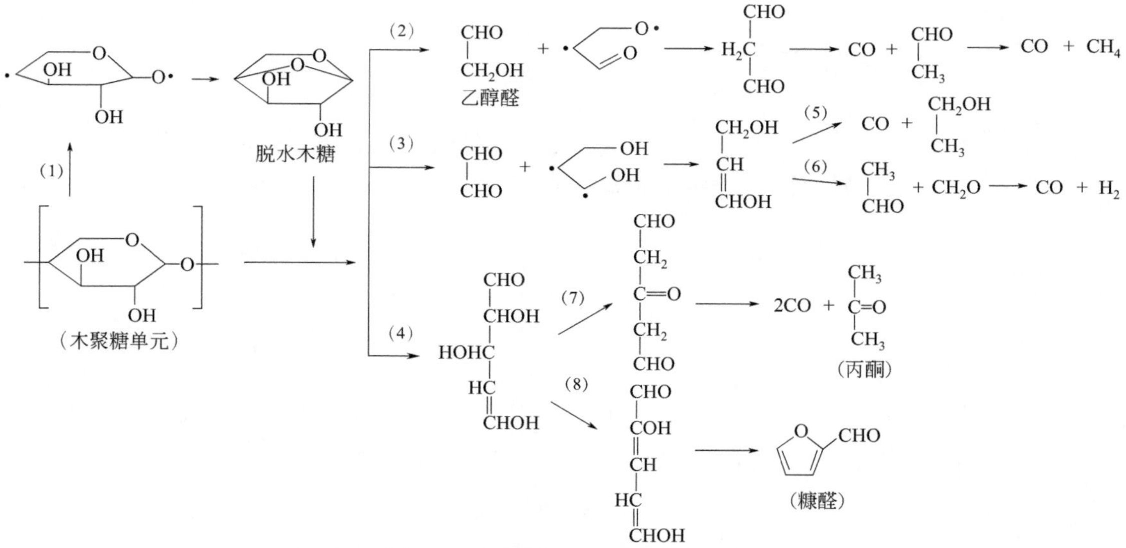

(a) O-乙酰基-4-O-甲基葡萄糖醛酸木聚糖热裂解反应途径

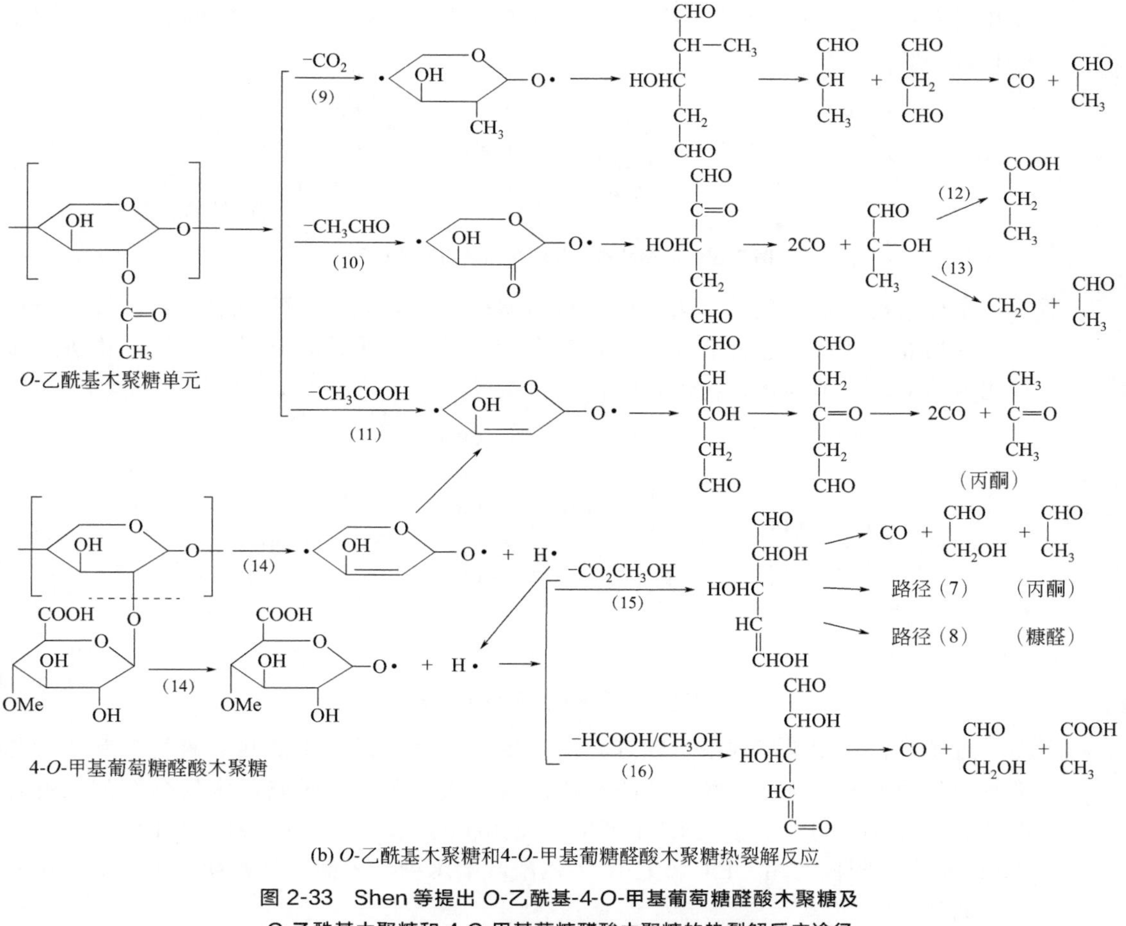

(b) O-乙酰基木聚糖和4-O-甲基葡糖醛酸木聚糖热裂解反应

图 2-33　Shen 等提出 O-乙酰基-4-O-甲基葡萄糖醛酸木聚糖及
O-乙酰基木聚糖和 4-O-甲基葡糖醛酸木聚糖的热裂解反应途径

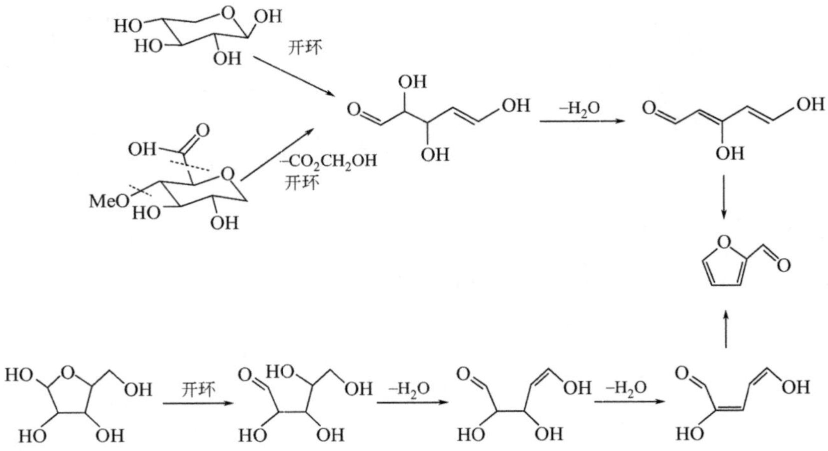

图 2-34　糠醛的生成路径

木聚糖单体可开环断裂形成 1 个二碳分子碎片和 1 个三碳分子碎片，二碳分子碎片可重整为相对稳定的乙醇醛，三碳分子碎片可重整为相对稳定的 1-羟基-2-丙酮（图 2-35）[67]。

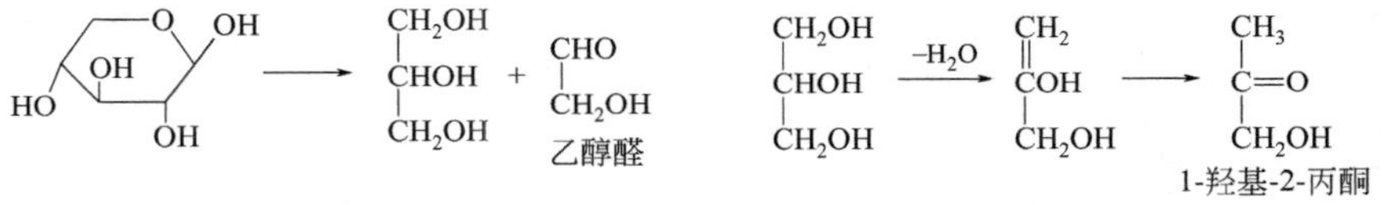

图 2-35　乙醇醛和 1-羟基-2-丙酮的形成途径

苯环结构可通过醛、酮化合物之间的缩聚反应得到，乙醛的缩合物与挥发分产物中的烯醛中间产物进行缩聚环化，放出 H· 的同时形成苯环结构，该结构进一步转化为苯酚、甲苯等化合物形式（图 2-36）[38]。

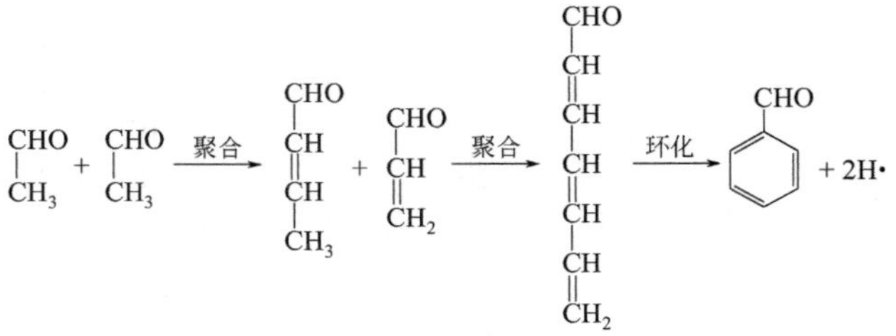

图 2-36　苯环结构的形成途径

近年来，密度泛函理论（DFT）已被用于研究半纤维素的热裂解机理和典型热裂解产物的形成，例如乙酸、糠醛和乙醇醛。张智等[68] 研究了木糖分解的八种可能途径。Huang 等[69] 使用 DFT 研究 O-乙酰吡喃木糖的分解途径，如图 2-37 所示。Wang 等[61] 同样利用 DFT 研究了 O-乙酰吡喃木糖、木糖、甘露糖、半乳糖和阿拉伯糖的热分解。

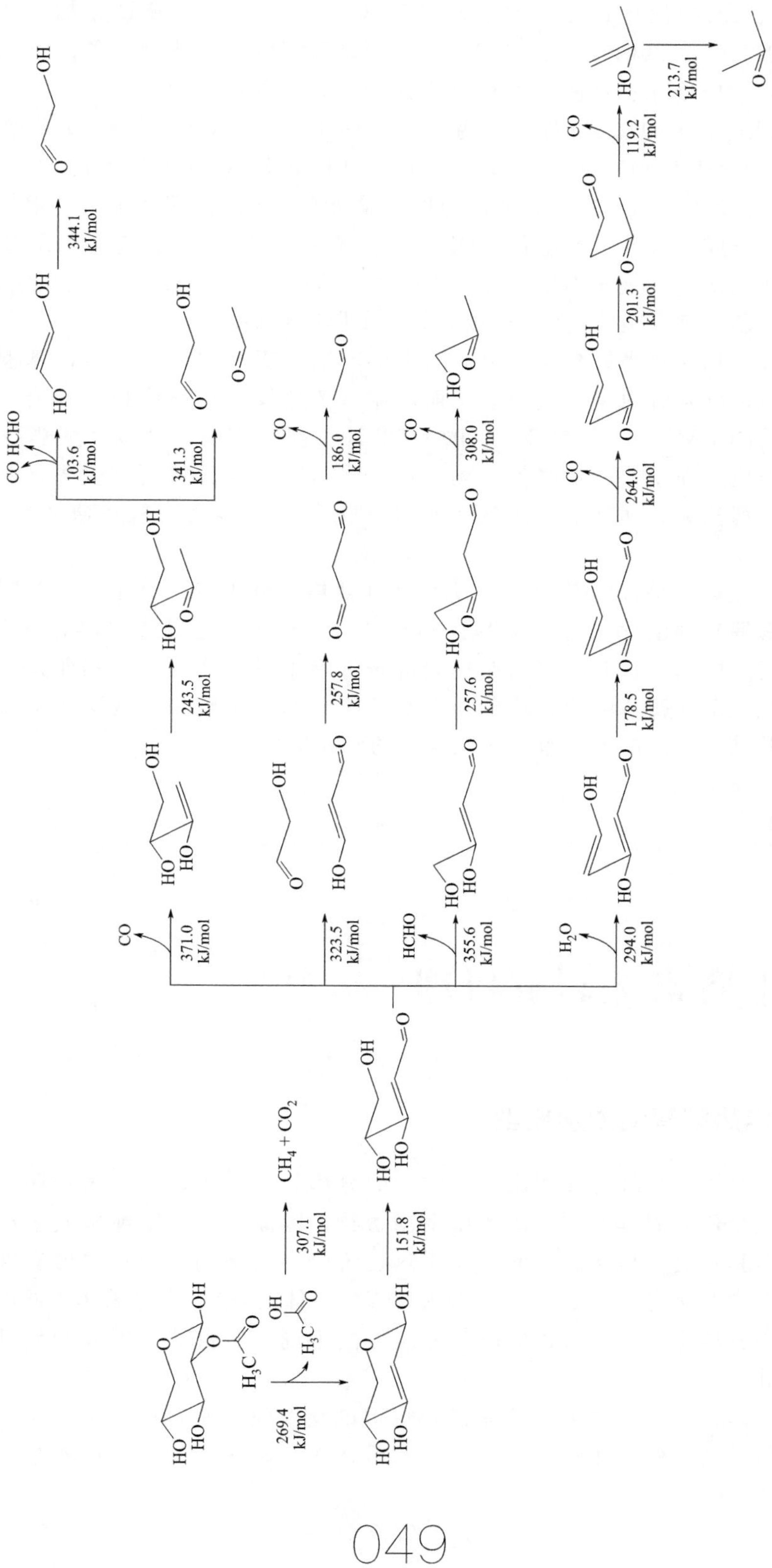

图 2-37　Huang 等报道的 O-乙酰吡喃木糖的分解途径

虽然已有报道 β-D-吡喃木糖通过 C1-O 键断裂开环形成 D-木糖，其反应的活化能为 $131.5\sim175.9\text{kJ/mol}$，显然这个反应是可行的，在热裂解条件下容易发生。此外，O-乙酰吡喃木糖和脱水木糖也容易发生开环反应，田慧云[70] 等报道其活化能为 217.5kJ/mol，Huang 等报道为 155kJ/mol。田慧云等[70] 对 O-乙酰吡喃木糖进行 DFT 计算表明 O-乙酰基的分解（191.9kJ/mol）在动力学上比 O-乙酰吡喃木糖的开环（217.5kJ/mol）更容易。根据实验研究，推测附着在半纤维素骨架上的乙酰基裂解是形成乙酸的主要途径。DFT 计算显示在 C2 位置上连有乙酰基的木糖单元裂解生成乙酸所需能量势能为 $191.9\sim269.4\text{kJ/mol}$[61]。在分解过程中，C2-O 桥键断裂，而乙酰基吸引与 C1 位连接的氢原子形成羧基。

呋喃类物质是半纤维素热裂解的主要产物。实验和量子化学计算表明戊糖（木糖和阿拉伯糖）倾向于产生糠醛，而己糖（葡萄糖、甘露糖和半乳糖）倾向于形成羟甲基呋喃甲醛[71]。张智等[68] 的 DFT 计算研究表明，吡喃木糖热裂解有利于 2-糠醛的形成，而不是乙醇醛等。Wang 等[61] 的 DFT 计算研究表明，在木糖降解过程中，糠醛比另外两种主要产物 1-羟基-2-丙酮和 4-羟基二氢呋喃-2($3H$)-酮的形成更有利。

值得注意的是，DFT 计算表明半纤维素热裂解生成小分子（乙醇醛、乙醛和甲基乙二醛等）的活化能超过 300kJ/mol[68,69]，而活化能超过 250kJ/mol 的反应具有非常慢的反应速率，并且在快速热裂解条件下不具有竞争力。然而，试验观察到半纤维素热裂解所得乙醇醛、乙醛和甲基乙二醛的产率较高，这反映了假定的反应机理与试验结果之间的不一致，应在未来的研究中加以解决。

2.3 木质素热裂解机理

2.3.1 木质素热裂解动力学模型

和纤维素、半纤维素相比，木质素的分离较为困难，迄今为止还没有办法分离到一种完全代表原本木质素的木质素制备物，因此无法采用纯木质素进行热裂解试验以揭示其热裂解特性。目前木质素热裂解研究所采用的原料主要有两类：第一类是木质素模型化合物（如 β-O-4 型木质素二聚体）；第二类是采用不同的分离方法从生物质中分离出的木质素，但由于分离方法不同，所得的木质素产品具有不同的热裂解特性。

Koufopanos[46,72] 对木质素进行热重试验发现，木质素是生物质三组分中"热阻力"最大的，然而在较低温度时，木质素就开始热裂解，这可能是木质素聚合体的侧链断裂所致，例如在较低温度时，脂肪族的—OH 键以及苯丙烷上的苯基 C—C 键的断裂就析出了大量含氧化合物（H_2O、CO、CO_2）。而且木质素的热重曲线取决于其来源及分离方法，对于木质素而言，失重率最大值出现在 360～407℃。

Antal 等[73] 对木质素的热裂解行为进行了研究，提出在木质素热裂解过程中至少存在两种竞争反应模型：一个是低活化能条件下得到焦炭以及小分子气体组分；另一个则是高活化能条件下生成各种高分子量的芳香族产物。如图 2-38 所示。木质素的结构比较复杂，其热裂解动力学过程的描述比较困难。木质素热裂解时的实际情况要比两个竞争反应更复杂。因此，该模型的模拟结果不能更准确地描述反应过程[74]。

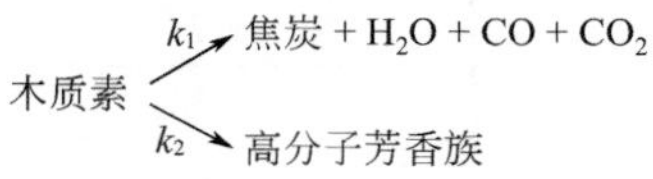

$$\text{木质素} \begin{array}{l} \nearrow^{k_1} \text{焦炭} + H_2O + CO + CO_2 \\ \searrow_{k_2} \text{高分子芳香族} \end{array}$$

图 2-38　Antal 等提出的
木质素热裂解模型

谭扬等[75] 采用热重-傅里叶红外光谱（TG-FTIR）联用的分析方法对造纸黑液碱木质素的热裂解失重特性和产物生成特性进行了研究。结果表明：碱木质素热裂解失重过程可分为 3 个阶段，其中 200～500℃是碱木质素主要的热裂解挥发阶段，反应符合一级反应动力学模型，利用 Coats-Redfern 动力学模型计算得出不同升温速率下热裂解主反应的表观活化能为 39.3～43.1kJ/mol。

崔兴凯等[76] 通过有机酸处理、碱处理和氧化处理从甘蔗渣中分离得到 5 种木质素，即乙酸木质素（AAL）、Acetosolv 木质素（ASL）、Milox 木质素（ML）、过氧乙酸木质素（PAAL）和碱木质素（AL）。利用热重分析表明 5 种木质素具有类似的热裂解行为，其可分为水分脱除（室温至 100℃）、玻璃化转变（100～250℃，PAAL 为 100～200℃）、热裂解（250～700℃，PAAL 为 200～700℃，此段是木质素的最大失重阶段）和缓慢结焦（700～900℃）4 个阶段。PAAL 的最快失重温度较低是因为其具有较小的分子量的缘故。采用非等温的 Coats-Redfern 积分法对热重分析数据进行分析，确定了 PAAL 在 200～700℃范围内的热裂解为表观二级反应，另外 4 种木质素则在 250～700℃范围内为表观二级反应。5 种木质素的热裂解表观活化能分别为乙酸木质素 33.33kJ/mol、Acetosolv 木质素 36.36kJ/mol、Milox 木质素 31.10kJ/mol、PAAL24.74kJ/mol 和碱木质素 36.93kJ/mol。

2.3.2　木质素热裂解产物形成机理

木质素是由苯丙烷结构组成的三维无定形聚合物。构成木质素的结构单元主要有如图 2-39 所示三种。不同来源的木质素中这三种基本单元的含量也有所不同，例如在阔叶林中超过 90％的单体是愈创木基型单体。对木质素的结构研究表明，醚键（例如 β-O-4、4-O-5 等）和碳-碳键（例如 β-β、5-5、β-5 等）是木质素中单体间的主要键合方式，如表 2-4 所列。

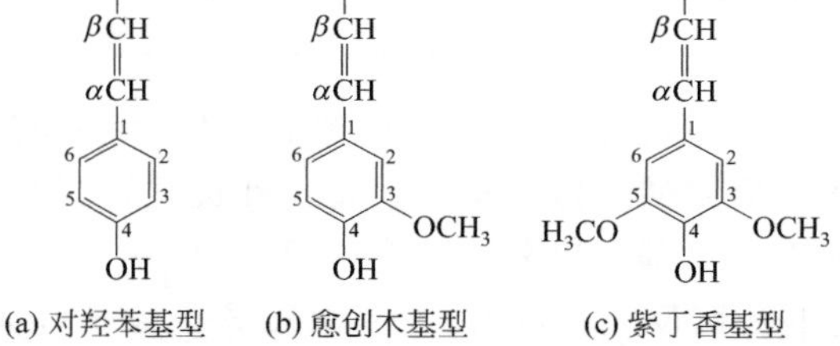

(a) 对羟苯基型　　(b) 愈创木基型　　(c) 紫丁香基型

图 2-39　木质素的三种基本结构单元

表 2-4　木质素结构中的主要连接方式[77]

连接方式	Glasser et al.[78]	Erickson et al.[79]	Nimz[80]
β-O-4	55	49～51	65
α-O-4	—	6～8	—
β-5	16	9～15	6
β-1	9	2	15
5-5	9	9.5	2.3
4-O-5	3	3.5	1.5
β-β	2	2	5.5
α/γ-O-γ	10	—	—
α-β	11	—	2.5
β-6	2	4.5～5	—
6-5	1～5		

　　木质素的热裂解主要形成单体酚类物质，以苯酚、4-乙烯基苯酚、2-甲氧基-4-乙烯基苯酚、2,6-二甲氧基苯酚为主要产物。当这些由木质素产生的热裂解气被冷凝成木质素生物油时会产生大量的二聚体和其他低聚物。通过木质素单体裂解试验，证实了单体酚类产物通过低聚反应形成了低聚物[81]。木质素热裂解典型产物如表 2-5 所列，产物中主要单酚类物质结构如图 2-40 所示。

表 2-5　木质素热裂解典型产物及产率

产物	产率/%	产物	产率/%
CO	1.8	4-乙基-2-甲氧基苯酚	0.4
CO_2	15.2	4-乙烯基苯酚	3.5
乙醛	0.9	2-甲氧基-4-乙烯基苯酚	1.8
甲酸/丙酮	0.7	2,6-二甲氧基苯酚	1.0
2-甲基呋喃	0.1	2-甲氧基-4-(1-丙烯基)苯酚	0.2
乙酸	11.5	4-甲基-2,6-二甲氧基苯酚	0.8
2-呋喃甲醛	0.2	3,5-二甲氧基-4-羟基苯甲醛	0.4
苯酚	1.9	3,4-二甲氧基乙酰苯	0.8
2-甲氧基苯酚	0.9	4-丙烯基-2,6-二甲氧基苯酚	0.2
2-甲基苯酚	0.1	4-丙烯基-2,5-二甲氧基苯酚	0.3
4-甲基苯酚	0.6	3,5-二甲氧基-4-羟基苯乙酮	0.3
2-甲氧基-4-甲基苯酚	0.7	芥子醇	0.7
3,5-二甲基苯酚	0.1	炭	37.0
3-乙基苯酚	0.6		

　　木质素热裂解起始温度较低，一般在 200℃左右开始分解，这是由于木质素含有丰富的侧链，这些侧链容易受热脱落。由于木质素的特殊结构，其稳定性最强，因此木质素热裂解的温区跨度很大[4]。木质素热裂解过程可以分为三个阶段：第一阶段是在温度低于 227℃时，主要是发生一些侧链的断键反应，析出 CO、CO_2 等小分子气体，大分子芳香烃类化合物出现；第二阶段在温区为 227～477℃之间发生，主要是与苯丙

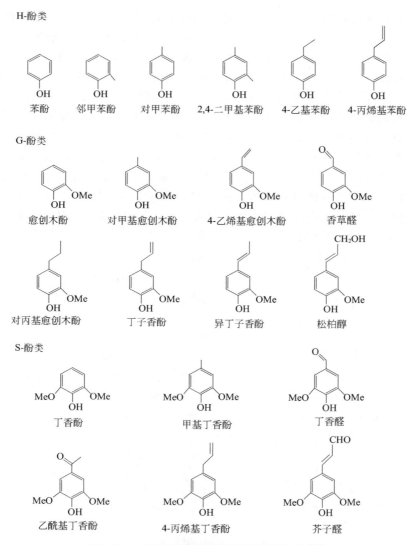

H-酚类

苯酚　　邻甲苯酚　　对甲苯酚　　2,4-二甲基苯酚　　4-乙基苯酚　　4-丙烯基苯酚

G-酚类

愈创木酚　　对甲基愈创木酚　　4-乙烯基愈创木酚　　香草醛

对丙基愈创木酚　　丁子香酚　　异丁子香酚　　松柏醇

S-酚类

丁香酚　　甲基丁香酚　　丁香醛

乙酰基丁香酚　　4-丙烯基丁香酚　　芥子醛

图 2-40　木质素热裂解主要单酚类物质的结构[84]

烷单元连接的酚羟基、羧基、苯甲基等多种官能团受热发生反应，产生酚类、大分子芳香烃类化合物；第三阶段是在温度高于 477℃时发生，此时芳香环受高温作用后会发生开环或缩合等反应，此时侧链断裂导致苯系化合物含量变多，大分子芳香烃的存在主要是由于分子间会发生联苯、缩合反应[82]。木质素热裂解主要产物为焦炭，气体和液体产物的产率较低，这是由于木质素热裂解产物特别容易发生缩合、二次聚合反应[83]。

目前，普遍认为木质素的热裂解机理主要是自由基反应，木质素分子结构中相对弱的是连接单体的氧桥键和单体苯环上的侧链键，受热易发生断裂，形成活泼的含苯环自由基，极易与其他分子或自由基发生缩合反应生成结构更为稳定的大分子，进而结炭[77,82]。Patwardhan 认为脱羧基和 2-甲氧基-4-乙烯基苯酚的生成是木质素降解的初始步骤[81]。Lou 等[85] 认为具有 γ-OH 侧链的 Cα-Cβ 键断裂生成羧酸，木质素结构单元侧链连接键断裂后，将得到具有羟基和羧基的芳香化合物，生成侧链中含有 α-羰基、α-羧基或酯键的产物，香草醛主要来自于木质素苯丙烷单元 Cα-Cβ 的断裂和阿魏酸的降解，愈创木酚主要来自于 Cβ-O 和 Cα-Cγ 键的断裂。

Faravelli 等[86] 从自由基的引发、传递和终止方面阐述了木质素的热裂解机理（图 2-41）。第一步自由基引发反应涉及 β-O-4 结构中较弱的 C—O 键。因此，引发反应形成苯氧基和仲烷基芳基（R1）。第二步自由基的传递主要通过氢转移反应形成稳定的分子，中间自由基的不同反应表明其稳定性不同。因此，羟基自由基（·OH）比烷基和苯氧基自由基的活性更高（R2）。β-分解反应使得中间大分子和中间自由基的分子量持续降低（R3）。中间体苯氧基自由基非常稳定并且对整个传递过程有显著贡献。此外，当考虑典型的初始自由基时，·OH 的释放有利于木质素结构的初始脱水反应，导致分子不饱和度增加，形成了香豆醇和芥子醇（R4）。上述 C—O 键比C—C 键更容易发生断裂。例如，C—C 键裂解生成 1,3-二羟基丙烯和不饱和苯基自

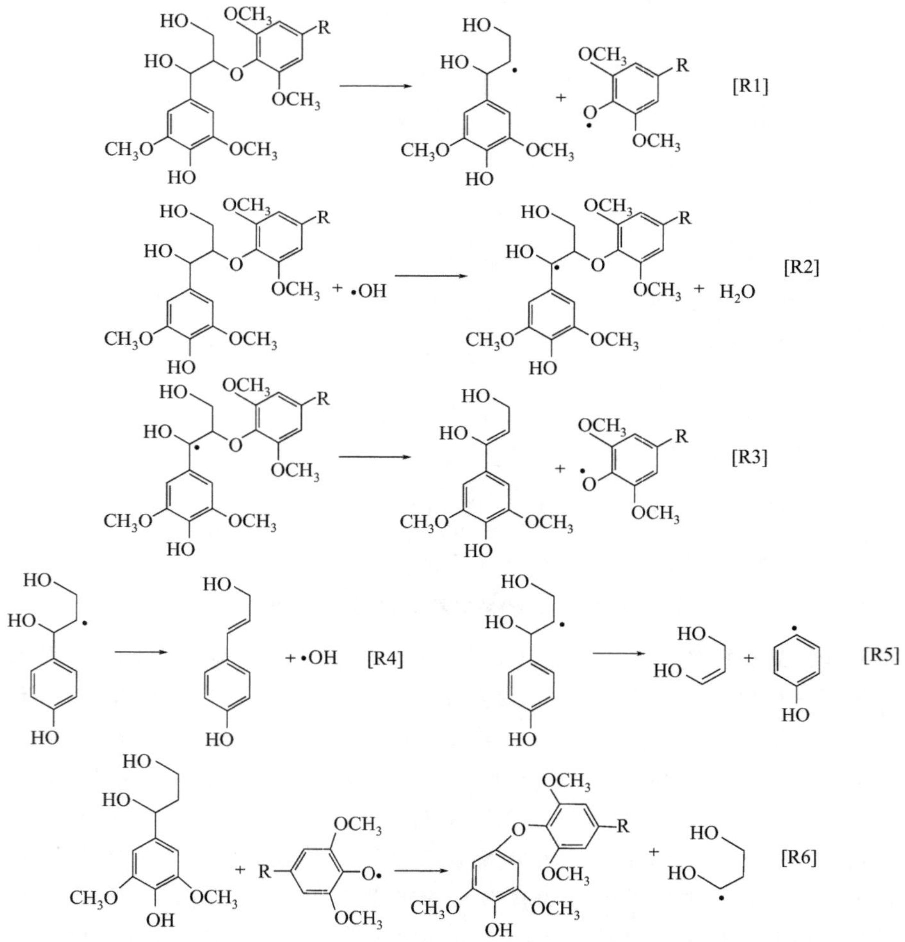

图 2-41 Faravelli 等提出的木质素自由基的引发、传递和终止反应机理

由基需要更高的活化能（R5）。苯基自由基可通过释放甲氧基自由基和形成 C—O—C 键而与木质素结构结合（R6）。最后，体系中的所有自由基、羟基、烷基和烷基芳族自由基等，可相互结合使反应终止。

　　由于木质素的复杂结构，很难通过试验分析详细的机理。近年来，研究人员多利用模型化合物和理论方法研究木质素的热裂解机理，预测可能的反应途径。Huang 等[87] 比较了木质素模型化合物中 C—O 和 C—C 键的平均活化能（E_B）。如图 2-42 所示，C—O 键的 E_B 通常低于 C—C 键的 E_B，而 $C_{aromatic(4,5)}$-O 键和 $C_{aromatic(1,5)}$-C(α,5) 键的 E_B 与苯环相连的是高的。在所有类型的连接中，α-O-4 连接模型化合物中 $C\alpha$-O 的平均 E_B 最低（182.7kJ/mol），其次是 β-O-4 中 $C\beta$-O 的平均 E_B 连接（209.4kJ/mol）。5-5 连接模型化合物中的 C5-C5 具有最高的平均 E_B，为 483.4kJ/mol。平均 E_B 的顺序如下：$C\alpha$-O＜$C\beta$-O＜$C\alpha$-$C\beta$(β-1)＜$C\alpha$-$C\beta$(β-O-4)＜C4-O＜O-C5＜$C\alpha$-C1＜C5-C5。

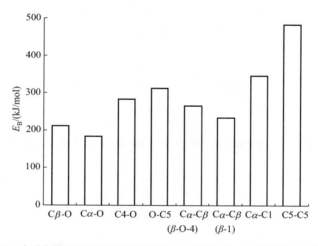

图 2-42　木质素模型化合物的各种连接的 C—O 键和 C—C 键的平均 E_B 的比较

　　上述分析表明，在木质素热裂解过程中，$C\alpha$-O 和 $C\beta$-O 键易裂解，$C\alpha$-O 和 $C\beta$-O 键的均裂是木质素主要的热裂解途径。几乎所有种类的酚类化合物，尤其是愈创木基酚类和紫丁香基酚类（图 2-39），都可以通过 $C\alpha$-O 和 $C\beta$-O 键的均裂而形成。$C\alpha$-$C\beta$（β-1 和 β-O-4 两者）键也容易断裂，$C\alpha$-$C\beta$ 键的均裂是主要的竞争性热裂解途径。β-O-4 键中 $C\alpha$-$C\beta$ 键的裂解经常发生在一些热裂解产物的二次解聚过程中，从而形成简单的烷烃取代的 H-型酚类化合物。C5-C5 的 E_B 很高，很难破碎。因此，5-5 连接在木质素热裂解过程中易于进行环化并进一步转化为焦炭。

　　Lou 等[85] 在 Huang 等的键能分析基础上，结合自身试验结果，提出了酶/弱酸解木质素（EMAL）热裂解产物的形成机理。如图 2-43 所示，当 EMAL 热裂解时木质素苯丙烷单体之间连接的 C—O 键和 C—C 键首先被裂解，例如 β-O-4、α-O-4、4-O-5 和 β-1 的裂解，并相对产生高分子量芳香族化合物（主要作为中间体）以及一些小分子气体（CO_2、CO）。然后，当热裂解温度升高到中等温度（400～600℃）时，木质素和/或不稳定中间体的侧链官能团被分裂或发生均裂，形成许多愈创木酚和紫丁香酚，例如愈创木酚、4-乙烯基愈创木酚和丁香酚。在较高温度（800℃）下，愈创木酚和紫丁香酚进一步裂解导致甲基和甲氧基被除去，因此对羟基苯酚在产物中占主导地位。中间体邻醌甲基化物非常重要，因为它具有烯丙基-甲基，具有相对较弱的 C—H 键。在 EMAL 热裂解过程中，弱 C—H 键通过 H-提取而解离形成烯丙基自由基中间体，经环化得到 2,3-苯并呋喃，然后进行 H-还原反应，生成 2,3-二氢苯并呋喃。

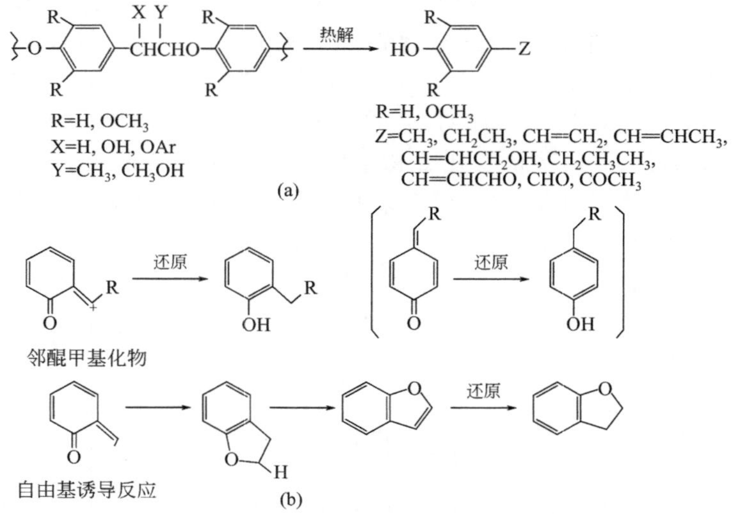

图 2-43　酶/弱酸解木质素（EMAL）热裂解产物的假设形成机理

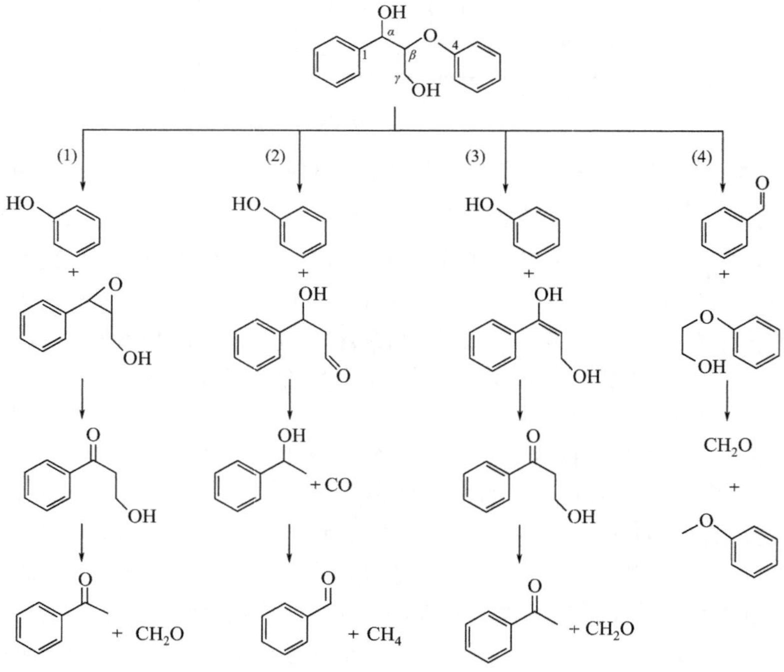

图 2-44　Huang 等提出的 β -O-4 型木质素二聚体模化物四种可能的协同反应途径

Huang 等[88]　利用 DFT 对 β-O-4 型木质素二聚体模化物（1-苯基-2-苯氧基-1,3-丙二醇）的热裂解过程进行了理论研究。基于 β-O-4 型木质素二聚体键的离解能的相关试验和计算结果，提出了三种可能的热裂解路径（C-β-O 键均裂、Cα-Cβ 键均裂和协同反应），并对每一步反应的活化能进行了计算，分析了温度对热裂解过程的影响（图 2-44）。计算结果表明，Cβ-O 键均裂和协同反应路径（3）是可能的主要反应路径，Cα-Cβ 键均裂和协同反应路径（1）、（2）是可能的竞争反应路径。在低温情况下，协同反应要比自由基均裂反应有优势，而在高温下，自由基反应（C—O 均裂）比协同反应有优势。

Nakamura 等[89]　提出了木质素模型化合物的热裂解机理与产物，如图 2-45 所示。β-醚键型二聚体有两条反应路径：Cβ-O 键断裂形成肉桂醇和愈创木酚（a）；Cγ

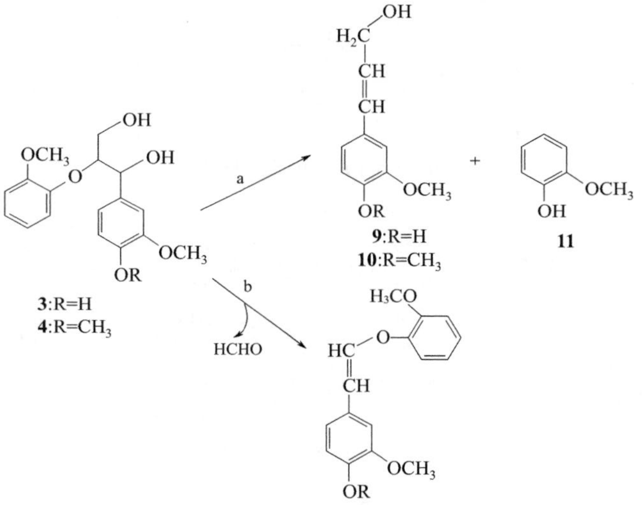

(a) β-醚反应路径

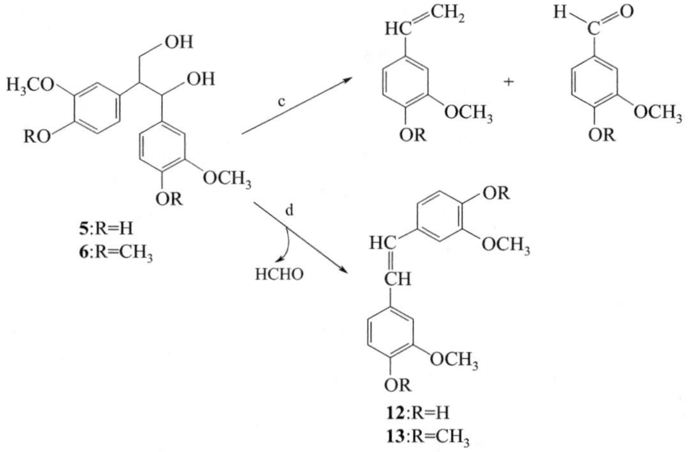

(b) β-芳基反应路径

图 2-45　Nakamura 等提出的 Cβ-O 和 Cβ-C 二聚体的分解路径

发生消除反应形成烯醇醚（b）。β-芳基型二聚体也有两条反应路径：$C\alpha$-$C\beta$ 键断裂形成苯甲醛和苯乙烯（c）；$C\gamma$ 发生消除反应形成二苯基乙烯（d）。

Shen[90] 提出木质素基本结构单元的热裂解反应途径，如图 2-46 所示。木质素单体脱除侧链 R^2 可生成愈创木酚或紫丁香酚。愈创木酚脱除甲氧基可形成苯酚类化合物，详细的反应路径如图 2-46（b）所示，甲氧基首先从愈创木酚环上断裂，生成氧自由基和甲基自由基，甲基自由基向芳香环供氢生成苯酚类混合物和亚甲基自由基，亚甲基自由基可继续作为氢供体促进苯酚类的生成。一方面，小分子自由基可结合形成 CO、CO_2、CH_4 等，甲基自由基也可与酚基自由基结合形成甲酚；另一方面，愈创木酚上的 $O—CH_3$ 键发生断裂，生成含羟基的苯氧自由基和甲基自由基，然后苯氧自由基夺取甲基自由基的氢原子形成邻苯二酚。

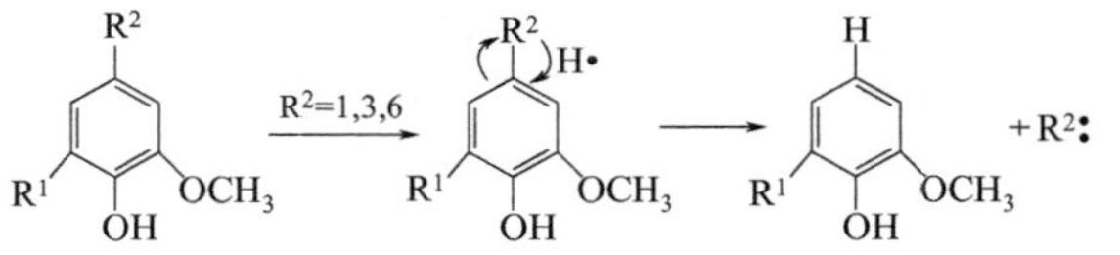

(a) 愈创木酚型和紫丁香酚型

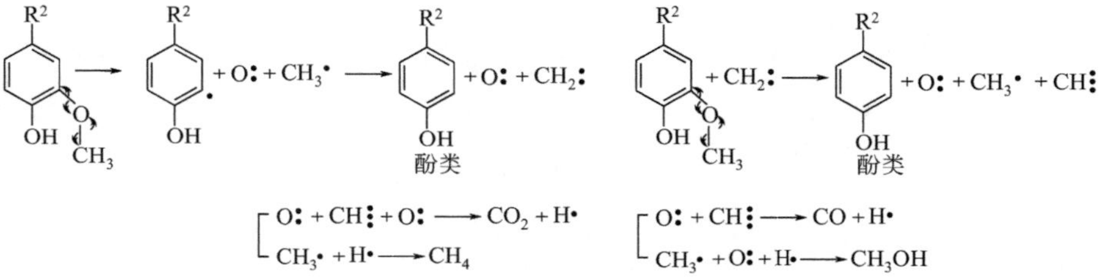

(b) 愈创木酚型 → 苯酚型

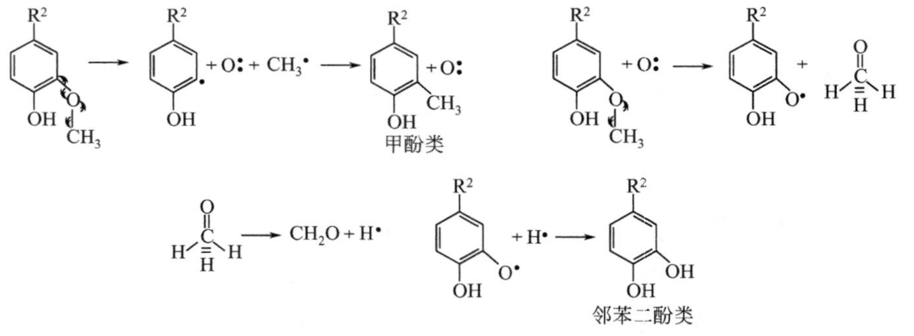

(c) 愈创木酚型 → 甲酚型

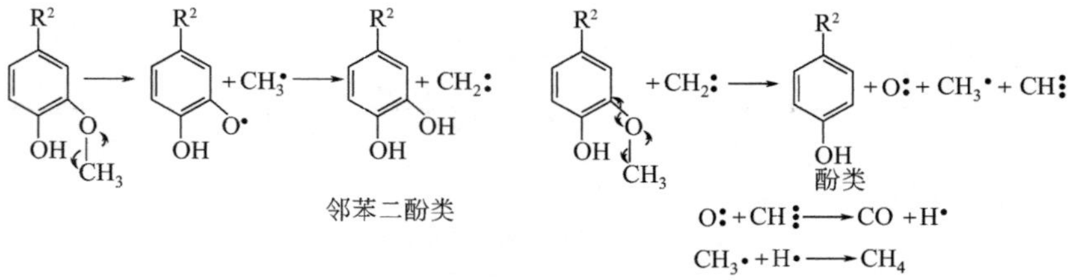

(d) 愈创木酚型 → 邻苯二酚型

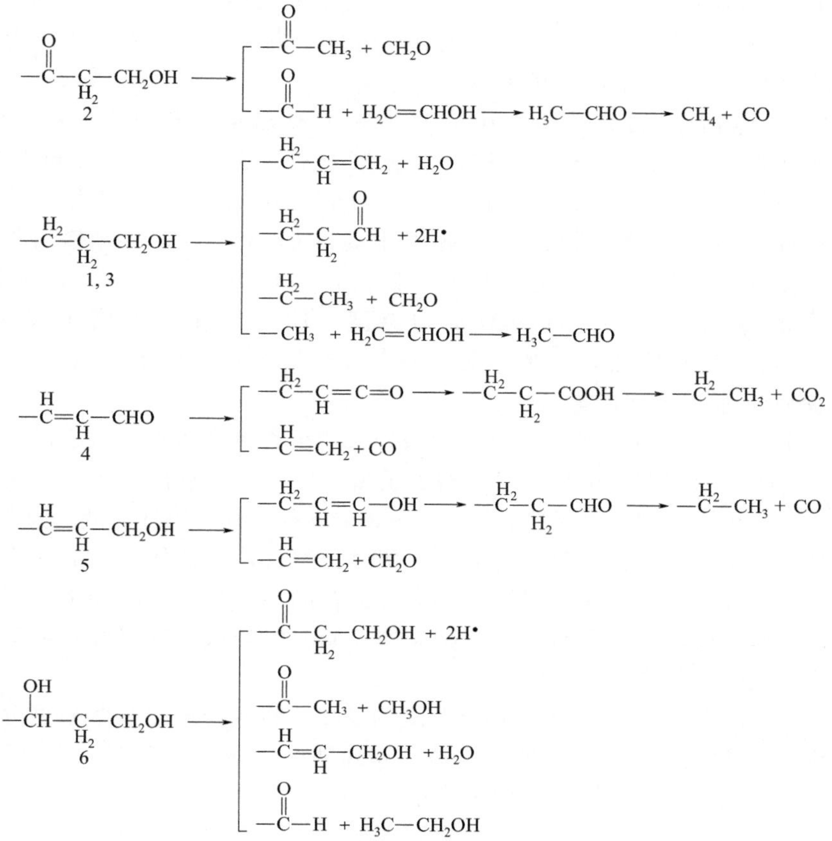

(e) 侧链 (R²) 裂解

图 2-46　Shen 等提出的木质素基本结构单元热裂解形成主要液体产物的途径

2.4　生物质热裂解机理

生物质热裂解过程首先从热量的传递驱动一次转化开始，热量从物料外部传入，温度的升高导致自有水分蒸发，不稳定挥发分发生降解，并从反应物内部逸出进入气相。进入气相和残留在颗粒内部的挥发分还将发生二次反应，二次反应产生的反应热又改变了颗粒的温度，从而影响热裂解过程的进行。生物质热裂解过程是一复杂的物理化学过程，涉及传热、传质、化学反应、物理变化等领域。对于生物质热裂解的研究通常从动力学特点入手来解释其过程的发展。从应用方面来看，动力学计算的目的是为了获得相对简单的模型，它将可以用于指导设计和实际操作运行。另外，一些机理性的变化过程将以表观动力学的方式表现出来。热分析则为反应动力学的研究提供了一般的分析手段。

生物质热裂解动力学研究中应用最多的有热重分析和等温质量变化分析。热重分析属于慢速热裂解，是样品在程序升温下分解，同时得到失重变化。热重分析所用样品少，升温速率小于 100℃/min，减少了气固二次反应，而且整个反应可控。然而，热重分析并不适用于高的加热速率，因为其结果不能外推。等温质量变化分析属于快速热裂解，目的是在很短的时间内将试样提升到一个比较高的温度，然后保持该恒定的温度，使试样在该温度下发生热裂解反应[91]。由于生物质热裂解制油主要是在快速热裂解条件下进行的，本节主要介绍生物质快速热裂解的动力学特性。

Di Blasi[92] 将快速热裂解反应模型分为初级裂解和焦油二次裂解两种，初级裂解又分为单组分裂解模型和多组分裂解模型。单组分裂解模型将生物质看作是单个组分，由 3 个平行方程描述热裂解过程，3 个方程分别对应气、液、固 3 种产物。多组分裂解模型是将生物质看作是由 3 种伪成分组成，每种伪成分的热裂解都可以用一级反应方程表示。焦油裂解反应模型是指在高温、长停留时间下，焦油蒸气会发生二次裂解反应，反应受两个竞争反应的控制。但是大多数研究忽略竞争反应，而只把焦油裂解看作是一个整体反应。

Prakash[93] 对热裂解模型的分类更为简单，将生物质热裂解模型分为单步整体反应模型、竞争反应模型、半总体模型和焦油二次裂解模型等。本节依据 Prakash 的分类，对快速热裂解模型进行简单介绍。

2.4.1 单步整体反应模型

单步整体反应将热裂解过程看作是单步一级 Arrhenius 反应，反应机理如图 2-47 所示。

图 2-47 单步整体反应模型示意

Drummond 等[94] 利用网屏加热器对甘蔗渣等纤维素材料进行了热裂解规律的研究，认为甘蔗渣的快速热裂解可以采用单步整体反应模型描述。Westerhout 等[95] 在层流炉上研究聚合物的热裂解特性，同样采用单步整体反应模型描述热裂解机理。Zabaniotou 等[96] 在早期的研究中，利用俘样反应器研究橄榄剩余物的快速热裂解动力学模型时，采用的是单步一级反应模型。

2.4.2　竞争反应模型

此模型亦称为平行反应模型。Di Blasi 一直致力于生物质热裂解特性的研究，特别是在快速热裂解方面进行了大量的工作。将生物质看作是单个组分，由 3 个平行方程描述热裂解过程，3 个平行方程分别对应气、液、固 3 种产物。Di Blasi[97] 在利用辐射加热反应器研究木材颗粒的快速热裂解时，采用此反应模型描述了快速裂解形成初级热裂解产物（炭、液体和气体），如图 2-48 所示。图 2-48 中，k_G、k_L 和 k_C 分别是形成气体、液体和炭反应的速率常数；k 是木材热裂解的总反应速率常数。

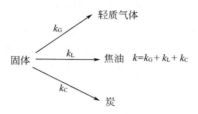

图 2-48　三平行反应模型示意

Zabaniotou 等[98] 在丝网反应器上进行了橄榄果壳的快速热裂解试验，橄榄果壳在 573K 以 200K/s 的升温速率升温至 873K 后等温热裂解，并由两个方程组成的平行反应模型描述热裂解过程。模型如图 2-49 所示，反应 1 和反应 2 级数相同。经过计算并与试验结果比较后，认为反应级数为 1 时模型能够较好地模拟热裂解过程。

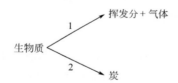

图 2-49　平行反应模型示意

Soravia[99] 在层流炉上研究纤维素的快速热裂解动力学方程时，考察了单步和多步平行动力学模型。通过比较试验结果与模型预测结果认为，所有的试验结果都可以用带有活化反应的一级或多级平行反应方程描述，其中最合适的是二级平行反应方程。

Lehto[100] 研究了煤泥在层流炉中的快速热挥发特性，利用两种不同的反应模型描述热裂解反应。在单步整体反应方程中，频率因子与颗粒大小、反应温度无关，是一常数，而活化能则与两者相关。在两步竞争反应方程中，同一反应温度下，动力学参数相同。在低温反应区，反应温度增加，频率因子减小，活化能变化不大；在高温反应区，温度增加，活化能增加，而频率因子不变。

2.4.3　半总体模型

Lanzetta[101] 研究麦秸和稻秆的快速热挥发特性时指出，人们利用 TG 研究麦秸热裂解得到的动力学参数并不适用于快速热裂解，因为二者加热速率相差很大，而慢速热裂解的动力学参数不能描述快速热裂解。因此，提出了两步半总体模型，用来描述麦秸和稻秆在快速加热条件下的挥发特性，如图 2-50 所示。图 2-50 中，A 是麦秸或稻秆；B 是中间固体产物；V_1 和 V_2 是两个反应产生的挥发产物；C 是最终形成的固体残炭；其中，$k_1 = k_{V_1} + k_B$，$k_2 = k_{V_2} + k_C$。

图 2-50　两步半总体热裂解模型示意

Branca 等[102] 在研究木材在 528～708K 范围内等温分解的动力学模型时，也使用了半总体模型，如图 2-51 所示。图 2-51 中，A 是木材，B 和 D 是中间固体产物；V_1、V_2、V_3 是 3 个反应产生的挥发产物；C 是最终形成的固体残炭。

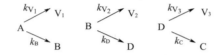

图 2-51　半总体热裂解模型示意

2.4.4　焦油二次裂解反应模型

Janse[103] 研究木材快速热裂解时，采用焦油二次裂解模型。该模型中，木材在高温下同时发生 3 种反应，分别生产不可凝气体、焦油和残炭，其中，焦油可以进一步发生两种裂解反应分别生成不可凝气体和残炭，热裂解过程如图 2-52 所示。他们同样假设这 5 个热裂解反应都是一级 Arrhenius 反应。

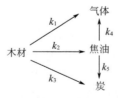

图 2-52　Janse 反应模型

Damartzis[104] 分别采用 Koufopanos 模型和 Janse 模型对文献的试验结果进行了模拟，认为 Koufopanos 模型能够更真实地反映实际热裂解过程。Koufopanos 等认为生物质的热裂解速率与其组分有关，是纤维素、半纤维素和木质素的热裂解速率之和，而且很难确定出中间产物的组成，试验也难测定中间产物的分量。因此，提出了一个不包含中间产物，考虑了二次反应的动力学模型。每个反应都是一个 Arrhenius 方程，n 是反应级数[46]。Koufopanos 热裂解模型如图 2-53 所示。

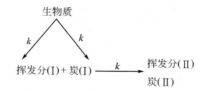

图 2-53　Koufopanos 热裂解模型示意

表 2-6 总结了国外研究者得到的生物质热裂解动力学参数[91]。国内的生物质快速热裂解动力学研究始于 20 世纪 90 年代。吴创之等[105] 认为，对热裂解的研究大多是在 TGA 和 DSC 等分析仪器中进行，加热速度很慢，属于慢速热裂解，而加热速率对热裂解有很大的影响，因此试验结果和工程实际中的快速热裂解有很大的差别。他利用三竞争反应模型在自制的管式炉上研究木材快速热裂解动力学，得到动力学参数如表 2-7 所列。

表 2-6　生物质热裂解动力学参数[91]

研究者	反应序号	$E/(kJ/mol)$	A/s^{-1}
Drummond		92.6	2.13×10^6
R. W. J. Westerhout		150.0	5×10^9
Di Blasi	k_G	152.7	4.4×10^9
	k_T	148.0	1.1×10^{10}
	k_C	111.7	3.2×10^9
A. Abaniotou	k_1	46.65	1.6×10^4
	k_2	32.10	8.05×10^2
D. R. Soravia	k_1		
	k_2	124.61	1.8×10^9
	k_3	156.73	1.8×10^{11}
J. Lehto			
单步(800℃)		82.0(平均粒径 120μm)	1.0×10^5
		80.5(平均粒径 200μm)	1.0×10^5
两步(800℃)			
低温(<480℃)		47.9	1.93×10^2
高温(480~800℃)		85.7	1.25×10^5
M. Lanzetta			
Wheat Straw	k_1	15.44	2.43×10^4
	k_2	11.30	5.43×10^5
Corn Stalks	k_1	21.86	6.36×10^6
	k_2	15.58	2.7×10^3

研究者	反应序号	$E/(kJ/mol)$	A/s^{-1}
A. M. C. Janse	k_1	177	1.11×10^{11}
	k_2	149	9.28×10^9
	k_3	125	3.05×10^7
	k_4	87.8	8.60×10^4
	k_5	87.8	7.70×10^4
A. L. Brown	k_1	242.4	2.8×10^8
	k_2	1.4	1.9×10^4
O. Boutin	k_1	242.0	2.8×10^{19}
	k_2	198.0	3.2×10^{14}
	k_3	151.0	1.3×10^{10}
N. Bech	k_1	240.0	2.8×10^{19}
	k_2	140.0	6.9×10^9
Rice	k_3	150.0	1.3×10^{10}
	k_4	108.0	4.3×10^6
Th. Damartzis	k_1	46.65	1.6×10^4
	k_2	32.10	8.05×10^2
	k_3	81.00	5.7×10^5

表 2-7 动力学参数计算结果

原料	反应温度/℃	$E/(kJ/mol)$	A/s^{-1}
松木	710	18.4665	5008.23
	810	13.7320	117.58
	900	8.4797	12.85
橡胶木	700	24.3918	62948.95
	800	15.9132	472.52
	900	11.1386	19.54

陈冠益[106] 在自制的快速升降炉装置进行单颗粒或多颗粒生物质热裂解试验，单颗粒样品或极少量样品在升降炉中升温很快，升温所需的时间远小于脱挥发分时间，因此可以认为整个热裂解过程中样品温度等于外部炉温，采用的动力学反应机理如图 2-54 所示。

山东省清洁能源工程技术研究中心在生物质闪速加热条件下的挥发特性方面做了许多研究[107~109]。易维明等[110] 在自制的层流炉上研究了玉米秸秆、麦秸、稻壳、椰子壳 4 种生物质的热裂解挥发特性。层流炉结构示意如图 2-55 所示。每种物料做了 4 个加热温度、4 个热裂解时间的试验。表 2-8 列示了麦秸的热挥发试验数据。

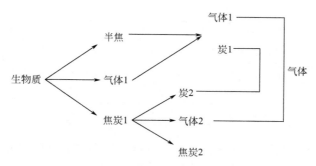

图 2-54   陈冠益提出的生物质热裂解综合动力学模型

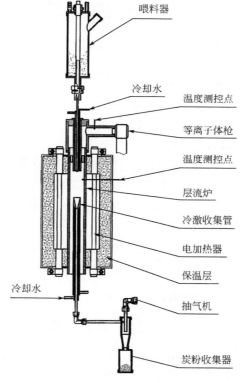

图 2-55   层流炉结构

表 2-8   麦秸热挥发试验数据

不同温度	项目	试验对应数据			
加热温度 750K	挥发时间/s	0.137	0.171	0.206	0.240
	挥发百分比/%	47.54	52.14	56.87	61.27
加热温度 800K	挥发时间/s	0.128	0.160	0.192	0.230
	挥发百分比/%	57.42	61.52	65.19	68.71

续表

不同温度	项目	试验对应数据			
加热温度 850K	挥发时间/s	0.121	0.151	0.181	0.217
	挥发百分比/%	61.15	65.22	70.32	72.87
加热温度 900K	挥发时间/s	0.115	0.148	0.172	0.201
	挥发百分比/%	64.09	69.18	72.32	75.95

生物质的热挥发都遵循一级 Arrhenius 定律形式的反应动力学方程，即：

$$\frac{dW}{dt} = A \cdot (W_\infty - W) \cdot \exp\left(-\frac{E}{RT}\right) \tag{2-1}$$

式中　W——生物质在挥发时间 t 时刻的热裂解挥发量百分比（以原始生物质质量为基准），%；

　　　W_∞——生物质的最终挥发总量百分比，%；

　　　t——挥发时间，s；

　　　A——表观反应频率因子，s^{-1}；

　　　E——表观反应活化能，kJ/mol；

　　　R——气体常数，kJ/(mol·K)；

　　　T——生物质的温度，K。

有研究表明，在层流炉内，物质颗粒在极高的加热速率下瞬间达到加热环境温度。所以方程式(2-1) 中，对于固定的加热温度而言，只有 W 和 t 是变量。如果令：

$$B = A \cdot \exp\left(-\frac{E}{RT}\right) \tag{2-2}$$

则式(2-1) 简化为：

$$\frac{dW}{dt} = B \cdot (W_\infty - W) \tag{2-3}$$

定解条件 $t=0$，$W=0$，可以解得：

$$\ln\left(\frac{W_\infty}{W_\infty - W}\right) = Bt \tag{2-4}$$

如果假定正确，那么根据试验数据整理的方程式（2-4）等号左右数据应该成线性关系。这里假定生物质的最终挥发量百分比 $W_\infty = 80\%$，对数据进行处理，得到图 2-56，数据显示了很强的线性关系。各数据线性度都在 96% 以上，相应直线的斜率就是对应的 B 值。这样的试验数据印证了前面的假定。

在层流炉内部，生物质颗粒先是以极高升温速率达到层流炉载流气的气流温度，然后就在这样的温度下发生热裂解挥发。由 B 的定义式方程式（2-2）：$B = A \cdot \exp\left(-\frac{E}{RT}\right)$ 可以看到，这是一个包含反应动力学参数，即表观反应频率因子、表观反应活化能的以生物质温度 T 为变量的方程。对此方程做适当处理：

$$\ln B = -\frac{E}{R} \cdot \frac{1}{T} + \ln A \tag{2-5}$$

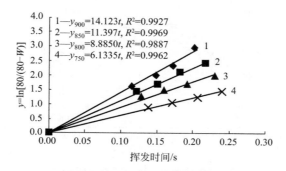

图 2-56　按方程式（2-4）计算的麦秸数据拟合的直线

对于某种生物质材料而言，以 $\ln B$ 和 $1/T$ 为变量，可以得到相应的反应动力学参数。特别是，如果它们之间是线性关系的话，说明对于该种生物质材料而言，其化学动力学参数与加热条件无关。通过整理现有的四种生物质材料数据，发现正是存在这样的线性关系。也就是说，在闪速加热条件下，生物质热挥发特性参数仅与生物质品种有关，与加热速率无关。图 2-57 是数据关系曲线，每个曲线的斜率是活化能与气体常数的比值；截距是表观反应频率因子的自然对数。由此可以获得四种生物质材料的热挥发动力学参数。曲线自下而上依次是稻壳、椰子壳、玉米秸秆、麦秸的数据曲线。其中的稻壳、椰子壳给出了相关性，都达到 98％以上。由此得到了四种生物质材料的闪速加热条件下热挥发特性参数，参见表 2-9。

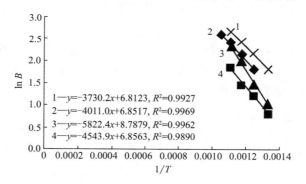

图 2-57　四种生物质材料 lnB 与 1/T 的线性关系曲线

表 2-9　四种生物质的闪速加热挥发特性参数

生物质种类	稻壳	椰子壳	玉米秸秆	麦秸
表观反应频率因子/s^{-1}	949.8	6554.5	945.5	909.0
表观(E/R)/K	4543.9	5822.4	4011.0	3730.2

图 2-58 是麦秸的挥发过程利用挥发特性方程理论计算结果与试验数据的对比。由这些理论预测与试验数据对比图可以得出，采取前述的理论分析方法和预先的假定是合理的，并且理论预测结果与试验数据非常吻合。

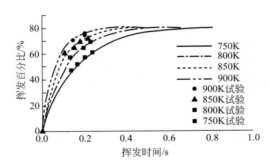

图 2-58 麦秸理论预测与试验数据对比

虽然利用层流炉测定生物质闪速加热条件下的挥发特性取得了较好的结果，但利用层流炉还需要解决两个问题：一是层流炉工作过程中要求温度为恒温，而传统的层流炉都采用的是外加热方式，末端的冷却作用及携带气流的进入都将造成内部气流温度的不均匀；二是实现稳定均匀的喂料是保证试验顺利进行以及获得准确的动力学数据的关键所在。

为了解决以上两个问题，山东理工大学的科研人员专门设计了一套以等离子体为主加热热源、配合管壁保温措施的新型层流炉系统。其不仅可以保证气流温度恒定、温度容易调整，而且能够使得层流炉管壁和工作气体处于同一温度，控温误差在 3℃，满足层流炉只有流动速度分布、不存在温度分布的要求。生物质粉喂入量的调整是通过改变振动喂料器的振幅实现的，可靠性和稳定性均满足试验要求。

选取 3 类典型生物质在新型层流炉中进行快速热裂解试验：a.玉米秸、麦秸、棉花秆（秸秆类）；b.稻壳、椰子壳（皮壳类）；c.白松（林木类），共计 6 种。表 2-10 为 6 种物料的动力学参数。

表 2-10 6 种物料的动力学参数

反应原料	A/s^{-1}	$E/(kJ/mol)$
玉米秸	1.04×10^3	33.91
麦秸	1.05×10^3	31.65
棉花秆	2.44×10^3	40.84
稻壳	1.19×10^3	39.30
椰子壳	6.84×10^3	48.73
白松	1.83×10^3	37.02

从表 2-10 中可以看出，6 种物料在闪速加热条件下的活化能（E）在 31～48kJ/mol 之间。按照反应动力学理论，当 $E < 40$kJ/mol 时反应为快速反应，从而印证了试验数据的可靠性。对 6 种物料的模型计算结果与试验结果进行对比，验证了整个试验设计合理，数据分析准确。

参考文献

[1]　Mohan D, Charles J, Pittman U, et al. Pyrolysis O Fwood Biomass for Bio Oil a Critical Review [J]. Energy & Fuels. 2006, 20: 848-889.

[2]　Ma L, Wang T, Liu Q, et al. A Review of Thermal-Chemical Conversion of Lignocellulosic Biomass in China [J]. Biotechnol Adv, 2012, 30 (4): 859-873.

[3]　Williams P T, Sesler S. The Influence of Temperature and Heating Rate on the Slow Pyrolysis of Biomass [J]. Renewable Energy, 1996, 7 (3): 233-250.

[4]　Yang H, Yan R, Chen H, et al. Characteristics of Hemicellulose, Cellulose and Lignin Pyrolysis [J]. Fuel, 2007, 86 (12-13): 1781-1788.

[5]　Fisher T, Hajaligol M, Waymack B, et al. Pyrolysis Behavior and Kinetics of Biomass Derived Materials [J]. Journal of Analytical and Applied Pyrolysis, 2002, 62: 331-349.

[6]　Kilzer F J, Broido A. Speculations on the Nature of Cellulose Pyrolysis [J]. Pyrodynamics, 1965, 2: 151-163.

[7]　Antal M J, Varhegyi G. Cellulose Pyrolysis Kinetics: The Current State of Knowledge [J]. Industrial & Engineering Chemistry Research, 1995, 34 (3): 703-717.

[8]　Broido A, Nelson M A. Char Yield on Pyrolysis of Cellulose [J]. Combustion & Flame, 1975, 24 (2): 263-268.

[9]　Bradbury A G W, Sakai Y, Shafizadeh F. A Kinetic Model for Pyrolysis of Cellulose [J]. Journal of Applied Polymer Science, 1979, 23 (11): 3271-3280.

[10]　Piskorz J, Radlein D S A G, Scott D S, et al. Liquid Products from the Fast Pyrolysis of Wood and Cellulose [M]. Netherlands:Springer, 1988.

[11]　Milosavljevic I, Suuberg E M. Cellulose Thermal Decomposition Kinetics: Global Mass Loss Kinetics [J]. Industrial & Engineering Chemistry Research, 1995, 34 (4): 1081-1091.

[12]　Várhegyi G, Antal M J, Jakab E, et al. Kinetic Modeling of Biomass Pyrolysis [J]. Journal of Analytical & Applied Pyrolysis, 1997, 42 (1): 73-87.

[13]　Várhegyi G, Jakab E, Antal M J. Is the Broido-Shafizadeh Model for Cellulose Pyrolysis True [J]. Energy & Fuels, 1994, 8 (6): 1345-1352.

[14]　Diebold J P. A Unified, Global Model for the Pyrolysis of Cellulose [J]. Biomass & Bioenergy, 1994, 7 (1-6): 75-85.

[15]　余春江, 骆仲泱, 方梦祥, 等. 一种改进的纤维素热解动力学模型 [J]. 浙江大学学报（工学版）, 2002, 36 (5): 509-515.

[16]　廖艳芬, 王树荣, 马晓茜. 纤维素热裂解反应机理及中间产物生成过程模拟研究 [J]. 燃料化学学报, 2006, 34 (2): 184-190.

[17]　Boutin O, Ferrer M, Lédé J. Radiant Flash Pyrolysis of Cellulose—Evidence for the Formation of Short Life Time Intermediate Liquid Species [J]. Journal of Analytical & Applied Pyrolysis, 1998, 47 (1): 13-31.

[18]　Boutin O, Ferrer M, Lédé J. Flash Pyrolysis of Cellulose Pellets Submitted to a Concentrated Radiation: Experiments and Modelling [J]. Chemical Engineering Science, 2002, 57 (57): 15-25.

[19] Lede J, Blanchard F, Boutin O. Radiant Flash Pyrolysis of Cellulose Pellets Products and Mechanisms Involved in Transient and Steady State Conditions [J]. Fuel, 2002, 81: 1269-1279.

[20] Piskorz J, Majerski P, Radlein D, et al. Flash Pyrolysis of Cellulose for Production of Anhydro-Oligomers [J]. Journal of Analytical & Applied Pyrolysis, 2000, 56 (2): 145-166.

[21] 王树荣, 廖艳芬, 骆仲泱, 等. 氯化钾催化纤维素热裂解动力学研究 [J]. 太阳能学报, 2005, 26 (4): 452-457.

[22] 刘倩, 王琦, 王健, 等. 纤维素热解过程中活性纤维素的生成研究 [J]. 工程热物理学报, 2007, 28 (5): 897-899.

[23] 王树荣, 廖艳芬, 谭洪, 等. 纤维素快速热裂解机理试验研究Ⅱ. 机理分析 [J]. 燃料化学学报. 2003 (04): 317-321.

[24] 廖艳芬, 王树荣, 骆仲泱, 等. 纤维素快速热裂解试验研究及分析 [J]. 浙江大学学报 (工学版), 2003 (05): 86-91, 105.

[25] 廖艳芬, 骆仲泱, 王树荣, 等. 纤维素快速热裂解机理试验研究Ⅰ. 试验研究 [J]. 燃料化学学报, 2003 (02): 133-138.

[26] Patwardhan P R, Satrio J A, Brown R C, et al. Product Distribution from Fast Pyrolysis of Glucose-Based Carbohydrates [J]. Journal of Analytical and Applied Pyrolysis, 2009, 86 (2): 323-330.

[27] Lu Q, Yang X, Dong C, et al. Influence of Pyrolysis Temperature and Time on the Cellulose Fast Pyrolysis Products: Analytical Py-GC/MS Study [J]. Journal of Analytical and Applied Pyrolysis, 2011, 92 (2): 430-438.

[28] Richards G N. Glycolaldehyde from Pyrolysis of Cellulose [J]. Journal of Analytical and Applied Pyrolysis, 1987, 10 (3): 251-255.

[29] 廖艳芬. 纤维素热裂解试验机理研究 [D]. 杭州: 浙江大学, 2003.

[30] Lin Y-C, Cho J, Tompsett G A, et al. Kinetics and Mechanism of Cellulose Pyrolysis [J]. J. Phys. Chem. C, 2009, 113: 20097-20107.

[31] Shen D K, Gu S. The Mechanism for Thermal Decomposition of Cellulose and Its Main Products [J]. Bioresour Technol, 2009, 100 (24): 6496-6504.

[32] Li S, Lyons-Hart J, Banyasz J, et al. Real-Time Evolved Gas Analysis by FTIR Method and Experimental Study of Cellulose Pyrolysis [J]. Fuel, 2001, 80: 1809-1817.

[33] Dong C, Zhang Z, Lu Q, et al. Characteristics and Mechanism Study of Analytical Fast Pyrolysis of Poplar Wood [J]. Energy Conversion and Management, 2012, 57: 49-59.

[34] Ponder G R, Richards G N, Stevenson T T. Influence of Linkage Position and Orientation in Pyrolysis of Polysaccharides: A Study of Several Glucans [J]. Journal of Analytical and Applied Pyrolysis, 1992, 22 (3): 217-229.

[35] 黄金保, 刘朝, 魏顺安, 等. 纤维素热解形成左旋葡聚糖机理的理论研究 [J]. 燃料化学学报, 2011, 39 (8): 590-594.

[36] 张阳, 胡斌, 陆强, 等. 纤维素快速热解生成左旋葡聚糖的机理研究进展 [J]. 生物质化学工程, 2014, 48 (3): 53-59.

［37］　Shafizadeh F，Lai Y Z. Thermal Degradation of L，6-Anhydro-B-D-Glucopyranose ［J］. J. Org. Chem，1972，87（2）：278-284.

［38］　Miller I J，Saunders E R. Reactions of Acetaldehyde，Acrolein，Acetol，and Related Condensed Compounds under Cellulose Liquefaction Conditions ［J］. Fuel，1987，66（1）：130-135.

［39］　文丽华，王树荣，骆仲泱，等. 生物质的多组分热裂解动力学模型［J］. 浙江大学学报（工学版），2004，39（2）：247-252.

［40］　Zhou X，Li W，Mabon R，et al. A Critical Review on Hemicellulose Pyrolysis ［J］. Energy Technology，2017，5（1）：52-79.

［41］　Williams P T，Besler S. The Pyrolysis of Rice Husks in a Thermogravimetric Analyser and Static Batch Reactor ［J］. Fuel，1993，72（2）：151-159.

［42］　Burnham A K，Zhou X，Broadbelt L J. Critical Review of the Global Chemical Kinetics of Cellulose Thermal Decomposition ［J］. Energy & Fuels，2015，29（5）：2906-2918.

［43］　Varhegyi G，Antal Jr M J，Szekely T，et al. Kinetics of the Thermal Decomposition of Cellulose，Hemicellulose，and Sugarcane Bagasse ［J］. Energy & Fuels，2002，3（3）：329-335.

［44］　Fisher T，Hajaligol M，Waymack B，et al. Pyrolysis Behavior and Kinetics of Biomass Derived Materials ［J］. Journal of Analytical & Applied Pyrolysis，2002，62（2）：331-349.

［45］　And A J，Damjohansen K，And M A W，et al. Tg-Ftir Study of the Influence of Potassium Chloride on Wheat Straw Pyrolysis ［J］. Energy & Fuels，1998，12（5）：929-938.

［46］　Koufopanos C A，Lucchesi A，Maschio G. Kinetic Modelling of the Pyrolysis of Biomass and Biomass Components ［J］. The Canadian Journal of Chemical Engineering，1989，67（1）：75-84.

［47］　Várhegyi G，Antal Jr M J，Jakab E，et al. Kinetic Modeling of Biomass Pyrolysis ［J］. Journal of Analytical & Applied Pyrolysis，1997，42（1）：73-87.

［48］　Orfão J J M，Antunes F J A，Figueiredo J L. Pyrolysis Kinetics of Lignocellulosic Materials—Three Independent Reactions Model ［J］. Fuel，1999，78（3）：349-358.

［49］　文丽华. 生物质多组分的热裂解动力学研究［D］. 杭州：浙江大学，2005.

［50］　Miller R S，Bellan J. A Generalized Biomass Pyrolysis Model Based on Superimposed Cellulose，Hemicelluloseand Liqnin Kinetics ［J］. Combustion Science and Technology，1997，126：97-137.

［51］　Ranzi E，Cuoci A，Faravelli T，et al. Chemical Kinetics of Biomass Pyrolysis ［J］. Energy & Fuels，2008，22：4292-4300.

［52］　Di Blasi C，Lanzetta M. Intrinsic Kinetics of Isothermal Xylan Degradation in Inert Atmosphere ［J］. Journal of Analytical & Applied Pyrolysis，1997，41（97）：287-303.

［53］　Branca C，Blasi C. Di，Mango C，et al. Products and Kinetics of Glucomannan Pyrolysis ［J］. Industrial & Engineering Chemistry Research，2013，52（14）：5030-5039.

［54］ Wang S, Ru B, Dai G, et al. Pyrolysis Mechanism Study of Minimally Damaged Hemicellulose Polymers Isolated from Agricultural Waste Straw Samples ［J］. Bioresour Technol, 2015, 190: 211-218.

［55］ 刘一星, 赵广杰. 木材学 ［M］. 北京: 中国林业出版社, 2012.

［56］ Wang S, Ru B, Lin H, et al. Pyrolysis Behaviors of Four O-Acetyl-Preserved Hemicelluloses Isolated from Hardwoods and Softwoods ［J］. Fuel, 2015, 150: 243-251.

［57］ Peng Y, Wu S. The Structural and Thermal Characteristics of Wheat Straw Hemicellulose ［J］. Journal of Analytical and Applied Pyrolysis, 2010, 88（2）: 134-139.

［58］ 彭云云, 武书彬. 蔗渣半纤维素的热裂解特性研究 ［J］. 中国造纸学报, 2010, 25（2）: 1-5.

［59］ 刘军利, 蒋剑春, 黄海涛. 木聚糖 cp-Gc-Ms 法裂解行为研究 ［J］. 林产化学与工业, 2010, 30（1）: 5-10.

［60］ Beaumont. Flash Pyrolysis Products from Beech Wood ［J］. Wood Fiber（United States）, 1985, 17: 2（2）: 228-239.

［61］ Wang S, Ru B, Lin H, et al. Degradation Mechanism of Monosaccharides and Xylan under Pyrolytic Conditions with Theoretic Modeling on the Energy Profiles ［J］. Bioresour Technol, 2013, 143: 378-383.

［62］ Patwardhan P R, Brown R C, Shanks B H. Product Distribution from the Fast Pyrolysis of Hemicellulose ［J］. Chem Sus Chem, 2011, 4（5）: 636-643.

［63］ Werner K, Pommer L, Broström M. Thermal Decomposition of Hemicelluloses ［J］. Journal of Analytical and Applied Pyrolysis, 2014, 110: 130-137.

［64］ Wang S, Liang T, Ru B, et al. Mechanism of Xylan Pyrolysis by Py-Gc/Ms ［J］. Chemical Research in Chinese Universities, 2013, 29（4）: 782-787.

［65］ Shen D K, Gu S, Bridgwater A V. Study on the Pyrolytic Behaviour of Xylan-Based Hemicellulose Using Tg-Ftir and Py-Gc-Ftir ［J］. Journal of Analytical and Applied Pyrolysis, 2010, 87（2）: 199-206.

［66］ Huang J, He C, Wu L, et al. Theoretical Studies on Thermal Decomposition Mechanism of Arabinofuranose ［J］. Journal of the Energy Institute, 2017, 90（3）: 372-381.

［67］ 黄金保, 童红, 李伟民, 等. 基于分子动力学模拟的半纤维素热解机理研究 ［J］. 热力发电, 2013, 42（3）.

［68］ 张智, 刘朝, 李豪杰, 等. 木聚糖单体热解机理的理论研究 ［J］. 化学学报, 2011, 69（18）: 2099-2107.

［69］ Huang J, Liu C, Tong H, et al. Theoretical Studies on Pyrolysis Mechanism of O-Acetyl-Xylopyranose ［J］. Journal of Fuel Chemistry and Technology, 2013, 41（3）: 285-293.

［70］ 田慧云, 胡斌, 张阳, 等. 吡喃木糖和 o-乙酰基吡喃木糖热解形成羟基乙醛的机理研究 ［J］. 燃料化学学报, 2015, 43（2）: 185-194.

［71］ Girisuta B, Kalogiannis K G, Dussan K, et al. An Integrated Process for the Production of Platform Chemicals and Diesel Miscible Fuels by Acid-Catalyzed Hydrolysis and Downstream Upgrading of the Acid Hydrolysis Residues with Thermal and Catalytic Pyrolysis ［J］. Bioresour Technol, 2012, 126: 92-100.

[72]　Koufopanos C A, Lucchesi A, Maschio G. Kinetic Modelling of the Pyrolysis of Biomass and Biomass Components [J]. Can. J. Chem. Eng, 1989, 67: 75-84.

[73]　Antal J M J. Effects of Reactor Severity on the Gas-Phase Pyrolysis of Celulose- and Kraft Lignin-Derived Volatile Matter [J]. Ind. Eng. Chem. Prod. Res. Dev, 1983, 22: 366-375.

[74]　李三平，王述洋，孙雪，等. 国内外生物质热解动力学模型的研究现状 [J]. 生物质化学工程，2013，47（4）：29-36.

[75]　谭扬，马春富. 利用 TG-FTIR 研究造纸黑液碱木质素的热解机理 [J]. 生物质化学工程，2018，52（2）：35-41.

[76]　崔兴凯，赵雪冰，刘德华. 五种甘蔗渣分离木质素热解特性及动力学 [J]. 化工进展，2017，36（8）：2910-2915.

[77]　Amen-Chen C, Pakdel H, Roy C. Production of Monomeric Phenols by Thermochemical Conversion of Biomass: A Review [J]. Bioresour Technol, 2001, 79: 277-299.

[78]　Glasser G W, Glasser H R. Evaluation of Lignin's Chemical Structure by Experimental and Computer Simulation Techniques [J]. Pap Puu, 1981, 63（2）：71-74.

[79]　Erickson M, Miksche G E, Sompai I. Characterization of Angiosperm Lignins by Degradation [J]. Holzforschung, 1973, 27（5）：147-150.

[80]　Nimz H H. Beech Lignin: Draft of a Constitution Scheme [J]. Agnew Chem, 1974, 86（9）：336-344.

[81]　Patwardhan P R, Brown R C, Shanks B H. Understanding the Fast Pyrolysis of Lignin [J]. Chem Sus Chem, 2011, 4（11）：1629-1636.

[82]　Zakzeski J, Bruijnincx P C A, Jongerius A L, et al. The Catalytic Valorization of Lignin for the Production of Renewable Chemicals [J]. Chemical Reviews, 2010, 110（6）：3552-3599.

[83]　Stefanidis S D, Kalogiannis K G, Iliopoulou E F, et al. A Study of Lignocellulosic Biomass Pyrolysis Via the Pyrolysis of Cellulose, Hemicellulose and Lignin [J]. Journal of Analytical and Applied Pyrolysis, 2014, 105: 143-150.

[84]　Lyu G, Wu S, Lou R. Depolymerization Mechanisms and Product Formation Rules for Understanding Lignin Pyrolysis [M] //Production of Biofuels and Chemicals from Lignin. Singapore: Springer, 2016: 355-375.

[85]　Lou R, Wu S, Lv G. Fast Pyrolysis of Enzymatic/Mild Acidolysis Lignin from Moso Bamboo [J]. BioResources, 2010, 5（2）：827-837.

[86]　Faravelli T, Frassoldati A, Migliavacc G, et al. Detailed Kinetic Modeling of the Thermal Degradation of Lignins [J]. Biomass and Bioenergy, 2010, 34: 290-301.

[87]　Huang J, Wu S, Cheng H, et al. Theoretical Study of Bond Dissociation Energies for Lignin Model Compounds [J]. Journal of Fuel Chemistry and Technology, 2015, 43（4）：429-436.

[88]　Huang J, Liu C, Wu D, et al. Density Functional Theory Studies on Pyrolysis Mechanism of β-O-4 Type Lignin Dimer Model Compound [J]. Journal of Analytical and Applied Pyrolysis, 2014, 109: 98-108.

[89]　Nakamura T, Kawamoto H, Saka S. Pyrolysis Behavior of Japanese Cedar Wood

Lignin Studied with Various Model Dimers [J] . Journal of Analytical and Applied Pyrolysis, 2008, 81 (2): 173-182.

[90] Shen D K, Gu S, Luo K H, et al. The Pyrolytic Degradation of Wood-Derived Lignin from Pulping Process [J] . Bioresour Technol, 2010, 101 (15): 6136-6146.

[91] 王丽红, 易维明, 柏雪源, 等. 生物质快速热解动力学研究进展 [J] . 农机化研究. 2010 (12): 186-192.

[92] Di Blasi. Modeling Chemical and Physical Processes of Wood and Biomass Pyrolysis [J] . Progress in Energy and Combustion Science, 2008, 34 (1): 47-90.

[93] Prakash N, Karunanithi T. Kinetic Modeling in Biomass Pyrolysis-a Review [J] . Journal of Applied Sciences Research, 2008, 4 (12): 1627-1636.

[94] Drummond A R F, Drummond I W. Pyrolysis of Sugar Cane Bagasse in a Wire-Mesh Reactor [J] . Industrial & Engineering Chemistry Research, 1996, 35 (4): 1263-1268.

[95] Westerhout R W J, Kuipers J A M, Swaaij W P M V. Development, Modelling and Evaluation of a (Laminar) Entrained Flow Reactor for the Determination of the Pyrolysis Kinetics of Polymers [J] . Chemical Engineering Science, 1996, 51 (10): 2221-2230.

[96] Zabaniotou A A, Kalogiannis G. Olive Residues (Cuttings and Kernels) Rapid Pyrolysis Product Yields and Kinetics [J] . Biomass and Bioenergy, 2000, 18 (5): 411-420.

[97] Di Blasi. Modeling Intra- and Extra-Particle Processes of Wood Fast Pyrolysis [J] . AIChE journal, 2002, 48 (10): 2386-2397.

[98] Zabaniotou A, Damartzis T. Modelling the Intra-Particle Transport Phenomena and Chemical Reactions of Olive Kernel Fast Pyrolysis [J] . Journal of Analytical and Applied Pyrolysis, 2007, 80 (1): 187-194.

[99] Soravia D R, Canu P. Kinetics Modeling of Cellulose Fast Pyrolysis in a Flow Reactor [J] . Ind. Eng. Chem. Res, 2002, 41: 5990-6004.

[100] Lehto J. Development and Characterization of Test Reactor with Results of Its Application to Pyrolysis Kinetics of Peat and Biomass Fuels [M] . Tampere: Tampere University of Technology, 2007.

[101] Lanzetta M, Di Blasi. Pyrolysis Kinetics of Wheat and Corn Straw [J] . Journal of Analytical and Applied Pyrolysis, 1998, 44: 181-192.

[102] Branca C, Di Blasi. Kinetics of the Isothermal Degradation of Wood in the Temperature Range 528-708 K [J] . Journal of Analytical and Applied Pyrolysis, 2003, 67 (2): 207-219.

[103] Janse A M C, Westerhout R W J, Prins W. Modelling of Flash Pyrolysis of a Single Wood Particle [J] . Chemical engineering and processing: process intensification, 2000, 39 (3): 239-252.

[104] Damartzis T, Ioannidis G, Zabaniotou A. Simulating the Behavior of a Wire Mesh Reactor for Olive Kernel Fast Pyrolysis [J] . Chemical Engineering Journal, 2008, 136 (2-3): 320-330.

[105] 吴创之, 徐冰嬿. 固体生物质快速热解动力学参数计算 [J] . 农业工程学报, 1992, 8

（3）：67-72.

[106] 陈冠益. 生物质热解试验与机理研究 [D]. 杭州：浙江农业大学，1998.

[107] 易维明，柏雪源，李志合，等. 玉米秸秆粉末闪速加热挥发特性的研究 [J]. 农业工程学报，2004，20（6）：246-250.

[108] Xiu S, Yi W, Bai X, et al. Flash Pyrolysis of Agricultural Residues Using a Plasma Heated Laminar Entrained Flow Reactor [J]. Biomass and Bioenergy, 2005, 29（2）：135-141.

[109] Xiu S, Li Z, Li B, et al. Devolatilization Characteristics of Biomass at Flash Heating Rate [J]. Fuel, 2006, 85（5-6）：664-670.

[110] 易维明，柏雪源，修双宁，等. 生物质在闪速加热条件下的挥发特性研究 [J]. 工程热物理学报，2006，27：135-138.

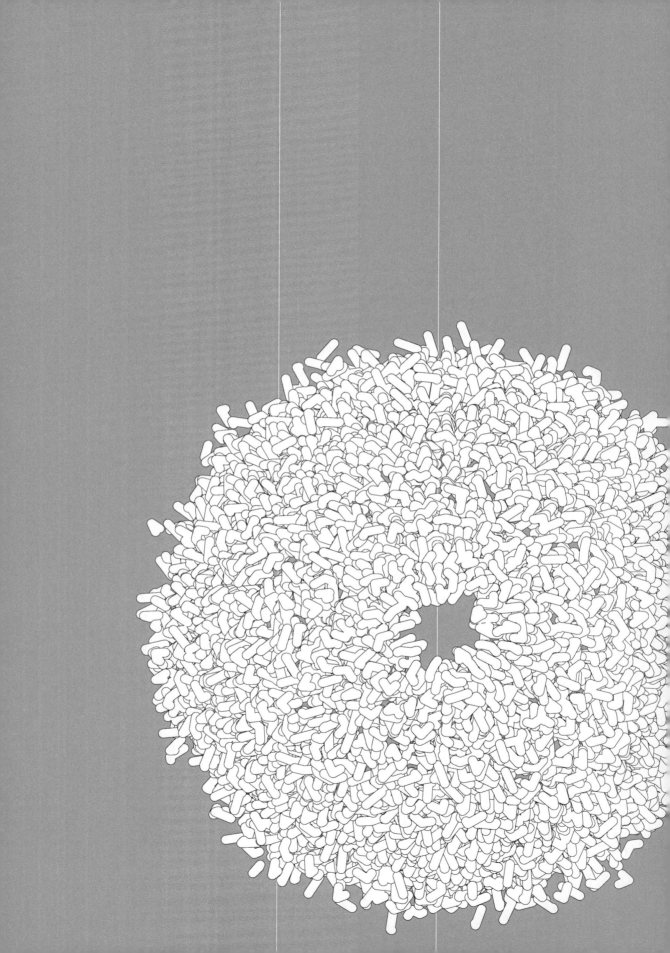

第
3
章

生物质热裂解方法及过程

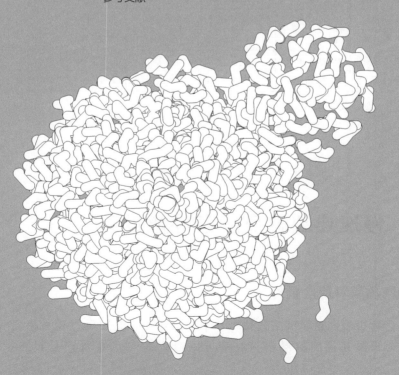

生物质热裂解指生物质在惰性氛围（一般指无氧或缺氧）下被加热升温引起高分子分解产生焦炭、可冷凝液体和气体产物的过程，是生物质热化学转化技术的一种[1]。热裂解是一个复杂的化学反应过程，它既可以作为一个独立的过程，包括大分子化学键断裂、异构化和小分子聚合等反应，也可以是燃烧、炭化、液化、气化等过程的一个中间过程，取决于各热化学转化反应的动力学，也取决于产物的组成、特征和分布[2]。根据热裂解温度区间和升温速率的不同，生物质热裂解可分为慢速、常规、快速或闪速几种工艺。

表 3-1 和表 3-2 分别总结了生物质热裂解的主要工艺类型以及工艺类型与产物产率的关系。

表 3-1 生物质热裂解工艺分类[3]

工艺类型	工作温度/℃	加热速率	停留时间	主要产物
慢速热裂解	400	非常低	数小时至数天	炭
常规热裂解	600	低	5～30min	气、油、炭
快速	650	较高	0.5～5s	油
闪速	>650	高	<1s	油
极闪速	1000	非常高	<0.5s	气

表 3-2 生物质热裂解工艺与产物产率的关系[4]

裂解方法	温度	加热速率	蒸汽残留时间	原料粒度	生物炭/%	生物油/%	气体/%
慢速热裂解	400～600℃	低加热速率	>30min	不严格	35	30	35
中速热裂解	400～550℃	中等加热速率	10～20s	较严格	20	50	30
快速热裂解	400～550℃	1000℃/s	1～2s	<2mm	12	75	13
闪速热裂解	1050～1300℃	1000℃/s	<1s	<0.2mm	10～25	50～75	10～30
气化	750～1500℃	100～200℃/s	10～20s	<6mm	10 或焦油	5	85

3.1 慢速热裂解反应条件及过程

3.1.1 慢速热裂解反应条件

生物质慢速热裂解工艺具有几千年的历史，是一种以生成木炭为目的的热裂解过程，低温和长期的慢速热裂解可以得到30%的焦炭产量，能量含量占50%左右[5]。慢速热裂解的温度一般为 $400\sim600℃$，加热速率为 $5\sim7℃/min$，气相滞留时间 $>5\sim30min$，长达数小时至数天，产物以生物炭为主，还可获得生物油及合成气，这些都可进一步升级加工为氢气、生物柴油或其他化学品[6]。

生物质慢速热裂解在反应初期有很长一段时间处于低温加热区，因此纤维素变为活性纤维素的程度将加大，其后的高温区反应因此受到影响。慢速热裂解使气体和液体产物减少（其中生物油的收率在 $20\%\sim30\%$），而焦炭产量增多。影响慢速热裂解的主要工艺参数有物料种类、反应温度、加热速率、粒径和吹扫气的流速等[7,8]。

Williams 等[9] 研究了温度（$300\sim700℃$）和加热速率（$5\sim80K/min$）对松木慢速热裂解过程的影响，发现温度升高，固体炭的产率降低，生物油和气体的产率增加，而加热速率对热裂解产物的影响较小。Özbay 等[10] 研究了棉籽在罐装反应器里的慢速裂解，结果表明，随着反应温度升高到 $600℃$，生物油的产率不断增加，但在 $750℃$ 左右时开始降低，焦炭产率持续减少。Pütün 等[11] 在管式炉中，以 $7K/min$ 的加热速率，研究了温度和 N_2 吹扫速率对瓜子壳以及榛子壳慢速裂解过程的影响，发现温度升高和吹扫速率增加都使焦炭的产率降低。Beis 等[12] 研究了葵瓜子在加热速率为 $5K/min$ 下的裂解，结果表明，不论在何种粒径和吹扫气流速下，$550℃$ 时生物油收集率最大，$700℃$ 时气体产物收率最高，而固体产物收率随温度升高而减小。Onay 等[13] 采用管式炉研究了油菜籽的慢速热裂解过程中温度、粒径以及 N_2 流速的影响。结果表明，温度从 $400℃$ 升到 $700℃$ 时，生物油产率先升高后降低，在 $550℃$ 时产率达到最大；原料颗粒粒径在 $0.425\sim1.8mm$ 之间变化时，生物油产率随着粒径的增大先升高后降低，粒径为 $0.85\sim1.25mm$ 时生物油产率达到最大。

表 3-3 给出了热裂解温度和粒径对油菜籽慢速热裂解产物的影响。

表 3-3　热裂解温度及粒径对油菜籽慢速热裂解产物的影响

变量	焦炭/%	生物油/%	气体/%
400℃	24	42	26
500℃	22	46	25
550℃	19	48	25
600℃	19	47	27
700℃	18	44	31
<0.425mm	23	44	26
0.425~0.6mm	22	44	26
0.6~0.85mm	17	48	28
0.85~1.25mm	16	49	29
1.25~1.8mm	17	48	28

生物质慢速热裂解除了用来得到生物炭外，还可以用于气化的前道工序——脱氧制得优质半焦，然后气化获得较高热值的气体。而且由于其温和的升温速率便于

控制，除了工业上的应用，慢速热裂解一般和热重分析天平联用，通过获得 DTG 和 TG 曲线来进行生物质热裂解动力学模型的机理研究[7]。

3.1.2　慢速热裂解反应过程

生物质在缓慢加热过程中主要发生热裂解炭化，一般可分为三个阶段。

（1）干燥阶段（＜150℃）

生物质物料中的水分子受热后蒸发汽化。这时物料所含水分主要依靠外加热量和本身燃烧所产生的热量进行蒸发，物质内部化学组分几乎没有变化。

（2）挥发热裂解阶段（150～300℃）

物料在缺氧条件下受热分解，其组成开始发生变化，生物质大分子化学键发生断裂与重排，形成并释放出挥发分，包括水、二氧化碳、一氧化碳、乙酸等。

（3）全面炭化阶段（＞300℃）

深层挥发物质向外层扩散，随着大部分挥发分的分离析出，最终剩下的固体产物就是由炭和灰分所组成的生物质炭。

一般而言，生物质炭的产率随着热裂解温度的升高而下降，随着气氛中氧含量的增加而下降。无论热裂解气氛是否含有氧气，随着炭化温度的升高，生物质炭中的碳含量逐渐升高，而氢、氧含量逐渐减少[14]。

3.2　快速热裂解反应条件及过程

3.2.1　快速热裂解反应条件

通常快速热裂解是指在常压、中温（500～600℃）、高加热速率（$10^3 \sim 10^4$℃/s）和极短气体停留时间（0.5～2s）的条件下瞬间将生物质气化，然后快速冷凝成液体，获得最大限度的液体产率。在适当的试验条件下，生物质快速热裂解能得到高产量的生物油，液体产率可达 70%～80%，仅有少量的气体和焦炭生成[15]。近 20 多年以来，生物质快速热裂解技术取得了较大突破，成为最具开发潜力的生物质液化技术之一。国际能源署（International Energy Agency，IEA）组织了美国、英国等国的 10 多个研究小组进行了 10 余年的研究与开发工作，重点调研了快速热裂解过程的发展潜力、技术经济可行性以及参与国之间的技术交流情况，认为生物质快速热裂解技术比其他技术可获得更多的能源和更大的效益[16]。

　　在生物质快速热裂解液化过程中，物料特性、反应温度、升温速率、催化剂、载气等反应条件会对生物油的成分产生影响，尤其是反应温度对生物油组分影响很大。对于大多数生物质而言，温度在 475～525℃ 这个范围时生物油产率最大，而且生物油的品质也接近最优。温度过高或过低都会对生物油的成分造成影响，特别是在温度比较高的情况下生物油的品质会快速退化[17]。关于热裂解温度对于生物质快速热裂解三相产物产率的影响，不同的研究单位采用不同类型的热裂解反应、不同的原料进行了大量研究，都得到了类似的结论[18]：对于一定的物料和气相滞留时间，升高温度则热裂解液体、炭和不可冷凝气体的产率将增大，而生物油的产率则有一个明显的极值点。当热裂解温度为 500℃ 左右时生物油的产率达到最大。图 3-1 给出了中国科学技术大学生物质洁净能源实验室采用快速流化床反应器对四种生物质原料进行的试验结果。可以看出，不论采用哪种物料，生物油的产率随温度变化都有一个明显的极值点，且不同原料获得的最大生物油产率的最佳温度均在 450～550℃ 之间。

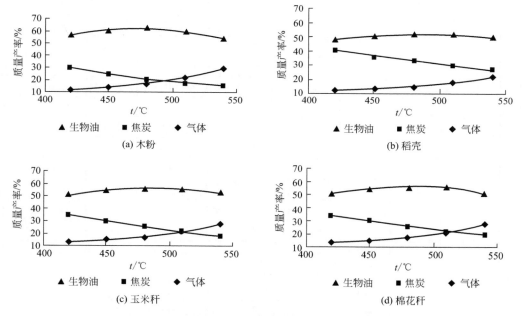

图 3-1　四种典型生物质原料的热裂解产物产率与热裂解温度的关系[18]

　　近年来，已有不少学者从生物油具体的化学组成角度出发，揭示热裂解温度的影响效果。总的来说，热裂解温度对于生物油的产物种类并没有太大的影响，但对于各产物的含量具有很大的影响，而这也直接决定了生物油的品位。表 3-4 给出了通过 Py-GC/MS 技术得到的杨木在不同的热裂解温度下的 8 类液体产物含量［脱水糖、呋喃类、小分子醛（链状物质）、小分子酮、小分子酸、酚类、烃类和其他（醇类、脂类和环戊类）］。从表 3-4 中可以看出，酸类和脱水糖类物质的最高含量分别出现在低温和中温热裂解段，小分子酮类和烃类物质的最高含量则出现在高温热裂解段，而呋喃类、小分子醛和酚类物质的相对含量受温度的影响不大。

表 3-4 不同热裂解条件下的热裂解产物成分（相对峰面积含量）[19]　　　　　　　　%

温度/℃	时间/s	脱水糖	呋喃类	醛类	酮类	酸类	酚类	烃类	其他
350	5	2.9	6.9	14.4	2.0	18.0	29.3	1.3	3.0
	10	3.5	6.4	12.9	2.5	17.3	31.6	1.2	3.2
	20	3.6	7.4	12.6	2.9	17.6	31.3	1.2	3.2
	30	3.2	8.6	11.7	2.8	20.6	28.1	1.3	3.2
400	5	4.1	6.1	10.4	3.0	21.0	31.7	0.8	7.1
	10	4.5	6.2	10.4	3.4	20.9	29.9	0.8	7.6
	20	4.2	5.9	10.5	3.1	22.6	28.8	0.5	7.5
	30	4.3	5.9	10.6	3.1	22.5	28.4	0.5	7.7
450	5	5.1	6.3	11.9	3.3	19.8	29.1	0.9	7.4
	10	5.6	5.7	11.3	4.5	19.9	29.4	0.7	6.5
	20	6.0	5.8	13.8	5.1	18.2	27.5	0.6	7.1
	30	6.1	6.2	14.5	5.2	17.7	25.2	0.6	7.4
500	5	6.0	6.4	15.4	6.1	15.3	26.3	0.7	7.9
	10	7.2	7.4	16.0	6.9	13.0	24.1	0.6	8.9
	20	10.0	6.7	16.4	7.5	12.5	22.7	0.6	8.6
	30	9.4	7.6	16.4	7.2	12.4	22.2	0.5	8.8
550	5	9.3	7.2	13.2	7.4	12.4	25.0	0.6	9.6
	10	9.8	7.4	13.3	7.6	12.6	25.5	0.6	9.4
	20	10.2	7.1	12.9	7.9	12.5	25.3	0.6	9.3
	30	10.0	7.3	13.0	7.5	12.4	24.4	0.6	9.2
600	5	8.3	6.1	12.6	8.5	12.5	26.8	0.7	9.1
	10	9.0	6.3	12.2	8.4	12.7	26.0	0.7	9.5
	20	9.8	6.3	12.5	8.8	12.9	26.3	0.8	8.9
	30	9.1	6.9	12.8	8.5	13.1	25.7	0.9	9.1
700	5	9.4	5.9	13.0	9.8	12.6	26.3	1.2	8.8
	10	8.7	6.0	13.0	9.7	13.9	25.6	1.2	8.6
	20	8.5	6.2	13.8	10.8	13.4	26.9	1.2	9.1
800	5	8.9	5.6	15.4	10.4	13.1	24.9	1.8	8.2
	10	8.8	5.8	15.2	10.1	13.9	24.2	1.9	8.4
	20	8.0	4.9	14.4	11.8	13.4	26.7	2.2	8.6
900	5	7.6	5.2	16.1	11.1	12.9	24.3	3.3	8.4
	10	7.2	5.3	15.7	10.7	14.0	24.6	3.6	8.5
	20	6.7	4.8	14.9	12.3	14.0	25.5	3.7	8.7
1000	5	7.4	5.0	16.3	10.9	12.9	25.0	4.3	8.2
	10	7.0	5.3	15.5	10.8	13.3	24.6	5.0	8.7
	20	6.3	4.6	15.0	12.1	13.9	25.8	4.8	7.5

对表 3-4 中所述的杨木热裂解所形成的酚类物质，可进一步分为愈创木酚类、紫丁香酚类、酚类、甲酚类、邻苯二酚类以及其他酚类物质六类（表 3-5）。可以看出，随着热裂解温度的升高，愈创木酚类和紫丁香酚类逐渐减少，而三类酚逐渐增加，这是由于高温能够促进脱氧基反应、脱甲基反应和烷基化反应[20]。此外，随着温度的升高，所有酚类物质中侧链上含有羟基或羧基的物质大幅减少，这说明高温还能促进脱羟基反应和脱羧基反应[21]。

表 3-5　不同热裂解条件下酚类化合物的成分（相对含量）[19]　　　　　　　　　单位：%

温度/℃	时间/s	愈创木酚类	紫丁香酚类	酚类	甲酚类	邻苯二酚类	其他
350	5	26.0	32.3	14.4	1.8	5.5	20.0
	10	27.8	29.0	15.0	1.9	5.5	20.8
	20	28.7	27.0	16.1	2.1	5.6	20.5
	30	27.7	25.9	15.7	2.7	6.1	21.9
400	5	26.6	27.6	18.5	2.0	3.0	22.3
	10	26.2	28.2	18.7	1.9	3.0	22.0
	20	25.8	28.7	15.4	3.4	2.8	23.9
	30	24.8	29.8	15.7	3.7	3.0	23.0
450	5	24.9	30.6	13.7	4.2	2.7	23.9
	10	23.8	32.9	14.6	4.0	2.5	22.2
	20	23.6	33.0	13.1	5.2	2.8	22.3
	30	23.6	32.8	12.5	5.2	2.9	23.0
500	5	23.7	33.2	11.4	5.5	3.8	22.4
	10	23.0	32.4	12.5	6.9	4.9	20.3
	20	22.4	32.5	11.5	7.9	5.7	20.0
	30	22.7	32.4	11.1	8.3	5.5	20.0
550	5	24.1	33.0	11.1	6.2	5.5	20.1
	10	24.0	31.3	12.0	7.0	5.9	19.8
	20	23.9	31.2	11.6	7.9	6.3	19.1
	30	24.0	31.5	11.3	8.1	6.6	18.5
600	5	23.9	32.6	11.4	6.8	6.1	19.2
	10	23.3	31.4	12.1	7.3	7.6	18.3
	20	23.5	31.5	12.2	7.4	7.7	17.7
	30	24.5	30.4	12.4	7.9	7.9	16.9
700	5	24.6	28.9	13.1	7.7	7.9	17.8
	10	24.1	27.0	14.4	8.7	9.1	16.7
	20	23.1	24.5	15.1	9.1	13.0	15.2

续表

温度/℃	时间/s	愈创木酚类	紫丁香酚类	酚类	甲酚类	邻苯二酚类	其他
800	5	20.9	21.1	18.5	8.8	15.4	15.3
	10	20.5	19.6	19.9	9.6	16.8	13.6
	20	18.6	18.0	20.3	10.4	20.4	12.3
900	5	16.9	16.5	23.6	10.2	18.2	14.6
	10	14.7	14.4	27.3	11.2	19.2	13.2
	20	13.3	12.7	27.5	11.4	23.0	12.1
1000	5	15.9	15.3	24.4	11.3	19.4	13.7
	10	13.6	13.1	28.4	12.3	20.4	12.2
	20	11.9	10.7	29.9	12.5	24.1	10.9

一般认为生物质快速热裂解制取生物油时，随着反应温度的升高，酚类化合物的含量减小，而多环芳香化合物的含量略有增大。墨尔本大学的 Horne 等[22] 对木屑热裂解生物油进行了分析，反应温度为 400～550℃时生物油的主要成分是含氧的极性化合物，含氧量很高，但黏度较低。埃斯特雷马杜拉大学的 Encinar 等[23] 在研究农业废弃物的热裂解时发现，当反应温度小于 550℃时，热裂解的主要产物是含氧液体和有机化合物（如醛、酸、酮、酚等）。上海交通大学的刘荣厚等[24] 在研究生物质快速热裂解反应温度对生物油特性的影响时也发现，当热裂解温度在 475～600℃范围内，温度升高有利于酮类、酯类、大多数苯酚类化合物生成，但不利于乙酸的生成。

生物质种类对生物油成分也有很大的影响。浙江大学的王琦等[25] 利用樟子松、花梨木、竹粉、稻壳、稻秆、象草和海藻七种不同种类生物质进行热裂解制取生物油发现，不同种类的生物质物料热裂解后获得的生物油主要组分的质量分数以及代表性化合物存在一定的差异，在具体的化合物种类上会出现质量的波动，且樟子松热裂解生物油中酚类物质出现明显富集。北京林业大学的王鹏起等[26] 研究生物质快速热裂解时，根据试验后续生物油研究的需要选择落叶松作为原料，就是为了获得含有高多元酚的生物油。

升温速率一般对热裂解有正反两方面的影响[27]。升温速率增加，物料颗粒达到热裂解所需温度的响应时间变短，有利于热裂解；但同时颗粒内外的温差变大，由于传热滞后效应会影响内部热裂解的进行。因此，生物质热裂解的快慢取决于这两个相反过程的主次关系。宋春财等[28] 研究了玉米秸秆在不同升温速率下的热重曲线，认为最大分解速率时的温度随加热速率的升高线性增加；得出玉米秸秆在氮气中最大分解速率时的温度为 605K。Kilzer 等[29] 在研究纤维素热裂解机理时指出，低升温速率有利于炭的形成，不利于焦油产生。

Bridgeman 等[30] 对粒径小于 90μm 和 90～600μm 范围内的柳枝稷、草芦裂解制取的生物油进行了成分分析，在草芦基生物油中发现许多化合物在数量上不同，已鉴别出的大部分化合物来自纤维素和木质素的热裂解；粒径小的生物质产生的生物油有更高的无机物含量，并且粒径小减少了来自纤维素分解的左旋葡聚糖的生成，但是生物油中的杂质颗粒增多。

从本质上讲，生物质快速热裂解是具有一定特性的生物质在一定条件下发生特定化学反应的过程。华东理工大学的任铮伟等[31] 曾提出，如果采取合适的催化剂能够促进快速热裂解中 CO_2 的形成。将生物质中的氧以 CO_2 的形式脱除，则生物油的含氧量将会减少，生物油的热值和稳定性等将会提高。因此选择合适的催化剂可以控制生物质的反应进程和生物油的组成。例如，HZSM-5 的催化作用会将生物质快速热裂解中生成的酮、酯和酸等裂解、脱氧、环化成芳香烃，如果催化剂的用量偏少还会有少量含氧有机物存在。

崔亚兵等[32] 在常压热重分析仪和自行研制的加压热重分析仪上进行了生物质热裂解特性的系统研究，得到了升温速率、压力等因素对生物质热裂解过程的影响规律。加压和常压相比，加压下生物质的热裂解反应速率有明显提高，反应更激烈。结果表明加压条件下生物质的热裂解具有更好的经济性。

总而言之，生物油的化合物成分极其复杂，这些有机物主要包括烃类、酮类、醚类、酚类、醇类、酯类及其衍生物和有机酸等。在生物质快速热裂解过程中，当反应温度、载气、催化剂和物料特性等参数变化时，生物油成分也会发生变化。在实际生产过程中，可以通过改变热裂解条件，得到不同成分的生物油，并可以以生物油为原料进行分离或转化，获得高附加值的化学品。

3.2.2　快速热裂解反应过程

快速热裂解液化制取生物油的过程是由一系列综合的步骤流程组成，如图 3-2 所示。工艺装置一般包括供热装置、生物质喂入装置、反应装置、收集装置等。工艺流程包括物料的干燥、粉碎、热裂解、产物炭和灰的分离、气态生物油的冷却和生物油的收集。具体的工艺过程如下：供热装置提供生物质在反应器中热裂解所需的热量，生物质经干燥和粉碎后喂入热裂解反应器中，反应初产物首先经炭粉分离器分离出残炭，排出热裂解气，热裂解气经冷凝器将可冷凝气体迅速冷凝成液态，得到生物油，不可冷凝气体排出冷凝器。

生物质快速热裂解液化的工艺流程如下[33]。

（1）干燥

为了避免原料中过多的水分被带到生物油中，有必要对原料进行干燥。一般要求物料含水率在 10% 以下。

（2）粉碎

为了提高生物油产率，必须有很高的加热速率，故要求物料有足够小的粒度。不同的反应器对生物质粒径的要求也不同，旋转锥反应器所需生物质粒径＜200μm；流化床反应器要＜2mm；传输床或循环流化床要＜6mm；烧蚀床则可采用树木碎片。但是，采用的物料粒径越小，加工费用越高，因此，物料的粒径需在满足反应器要求的同时与加工成本综合考虑。

（3）热裂解

热裂解液化技术的关键在于要有很高的加热速率和热传递速率、严格控制温度以及热裂解挥发分的快速冷却。只有满足这样的要求，才能最大限度地提高产物中油的比例。

（4）炭和灰的分离

几乎所有的生物质中的灰都留在了产物炭中，所以炭分离的同时也分离了灰。但是，炭从生物油中分离较困难，而且炭的分离并不是在所有生物油的应用中都是必要的。

因为炭会在二次裂解中起催化作用，并且在液体生物油中产生不稳定因素，所以，对于要求较高的生物油生产工艺，快速彻底地将炭和灰从生物油中分离是必需的。

（5）气态生物油的冷却

热裂解挥发分由产生到冷凝阶段的时间及温度影响着液体产物的产率和组成，热裂解挥发分的停留时间越长，二次裂解生成不可冷凝气体的可能性越大。为了保证油产率，需快速冷却挥发产物。

（6）生物油的收集

生物质热裂解反应器的设计除需对温度进行严格控制外，还应在生物油收集过程中避免由于生物油的多种重组分的冷凝而导致的反应器堵塞。

生物质热裂解液化工艺如图 3-2 所示。

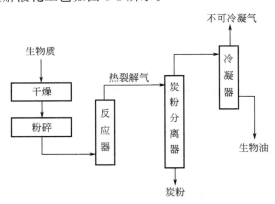

图 3-2　生物质热裂解液化工艺

山东省清洁能源工程技术研究中心在生物质快速热裂解装置方面展开了深入的研究，研发了几种典型的生物质快速热裂解反应器。以下依据相关装置的热裂解过程进行简单介绍。

（1）下降管生物质热裂解液化反应器[34]

如图 3-3 所示，固体热载体在换热器内被加热到预设温度，进入反应管与生物质颗粒接触加热。可以通过控制换热器内热载体的温度来调控反应温度，而换热器内温度控制则通过热风炉和电加热两种加热方式来控制，可实时监测温度。生物质颗粒喂料量由生物质颗粒喂料装置犁式刮刀的转速控制，可由变频器调节；固体热

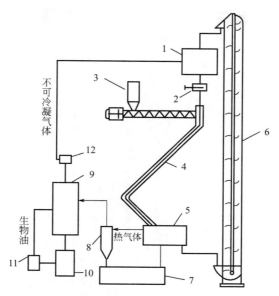

图 3-3　下降管生物质热裂解液化反应器工艺原理

1—高温烟气发生炉；2—热载体流量控制阀门；3—生物质喂料器；
4—下降管反应器；5—炭粉与热载体分离装置；6—热载体循环系统；
7—炭粉收集箱；8—旋风分离器；9—冷凝系统；10—储油罐；11—油泵；12—引风机

载体的喂入量则由固体热载体喂料装置的流量控制阀决定。在试验前，换上带有对应流量圆孔直径的隔板即可。

（2）陶瓷球固体热载体下降管式生物质热裂解反应器[35]

如图 3-4 所示，此类反应装置在下降管反应器中以陶瓷球为热载体，基本工作流程为：陶瓷球首先被预热到一定温度后通过流量控制阀进入下降管，下降管中的陶瓷球与经由喂料器喂入的生物质粉末碰撞，发生热裂解反应，然后利用残炭取样系统把在此种工况下发生热裂解的生物质残炭收集在集炭器中，进而研究其热裂解特性。具体试验过程为：开冷凝水，预热陶瓷球和下降管内气体。当温度达到指定温度后，旋转陶瓷球流量开关喂入陶瓷球，通过温度采集系统观察下降管温度，当下降管温度场均匀稳定后，通氮气、启动生物质喂料器喂入生物质粉。生物质粉和热的陶瓷球在下降管反应器内发生快速热裂解反应，此时启动抽气风机，气相和热裂解残炭在残炭采样口被抽出，利用旋风分离器的分离作用把热裂解的生物质残炭收集在集炭器里，直到收集足够的残炭，再进行下一个位置的取样，而气相还要经过过滤器、转子流量计和稳压罐。其中，流量计用于显示抽气量；过滤器的作用为过滤生物质热裂解过程中产生的生物油和部分残炭，避免生物油和残炭进入流量计，影响流量计精度；稳压罐起到稳定气压的作用。

采用灰分示踪法[36,37]考察了不同温度下玉米秸秆停留时间对热裂解挥发率的影响。结果如图 3-5 所示。试验表明，玉米秸秆的热裂解挥发率随热裂解温度的升高、下降距离增大呈非线性增加。

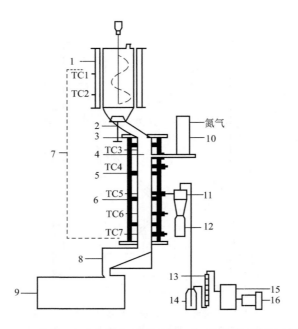

图 3-4　陶瓷球固体热载体下降管式生物质热裂解特性试验装置结构

1—陶瓷球加热器；2—陶瓷球流量开关；3—陶瓷球流量控制板；4—下降管反应器；
5—电热丝；6—保温材料；7—温度测控系统；8—陶瓷球残炭分离箱；9—陶瓷球收集箱；
10—生物质喂料器；11—旋风分离器；12—集炭箱；13—转子流量计；14—过滤器；
15—稳压罐；16—抽气风机

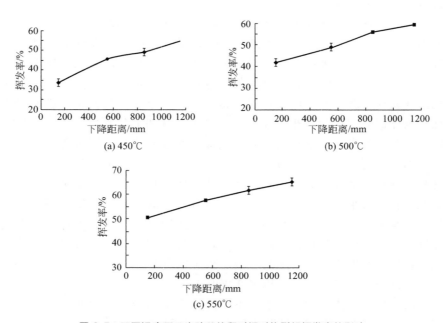

(a) 450℃　　　　　　　　(b) 500℃

(c) 550℃

图 3-5　不同温度下玉米秸秆停留时间对热裂解挥发率的影响

（3）层流炉装置[38]

如图 3-6 所示，层流炉试验装置主要包括喂入装置、层流炉、收集装置、等离子体热源、保温炉五部分。

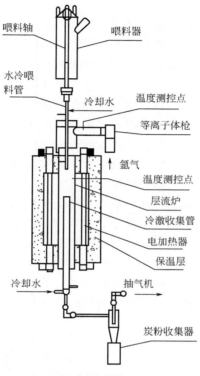

图 3-6　层流炉示意

1）喂入装置

喂入装置由喂料轴、喂料器和水冷喂料管组成。喂料轴与电机相连，由电机带动转动，轴上开有螺旋槽，生物质粉沿着螺旋槽向下运动。铜制喂料管插在层流炉中，为保证生物质粉在常温下瞬时热裂解，采用自来水冷却喂料管。

2）层流炉

层流炉采用耐高温碳化硅材料，总长 840mm，由端盖、气室、整流器、隔热管、反应管五部分组成。气室与等离子体加热部分相连；整流器是开了 8 个 6mm 直径导流孔的环，厚度为 25mm，其作用是为了保证层流的稳定性；隔热管套在喂料管的外层，起到隔热的作用，防止生物质在进入反应管之前就被加热。

3）等离子体热源

由等离子体电源和控制、工作气体、等离子枪、高压冷却水系统等组成。工作气体选用氩气，纯度 99.99%。这种加热手段可以实现氩气射流温度 900～1900℃连续可调。

4）收集装置

由水冷收集器和炭粉收集器组成，总长 730mm。调节水冷收集器与喂料管之间的距离可以改变热裂解反应时间。炭粉收集器一端与收集管相连，另一端接抽气机，利用旋风分离原理收集炭粉。

5）保温炉

硅碳棒固定在由保温砖制成的保温炉内，通过温控仪控制电源加热，使层流炉保持设定的温度。

（4）等离子体热裂解试验装置[39]

山东理工大学开展生物质热裂解液化技术研究以来，利用等离子体为主热源，采用内部加热方式，进行水平携带床热裂解生物质的热裂解液化研究[40,41]和层流炉生物质热裂解挥发特性的研究[37,42,43]，取得了一定的进展。等离子体是通过对气体进行电离得到能够自由运动并相互作用的正离子和电子组成的混合物。在实际的热等离子体发生装置中，阴极和阳极间的电弧放电作用使得流动的工作气体发生电离，产生高温的等离子体。调节电流可得到 900～1900℃ 的气流，能够实现生物质的闪速热裂解。在该流化床热裂解装置中采用氩气等离子体作为主热源和流化气体来源，使流化床内的传热传质得到改善。

试验装置如图 3-7 所示，等离子体热源从反应器的底部通入，反应管外壁缠有电炉丝，作为辅助热源兼作保温作用，最外层为石棉保温层。反应管壁上，从喂料口处开始往上，每隔 150mm 设置一个 K 形热电偶，从下到上依次编号为 1、2、3、4、5，对流化床内的温度进行实时监测，掌握反应管内的温度分布情况，为生物质热裂解提供可靠的温度场。取主反应区内的 3 点作为温控点，通过智能温控仪控制反应管外的电炉丝的加热功率，实现对反应管内温度场的控制。

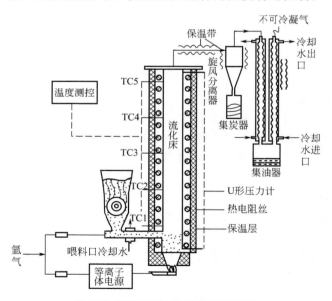

图 3-7　等离子体热裂解试验装置示意

试验过程为：首先接通电炉丝电源对整个流化床系统预热。当温控点处的温度达到设定值后，通入等离子体继续加热流化床，通过调整氩气流量和等离子电流来控制等离子体热量，从而确保反应区内温度达到试验设定值后不随时间变化而升高，保持恒定。然后接通喂料电机，生物质粉在螺旋喂料器的带动下送入反应器内与预热的流化介质石英砂进行良好的热交换，实现迅速升温，发生热裂解反应，产生热裂解气和残炭。热裂解产物由反应管顶部的出气口进入两级串联的旋风分离器，残炭被首先分离出来；热裂解气进入冷凝管进行冷凝得到液体产物生物油，不凝气体由冷凝管出气口排出。喂料管在接近反应管处加冷却水，防止物料在进入反应管时在螺旋轴末端结焦，保证生物质粉在较低的温度时进入反应管，实现快速升温。在反应管底部和顶部分别接有外伸的细管连接 U 形压差计，在流化床有效流化范围之内测床层压力差，观察流化床内石英砂的流化情况，保证良好的流化效果。反应管上端热裂解气出口处用法兰连接，便于拆卸、清理。热裂解气出气管和旋风分离器外壁缠有 250W 的电热保温带进行试验前预热，保证热裂解气在进入冷凝器之前不会冷凝。集炭器和集油器采用玻璃器皿，有利于观察旋风分离器分离效果。采用玻璃球形冷凝管进行冷凝，可以通过观察冷凝管壁试验前后的变化判断热裂解气的冷凝效果。

　　试验以热裂解温度和喂料速率为试验参数，不同的热裂解温度及喂料速率得到的产油率列于表 3-6 中。

表 3-6　不同的热裂解温度及喂料速率得到的产油率

试验序号	热裂解温度/K	喂料速率/(kg/h)	产油率/%
1	710	0.600	28.7
2	750	0.375	28.0
3	750	0.600	35.0
4	750	0.675	36.0
5	750	0.700	37.1
6	773	0.600	30.0
7	773	0.700	31.7
8	773	0.800	34.3
9	790	0.700	28.6
10	790	0.800	28.3
11	790	0.675	26.7

　　由试验结果可以看出：

　　① 热裂解温度 750K，喂料速率为 0.700kg/h 时，产油率最高，为 37.1%。

　　② 产油率随喂料速率的增加而增加，图 3-8 所示为热裂解温度 750K 时产油率和喂料速率的关系曲线。可以看出，产油率随着喂料速率的增加总体呈上升趋势，但是当喂料速率高于 0.600kg/h 时，对产油率影响不明显。对于特定的设备，如果喂料速率继续增加，而反应管内热载气与流化介质提供的热量不变，则升温速率降低，产油率下降。而且喂料速率增大，热裂解产物残炭的量也增加，热裂解气中灰尘颗粒浓度变大，会导致炭粉分离器和出气管道堵塞。综合考虑，在本试验装置热裂解试验时喂料速率应选在 0.600～0.700kg/h 之间。

③ 反应温度对产油率的影响：喂料速率为 0.600kg/h 时，产油率随温度的变化情况如图 3-9 所示。产油率先随温度的升高而升高，温度继续升高，产油率反而下降，反应温度 750K（477℃）时产油率最高。

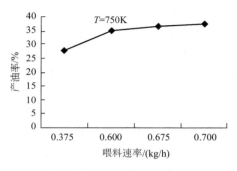
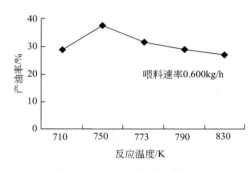

图 3-8　产油率与喂料速率关系　　　　图 3-9　产油率与反应温度关系

此装置下，生物质热裂解受多个因素影响，其中反应温度起主导作用，而其他一些诸如加热速率、停留时间等因素的影响也可归结为生物质颗粒以多快的升温速率达到反应温度或生物质颗粒和挥发性产物在反应稳定区域停留多长时间。根据众多学者对生物质热裂解机理的研究，小颗粒的生物质进入砂浴床层后经受了强烈的传热过程，使其温度迅速上升到床层温度。在缺少氧的条件下，生物质的大分子结构受到破坏，结构单元断裂形成自由基碎片。侧链和活性基团则易断裂形成低分子产物。这些物质在灼烧的残炭（很好的催化剂）、高温器壁和砂粒表面会进行二次裂解，形成二次产物。由于颗粒受热，从颗粒外表面至内部存在温度梯度，深层裂解产物向外扩散，最终使生物质裂解为气、液、固三种产物。这样当生物质在较低的温度下裂解时，裂解进行得还不够完全，此时反应的快慢是最终产物分布的控制因素。所以随温度增加，最终形成液体产物的大分子碎片也增多，导致液体产率增加；而高于 750K 时，裂解形成的初始产物（包括焦油蒸气）发生的二次反应加剧。一次反应形成的较大分子碎片进一步形成木焦炭、二次焦油和小分子气体，最终导致液体产品产率下降。这就是生物油产率先随温度升高而增高，后随温度升高又降低的原因。

（5）流化床生物质快速热裂解装置[44]

在原有等离子体加热流化床生物质热裂解液化装置（见图 3-10）基础上，考虑到等离子体运行费用较高，改进了该系统。新装置进料量为 5kg/h；由高温烟气发生炉、反应器系统、两级螺旋喂料系统、旋风除尘系统和生物油冷凝收集系统组成。

装置的组成及原理如下所述。

1）反应器系统

反应器作为核心部件，由反应段和扩大段组成，反应段内径为 100mm，高700mm，反应器总高为 1170mm。为保证生物质快速热裂解反应均在恒温下完成，反应段外壁有电炉丝，并用岩棉包裹以达到保温的目的。在反应段设有 6 个均匀分布的 K 形热电偶，T2 和 T5 作为两个温控点，通过智能温控仪实行两段电炉丝分别

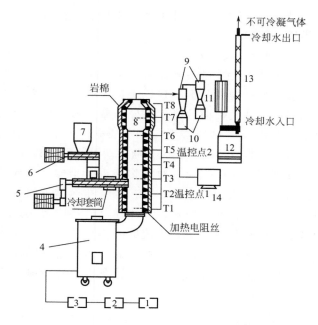

图 3-10　流化床生物质快速热裂解装置简图

1—空气压缩机；2—流量调节阀；3—流量计；4—高温烟气发生炉；5—第二级螺旋喂料；
6—第一级螺旋喂料；7—料斗；8—流化床反应器；9—两级旋风分离器；10—残炭收集瓶；
11—生物油收集瓶；12—排管式冷凝器；13—球形冷凝管；14—温度检测控制系统

控温。另外实时监控整个反应器 8 个测温点的温度，用于掌握热裂解过程中流化床的温度变化情况。

在流化床燃烧锅炉中，由于生物质中碱金属含量比较大，燃烧时碱金属容易和石英砂这种常规的酸性床料发生反应，从而引起床料的烧结，出现床料的团聚现象，最终导致被迫停炉，在本研究的预试验过程中，最初选用石英砂为流化床床料，曾出现床料团聚的状况。刘仁平等[45] 利用棉秆流化床对石英砂和高铝矾土两种床料燃烧时是否发生床料团聚现象进行了研究，表明用高铝矾土为床料时，38h 连续运行后，没有发现床料烧结现象。因此本试验中选用弱酸性的高铝矾土作为流化床的床料，质量 800g，静止床高约为 70mm。

2）高温烟气发生炉

主要用途是提供高温的缺氧烟气，用作流化床反应器内的载气。炉内燃烧无烟煤，试验过程中，由两台空气压缩机从炉箅下吹入气体，空气经过燃烧的煤层，其中氧气与煤发生燃烧反应，即可产生缺氧的烟气。炉膛由高温耐火砖砌成，耐火砖与炉内壁间有岩棉保温层用于隔热保温。试验过程中燃气温度可达 500℃以上，维持在 350℃以上的时间可达 1h。

3）两级螺旋喂料系统

为保证试验过程中生物质粉能够连续、均匀、快速地进入反应器中，采用两级螺旋进料方式，第一级保证进料量具有可重复性，第二级保证由第一级传过来的生物质粉能够快速地进入反应器中。料斗可容 3.5kg 生物质粉，确保试验能够较长时间连续运行，不用反复向料斗加料。

4）除尘及生物油冷凝收集系统

从反应器中出来的生物质热裂解气夹杂着裂解后的残炭，设备采用两级旋风分离器除残炭，试验所得生物油几乎不含残炭，表明除尘效果较好。为防止裂解气在旋风分离器中因温度太低而提前冷凝，在分离器外壁同样缠有电炉丝，外裹岩棉保温层，温度控制在 300℃。除去残炭后裂解气首先进入排气管式冷凝器中冷凝，而后通过球形冷凝管进一步得到冷凝，在收集瓶中便可得到生物油。

流化床快速热裂解液化工艺要求对生物质进行干燥、粉碎和筛选处理，原料从料斗加入，经过进料器进入流化床反应器。以惰性气体（如氮气）充当的载气在压力作用下经过预热进入流化床反应器，气体在反应器内流化。生物质物料与高温流化介质充分混合至发生热裂解反应，生成的固体颗粒（炭）和热裂解气与载气一起流入旋风分离器进行气固分离。固体颗粒在离心力、器壁摩擦力以及自身重力作用下落入集炭箱，气体则进入冷凝器冷凝，可冷凝气体被冷凝成生物油，不可冷凝气体则被排出（见图 3-11）。

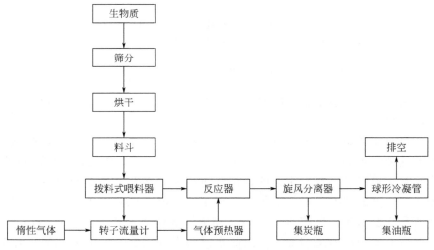

图 3-11　流化床快速热裂解液化装置流程图

3.3　闪速热裂解工艺过程

闪速热裂解相比于快速热裂解的反应条件更为苛刻，反应温度一般在 400～

650℃之间，气体停留时间通常小于 1s，升温速率要求大于 10^3℃/s，并以 $10^2 \sim$ 10^3℃/s 的冷却速率对产物进行快速冷却，生物油的产率能达到 70％以上[22]。

山东理工大学的孔凡霞、李志合等[46,47]分别在 750K、800K、850K、900K 温度下，对几种典型生物质（椰子壳、棉花秆、稻壳和小麦秸秆粉末）在层流炉上进行了闪速热裂解挥发试验，利用灰分示踪法计算出挥发百分比，表 3-7 列出了四个不同温度、不同挥发时间下的试验结果。

表 3-7　不同温度、不同挥发时间下的挥发百分比

炉内气流温度 750K					炉内气流温度 800K				
挥发时间/s	0.137	0.171	0.206	0.240	挥发时间/s	0.128	0.160	0.192	0.230
挥发百分比/% 椰子壳	25.12	31.37	36.34	38.25	挥发百分比/% 椰子壳	30.78	42.98	45.62	50.05
棉花秆	33.79	36.54	41.40	43.50	棉花秆	40.22	46.05	50.98	53.87
稻壳	19.54	24.54	30.00	33.84	稻壳	29.60	33.93	36.70	42.30
小麦秸秆	47.54	52.14	56.87	61.27	小麦秸秆	57.42	61.52	65.19	67.71
炉内气流温度 850K					炉内气流温度 900K				
挥发时间/s	0.121	0.151	0.181	0.217	挥发时间/s	0.115	0.148	0.172	0.201
挥发百分比/% 椰子壳	46.70	55.47	57.93	62.62	挥发百分比/% 椰子壳	51.02	61.91	66.19	69.79
棉花秆	42.54	53.30	59.41	62.80	棉花秆	56.93	62.72	65.96	72.60
稻壳	31.72	38.24	42.38	48.43	稻壳	44.75	46.58	50.26	59.22
小麦秸秆	57.42	65.22	70.32	71.87	小麦秸秆	64.09	69.18	72.32	75.95

从试验结果可以看出：同一温度下，生物质的挥发百分比随挥发时间的增大而增大，因为在生物质挥发之前，滞留时间的延长会使未挥发分继续挥发，挥发产物增多；在同一挥发时间下，生物质的挥发百分比随热裂解温度的增高而增大。因为温度升高会使升温速率增大，而高的升温速率使最终的炭产量减少，产生的挥发物增多。对温度与生物质挥发程度的关系，他们采用 Arrehenius 一级动力学方程式，即公式

$$\frac{\mathrm{d}W}{\mathrm{d}\tau} = A \cdot (W_\infty - W) \cdot \exp\left(\frac{-E}{RT}\right) \tag{3-1}$$

根据表 3-7 中试验数据绘制出每种生物质在不同温度下挥发百分比的关系，见图 3-12～图 3-15。试验数据和函数具有很好的吻合性，即温度、挥发时间与挥发百分比之间符合 Arrehenius 动力学模型，即挥发百分比是温度和挥发时间的函数。

山东理工大学易维明等[48]通过试验得出反应温度提高挥发分析出量也随之提高，并且影响显著。这主要是因为，在层流炉内部，颗粒为稀疏状态，反应产物扩散能力极高，过程是动力学控制状态，反应温度起着决定性的作用，它直接决定了挥发分析出量的多少和快慢。

山东理工大学的王娜娜[27]利用实验室自己设计的以等离子体为主加热热源，配合管壁保温措施的新型层流炉系统对低灰分生物质白松进行了闪速热裂解挥发特性研究。在四个不同温度、停留时间下利用灰分示踪法计算出白松的挥发结果，如表 3-8～表 3-11 所列。并以此为基础对热裂解动力学模型进行了建立和验证。

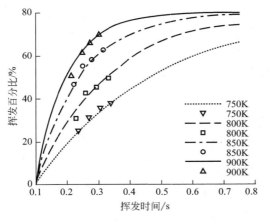

图 3-12 椰子壳挥发百分比与温度关系

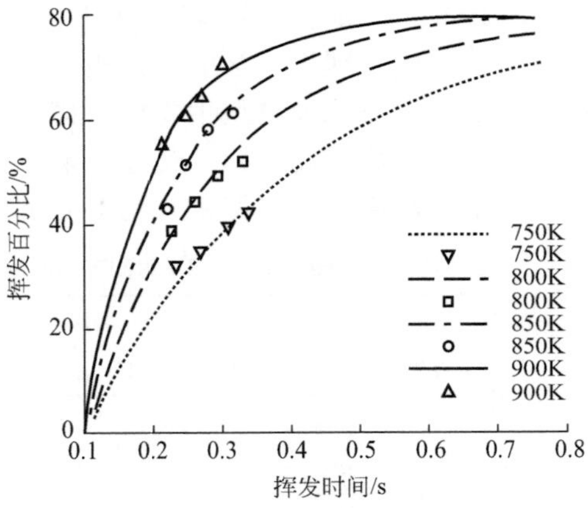

图 3-13 棉花秆挥发百分比与温度关系

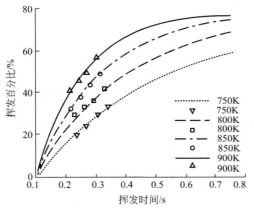

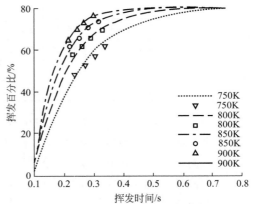

图 3-14 稻壳挥发百分比与温度的关系

图 3-15 小麦秸秆挥发百分比与温度的关系

表 3-8 反应温度 750K 时的试验结果

收集距离/mm	200	250	300	350
挥发时间/s	0.084	0.105	0.126	0.147
挥发结果/%	41.38	44.97	50.74	53.20

表 3-9 反应温度 800K 时的试验结果

收集距离/mm	200	250	300	350
挥发时间/s	0.073	0.092	0.110	0.129
挥发结果/%	48.76	52.30	58.98	62.77

表 3-10　反应温度 850K 时的试验结果

收集距离/mm	200	250	300	350
挥发时间/s	0.067	0.084	0.101	0.118
挥发结果/%	56.62	60.32	67.39	69.41

表 3-11　反应温度 900K 时的试验结果

收集距离/mm	200	250	300	350
挥发时间/s	0.062	0.077	0.093	0.108
挥发结果/%	62.19	68.78	70.12	73.30

3.4　影响生物质热裂解过程的因素

总的来讲，影响生物质热裂解的主要因素包括化学和物理两大方面：
① 化学因素包括一系列复杂的一次反应和二次反应；
② 物理因素主要是热裂解过程中的传热、传质以及原料的物理特性等。
具体的操作条件表现为温度、升温速率、反应的滞留时间、压力和物料特性等。

3.4.1　温度的影响

温度是影响生物质热裂解的一个十分重要的因素，它对热裂解产物的产率、组成及分布都有很大的影响。生物质在热裂解反应器中热裂解形成固相和气相两种产物，其中气相产物经冷却后形成生物油和不可冷凝气体，而固相产物即是焦炭。如图 3-16 所示，随着热裂解温度的升高，炭的产率减少，不可冷凝气产率增加，而生物油的产率先增加后降低。热裂解温度较低时，快速热裂解过程中气相产物的产率降低，焦炭产率增加，使生物油的产率降低。这主要是由于热裂解温度过低使生物质原料的大分子不能充分断裂，只是在键能比较小的部位断裂，产物中主要是气体和焦炭。相反，热裂解温度过高时，快速热裂解产物气相中的生物油部分在高温下继续裂解成小分子并生成不可冷凝气体、焦炭和二次生物油，从而使生物油产率降低。

一般来说，低温（300～400℃）、低加热速率和较长固相滞留时间的慢速热裂解主要用于最大限度地增加炭的产量，根据原料不同，炭的产率最高可达 70%。温度小于 600℃的常规热裂解过程中，采用中等加热速率，其生物油、不可冷凝气体和炭

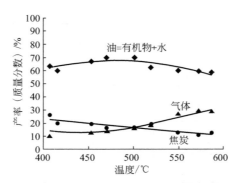

图 3-16　生物质热裂解所得有机液体、水、气体和炭产率随温度的变化情况[6]

的产率基本相同。中温（450～550℃）、极高的加热速率和极短的气相滞留时间下的快速热裂解主要用来增加生物油的产量，根据原料不同，生物油的产率最高可达75%～80%[6]。同样是极高加热速率的快速热裂解，若温度高于700℃则主要以气体产物为主，根据原料不同，气体产率可高达80%[49]。

Scott[50]采用流化床和携带床两种不同的反应器，以纤维素和枫木屑为原料进行了温度对快速热裂解影响的试验。在气相滞留时间为0.5s、热裂解温度为450～900℃的条件下，两种物料、两种反应器得到了较为一致的试验结果，即不论采用何种物料和何种反应器，如果生物质颗粒加热到预定温度的时间比固相滞留时间短得多，或在温度达到预定值之前生物质颗粒的失重率小于10%，那么对于给定的物料和给定的气相滞留时间，生物油、炭和不可冷凝气体的产率仅由热裂解温度来决定。

加拿大 Waterloo 大学的 Liden[51]采用流化床反应器，荷兰 Twente 大学和BTG 公司的 Wagenaar[52]采用旋转锥反应器，均进行了生物质快速热裂解温度对产物影响的试验，结果都表明随着热裂解温度的提高，炭的产率减少，不可冷凝气体的产率增大，而生物油的产率则有一个明显的极值点，当热裂解温度为500℃左右时生物油的产率达到最大。

山东理工大学易维明等[53]在不同反应温度、不同反应器床料的情况下，进行了生物质快速热裂解规律的试验研究，研究表明：以玉米秸秆粉为原料，分别以石英砂、高铝矾土和白云石作为流化床床料，生物油收集率都先随温度的升高而增大，当温度升高到一定值后随温度的上升而下降。生物油最大收集率对应的温度都在500℃附近；残炭收集率随温度升高呈下降趋势（见图 3-17）。

3.4.2　升温速率的影响

升温速率一般对热裂解有正反两方面的影响。升温速率增加，物料颗粒达到热裂解所需温度的响应时间变短，有利于热裂解，但同时颗粒内外的温差变大，由于

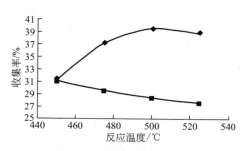

图 3-17　热裂解温度对产物收集率的影响
◆生物油收集率；■残炭收集率

传热滞后效应会影响内部热裂解的进行。随着升温速率的增大，物料失重和失重速率曲线均向高温区移动。热裂解速率和热裂解特征温度（热裂解起始温度、热裂解速率最快的温度、热裂解终止温度）均随升温速率的提高呈线性增长[54]。相反，升温速率小，木质生物质颗粒内部温度不能很快达到预定的热裂解温度，使其内部在低温段停留时间长，有利于焦炭的产生。低温下纤维素、半纤维素和木质素分子上较弱的氧桥键和苯环上的支链发生断开的概率增加，使自由基能够很容易地发生平行和顺序的缩聚反应，形成稳定的碳骨架结构，所以焦炭产率提高，并由此造成生物油产率下降。采用传统热裂解方法来制备生物炭的时候，通常是在很慢的加热速率（0.01~2℃/s）、相对较低的反应温度（<500℃）和相对较长的固相和气相滞留时间（气相滞留时间大于 5s，固相滞留时间长达几分钟甚至几天），原料在这样的条件下经历慢速降解以及二次裂解和聚合，从而生成炭产物。而采用快速热裂解来制备生物油时，为使生物油的产率高，升温速率一般为 $10^2 \sim 10^4$℃/s。总的来说，升温速率对生物油产率的影响程度不如热裂解温度对生物油产率的影响程度大[55]。

3.4.3　滞留时间的影响

滞留时间在生物质热裂解反应中有固相滞留时间和气相滞留时间之分。固相滞留时间越短，热裂解的固态产物所占的比例就越小，热裂解越完全。给定的温度和升温速率条件下，固相滞留时间越短，热裂解所得产物中的固相产物越少，气相产物的产率越大。气相滞留时间一般并不影响生物质的一次裂解反应进程，而只影响到液态产物中的生物油发生二次裂解反应的进程。在生物质快速热裂解过程中，固体颗粒因化学键断裂而分解，但分解初始阶段形成的产物很可能不完全是挥发分，经附加断裂后再进一步生成挥发分。当生物质热裂解产物中的一次产物进入围绕生物质颗粒的气相中，生物油就会发生进一步的裂化反应，在炽热的反应器中，气相滞留时间越长，生物油的二次裂解发生得就越严重，导致液态产物迅速减少，气体产物增加[54]。所以，为了获得最大生物油产率，在生物质热裂解过程中产生的气相产物和固体焦炭都应迅速离开反应器以减少生物油进一步裂化。气相滞留时间是获得最大生物油产率的一个关键参数，一般不能超过 2s。

荷兰 BTG（2003）研究发现，虽然气相滞留时间的长短对生物质快速热裂解产物尤其是生物油的产率有很大影响，但只要气相滞留时间能够控制在 2s 以内，其影响程度不足以作为热裂解液化装置设计的首要评价指标，即不应过分追求短的气相滞留时间而不考虑热裂解反应器的制作难度。山东理工大学清洁能源中心试验结果也表明，只要将气相滞留时间控制在 2s 以内，其对热裂解生物油产率和组成的影响与温度相比可以忽略不计。

山东理工大学李志合等[46] 通过试验研究得出：在同一温度下，生物质的挥发分随滞留时间的延长而增大，直到挥发完全为止，因为在生物质完全挥发之前，滞留时间的延长会使未挥发分继续挥发。山东理工大学李志合等[56] 为研究固体热载体加热条件下生物质的热裂解挥发特性，在一竖直下降管模拟试验台上，利用粒子图像测速技术对陶瓷颗粒与生物质粉的混合流动规律进行了试验研究，分析了生物质颗粒在下降管内停留时间的计算方法：

$$t_b = \frac{h_1}{u_1} + \frac{h_2}{u_2} \qquad (3\text{-}2)$$

式中　h——平均反应管长；

　　　u——生物质颗粒在下降管中流动的特征速度，m/s，一般取值 0.765m/s。

山东理工大学易维明等[48] 对玉米秸秆闪速热裂解规律进行了研究，结果如表 3-12 所列。在同一温度下，随着停留时间的增加，挥发分析出百分比也会升高。出现上述变化趋势，主要是因为在生物质未充分热裂解之前，随着停留时间的增加，玉米秸原料可以在一定程度上进一步热裂解。而且，只要停留时间足够长，在各反应温度条件下都可以达到最终挥发量 80%。

表 3-12　玉米秸秆试验工况和试验结果

工况号	反应温度/K	收集管与生物质出口距离/mm	挥发时间 t/s	挥发结果/%
1	800	200	0.128	44.73
2	800	250	0.160	51.13
3	800	300	0.192	54.69
4	800	350	0.224	59.66
5	850	200	0.121	51.44
6	850	250	0.152	57.20
7	850	300	0.182	64.33
8	850	350	0.212	66.60
9	900	200	0.114	63.07
10	900	250	0.142	64.73
11	900	300	0.170	68.59
12	900	350	0.199	69.85

工况号	反应温度/K	收集管与生物质出口距离/mm	挥发时间 t/s	挥发结果/%
13	950	200	0.108	65.48
14	950	250	0.135	66.48
15	950	300	0.162	71.37
16	950	350	0.189	72.68

3.4.4　压力的影响

　　压力也会影响生物质的热裂解，尤其是二次热裂解反应。一般来说，压力是通过影响气相滞留时间来影响生物油的产率。较高的压力导致了较长的气相滞留时间，从而影响二次裂解反应，最终影响热裂解产物的分布。另外，随着压力的提高，生物质的活化能减小，且减小的趋势减缓。加压和常压相比，加压下生物质的热裂解速率有明显的提高，反应更激烈。然而，压力的升高降低了气相产物从颗粒内逃逸的速率，在颗粒内部发生二次裂解的概率加大，从而降低了生物油的产率。反之，在较低压力作用下，挥发分可以迅速从颗粒表面离开，从而限制了二次裂解的发生，使生物油产率得以提高。

　　山东理工大学刘焕卫等[57] 以玉米秸秆为原料，在自行设计的流化床上进行了裂解试验，研究表明：压差的增加即流化气量的增加使生物质裂解产物的停留时间减少，抑制了二次反应，使得生物油收集率增加。但是主气流继续增大就会把石英砂吹出流化床反应管，同时使生物质粉在反应管内的停留反应时间减少，使生物质不完全热裂解，导致生物油收集率下降。

3.4.5　物料性质的影响

　　生物质种类、粒径、含水率及灰分含量等特性对生物质热裂解行为和产物组成等都有着重要的影响。

3.4.5.1　生物质种类的影响

　　生物质主要由纤维素、半纤维素和木质素三组分组成。生物质种类不同，这三种成分的含量不同，热裂解产物的反应特征、产物组成和分布自然也不相同。纤维素是由 D-吡喃式葡萄糖单元通过以 β-糖苷键形成的氧桥键连接而成，氧桥键 C—O—C 与 C—C 键相比较弱，易断开而使纤维素分子发生解聚。因而，纤维素在快速热裂解时主要生成大量的气相产物（生物油和不可冷凝气体）和小部分焦炭。而半纤维素没有结晶区，都是无定形区，易受热分解，其热裂解产物主要是不可冷凝气体，也生成部分生物油和焦炭。木质素则是由苯基丙烷结构单元通过 C—O—C 和 C—C 连接而成的复杂的芳香族聚合物，分子结构中相对较弱的是连接单体的氧桥键和单体苯环上的侧链键，受热时易断开，形成活泼的含苯环自由基，且极易与其他分子或自由基发生缩合反应生成结构更为稳定的大分子，进而结炭。因此，木质素热裂解的产炭率要远远高于纤维素的产炭率[55]。

浙江大学王树荣等[58] 利用快速热裂解流化床，以花梨木、水曲柳、杉木、秸秆为原料，探讨了原料种类对生物油产率的影响，试验结果表明，不同的原料获得的生物油产率是不一样的，纤维素组分越高的物料，热裂解时就越容易挥发，液体产物的产率相应也就越高，见表 3-13。

表 3-13　不同原料制取生物油的效果比较

原料	反应温度/℃	原料粒径/μm	产率/%	干基热值/(MJ/kg)	生物油水分含量/%
水曲柳	550	74～154	40.2	234	34.5
杉木	550	74～154	53.9	18.4	36.2
花梨木	500	250～355	55.7	18.7	25.3
秸秆	500	154～250	33.7	18.2	55.7

3.4.5.2　颗粒粒径和形状的影响

木质生物质粒径的大小是影响升温速率的决定性因素。随着颗粒粒径的增大，传热速率就会降低，从而导致炭产率的增加和液体产率的减少。研究表明，粒径在 1mm 以下时，快速热裂解过程受反应动力学速率控制，而当粒径大于 1mm 时快速热裂解过程还同时受传热和传质过程控制，且此时粒径成为热传递的限制因素。这是因为当颗粒的粒径大于 1mm 时，由于热量是从颗粒外面向内部传递，颗粒表面的升温速率则远远大于颗粒中心的升温速率，这样在颗粒的中心发生低温解聚，固相炭的产量增大[55]。图 3-18 给出了颗粒粒径对热裂解产物分布的影响。当颗粒粒径＜300μm 时，颗粒粒径对热裂解产物分布的影响并不十分明显。

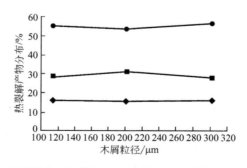

图 3-18　颗粒粒径对热裂解产物分布的影响（花梨木，500℃）[58]

●生物油；◆炭；■裂解气

方梦祥等[59] 研究了颗粒尺寸对热解产物分布的影响，如表 3-14 所列，发现与圆柱状颗粒相比，粉末状颗粒的产气率要高得多。

表 3-14   颗粒尺寸对热裂解产物分布（质量分数）的影响（750℃）

条目	圆柱状（粒径 2mm×长度 10mm）	粉末状（粒径 0.132mm）	产物产率相对变化
气体/%	34.1	46.3	+36.2
液体/%	33.8	31.9	-5.6
炭/%	32.2	21.8	-32.3
挥发分转化率/%	49.4	67.3	+36.2

注：+产物增加；-产物减少。

相同粒径的颗粒，当其形状分别呈粉末状、圆柱状和片状时，其颗粒中心温度达到充分热裂解温度所需的时间不同，三者相比，粉末状的颗粒所需时间最短，圆柱状的次之，片状的所需时间最长。但粉末状颗粒也有不利因素，因为粒径越小，析出的挥发物在穿过物料层时所遇到的阻力越大。实际控制过程取决于这两种因素的综合作用[54]。因此，在快速热裂解过程中，所采用物料粒径应尽可能小，以减少炭的生成量，从而提高生物油的产率。

3.4.5.3   含水率的影响

原料中的水分会影响热质传递，水分过高，木质生物质颗粒由于水分的蒸发而使颗粒的升温速率降低，从而使生物油产率降低。高含水率的生物质颗粒在流化床流化过程中易出现沟流、节涌现象，导致床层热裂解不均匀而降低生物油产率。

Chan[60] 研究了含水率、颗粒粒径和热通量对颗粒温度的影响，试验所用原料的含水率为 10%、60% 和 110%，结果发现，含水率增大使得热裂解反应开始发生的时间延后，最多可延后 150s，从而影响了颗粒的温度变化规律。颗粒开始的升温速率降低，在某一特定时间内的破碎率降低，最大可达 20%。这一切都是由于颗粒的加热过程被颗粒中水分的蒸发过程所阻碍，并且颗粒因此在较低的温度下发生热裂解反应。

原料含水率将影响生物油中的水分含量，水分的存在对生物油的理化特性都有影响，并可能会导致在液体萃取过程中出现油相和水相的分离。若要提高生物油的产率，其原料含水率一般应控制在 10% 以下[55]。

3.4.5.4   灰分的影响

生物质自身含有一定量的灰分，其中草本植物中灰分可高达 15%。这是由于生物质在生长过程中，需要摄取一些矿物质元素来满足自身的需要。灰分中主要含有碱/碱土金属元素，它们在生物质中有不同的存在形态，主要以盐或氧化物的形式存在于生物质机体内部。在生物质热裂解过程中，灰分能降低生物质的表观活化能，促进生物质在较低的温度区间分解，但同时会降低生物质的最大反应速率。研究表明，灰分能作为催化剂，促进生物质热裂解所得气体和固体的产率，降低液体产物的收率。而液体产物的组分也发生了变化，左旋葡聚糖的含量大大降低，而小分子氧化物如羟基乙醛、羟基丙酮等的含量增加[61,62]。这是由于灰分的存在，抑制了糖苷键的断裂及转糖苷反应，使得吡喃环以开环断裂反应为主。同时，灰分也能影响生物油的理化性质，如黏度、酸度和含水量等。总而言之，灰分在生物质热裂解过程中能起到催化剂的作用，改变了生物质的热裂解路径及产物分布，灰分的含量越少，生物油的产率越高；反之，焦炭的产率增加。

3.4.6　反应器类型的影响

根据加热方式、生物质在反应器内的流动方式可把快速热裂解反应器分为以下具有代表性的几类[55]。

① 由美国乔治亚理工学院（Georgia Institute of Technology，Atlanta，GA，U. S. A.）开发的携带床反应器。

② 由加拿大 ENSYN（Ensyn in Ottawa，Canada）开发的循环流化床反应器（upflowcirculating fluid bed reactor）。

③ 加拿大拉瓦尔大学（Laval University，Quebec Canada）开发的多层真空热解磨（multiple hearth reactor）。

④ 由美国 Colorado School of Mines（CSM）研制的裂解磨。

⑤ 由美国太阳能研究所 SERI（Solar Energy Research Institute，Golden，Co. U. S. A.）开发的蜗旋反应器（vortex reactor）。

⑥ 由荷兰屯特大学（University of Twente，Netherland）开发的旋转锥壳反应器（Rotating cone process）。

由于以上几类快速热解反应器的传热机理、结构以及原料的运动路径不同而导致了产油率不同（见表 3-15）。

表 3-15　五种热裂解液化装置性能对比

装置参数	类型①	类型②	类型③	类型④	类型⑤
温度/℃	500	550	450	625	600
压力/MPa	0.1	0.1	0.001	0.1	0.1
入料量/(kg/h)	50	50	30	30	12
粒径/mm	0.5	0.2	10	5	2
蒸汽停留时间/s	1.0	0.4	3	1	2
固体停留时间/s	1.0	0.4	100	—	0.5
产气率(质量分数)/%	30	25	14	35	20
产液率(质量分数)/%	60	65	65	55	70
产炭率(质量分数)/%	10	10	21	10	10

热裂解反应器的类型和传热传质方式直接影响生物油的产率。生物质在反应器内合适的流动方式、较高的热质传递速率、床层温度的均匀分布、准确的温度控制、热裂解反应器的类型和传热传质方式直接影响生物油的产率。为了提高生物油的产率，应以传热效率高、气相滞留时间短、物料受热均匀的反应器为首选。

参考文献

［1］　谭洪. 生物质热裂解机理试验研究［D］. 杭州：浙江大学，2005.

［2］　张巍巍，陈雪莉，于遵宏. 生物质慢速热解工艺的新探讨［J］. 环境科学与技术，2008，（02）：38-42.

［3］　宋成芳. 生物质催化热解炭化的试验研究与机理分析［D］. 杭州：浙江工业大学，2013.

［4］　何绪生，耿增超，佘雕，等. 生物炭生产与农用的意义及国内外动态［J］. 农业工程学报，2011，（02）：1-7.

［5］　Bridgwater A V, Cottam M L. Opportunities for Biomass Pyrolysis Liquids Production and Upgrading［J］. Energy & Fuels, 1992, 6（2）：113-120.

［6］　Bridgwater A V, Meier D, Radlein D. An overview of fast pyrolysis of biomass［J］. Organic Geochemistry, 1999, 30（12）：1479-1493.

［7］　许洁，颜涌捷，李文志，等. 生物质裂解机理和模型（I）：生物质裂解机理和工艺模式［J］. 化学与生物工程，2007，24（12）：1-4.

［8］　沈丰菊，王丽红，易维明. 松木慢速热解影响因素的实验研究［J］. 生物质化学工程，2010，44（1）：19-21.

［9］　Williams P T, Besler S. The influence of temperature and heating rate on the slow pyrolysis of biomass［J］. Renewable Energy, 1996, 7（3）：233-250.

［10］　Özbay N, Pütün A E, Uzun B B, et al. Biocrude from biomass pyrolysis of cottonseed cake［J］. Renewable Energy, 2001, 24：615-625.

［11］　Pütün A E, Özcan A, Gercel H F, et al. Production of biocrudes from biomass in a fixed-bed tubular reactor product yields and compositions［J］. Fuel, 2001, 80：1371-1378.

［12］　Beis S H, Önay Ö, Kockar ÖM. Fixed-bed pyrolysis of safflower seed influence of pyrolysis parameters on product yields and compositions［J］. Renewable Energy, 2002, 26：21-32.

［13］　Onay O, Mete K O. Fixed-bed pyrolysis of rapeseed（Brassica napus L.）［J］. Biomass and Bioenergy, 2004, 26（3）：289-299.

［14］　Ronsse F, Hecke S, Dickinson D, et al. Production and characterization of slow pyrolysis biochar: influence of feedstock type and pyrolysis conditions［J］. Global Change Biology Bioenergy, 2013, 5（2）：104-115.

［15］　袁权. 能源化学进展［M］. 北京：化学工业出版社，2005.

［16］　曾其良，王述洋，徐凯宏. 典型生物质快速热解工艺流程及其性能评价［J］. 森林工程，2008，24（3）：47-50.

［17］　杨坦坦. 玉米秸秆粉快速热裂解反应条件对生物油成分影响规律的研究［D］. 淄博：山东理工大学，2014.

［18］　朱锡锋. 生物质热解原理与技术［M］. 北京：科学出版社，2014.

［19］　Dong C, Zhang Z, Lu Q, et al. Characteristics and mechanism study of analytical fast pyrolysis of poplar wood［J］. Energy Conversion and Management, 2012, 57：49-59.

［20］　Jiang G, Nowakowski D J, Bridgwater A V. Effect of the Temperature on the Composition of Lignin Pyrolysis Products［J］. Energy Fuels, 2010, 24（8）：4470-4475.

［21］　Hosoya T, Kawamoto H, Saka S. Secondary reactions of lignin-derived primary tar components［J］. Journal of Analytical & Applied Pyrolysis, 2008, 83（1）：78-87.

［22］ Horne P, Williams P. Influence of temperature on the products from the flash pyrolysis of biomass ［J］. Fuel, 1996, 75（9）: 1051-1059.

［23］ Encinar J, Beltrán F, Bernalte A, et al. Pyrolysis of two agricultural residues: Olive and grape bagasse. Influence of particle size and temperature ［J］. Biomass and Bioenergy, 1996, 11（5）: 397-409.

［24］ 刘荣厚, 王华. 生物质快速热裂解反应温度对生物油产率及特性的影响 ［J］. 农业工程学报, 2006,（06）: 138-143.

［25］ 王琦, 骆仲泱, 王树荣, 等. 生物质快速热裂解制取高品位液体燃料 ［J］. 浙江大学学报（工学版）, 2010,（05）: 988-990.

［26］ 王鹏起, 常建民, 王雨, 等. 落叶松木材生物油组分分析和表征 ［J］. 农业工程学报, 2010, 26（S2）: 269-273.

［27］ 王娜娜. 闪速加热条件下低灰分生物质热解挥发特性的研究 ［D］. 淄博: 山东理工大学, 2006.

［28］ 宋春财, 胡浩权, 等. 秸秆及其主要组分的催化热解及动力学研究 ［J］. 煤炭转化, 2003,（3）: 91-97.

［29］ Kilzer F J, Broido A. Speculations on the Nature of Cellulose Pyrolysis ［J］. Pyrodynamics, 1965, 2: 151-163.

［30］ Bridgeman T G, Darvell L I, Jones J M, et al. Influence of particle size on the analytical and chemical properties of two energy crops ［J］. Fuel, 2007, 86（1）: 60-72.

［31］ 任铮伟, 徐清, 陈明强, 等. 流化床生物质快速裂解制液体燃料 ［J］. 太阳能学报, 2002（04）: 462-466.

［32］ 崔亚兵, 陈晓平, 顾利锋. 常压及加压条件下生物质热解特性的热重研究 ［J］. 锅炉技术, 2004,（04）: 12-15.

［33］ 吴创之, 马隆龙. 生物质能现代化利用技术 ［M］. 北京: 化学工业出版社, 2003.

［34］ 王祥, 李志合, 李艳美, 等. 新型下降管生物质热裂解液化装置的试验研究 ［J］. 农机化研究, 2015,（8）: 230-233.

［35］ 崔喜彬, 李志合, 易维明, 等. 下降管式生物质快速热解反应器温度场控制与检测 ［J］. 农业机械学报, 2010,（S1）: 133-136.

［36］ 易维明, 王丽红, 柏雪源, 等. 层流炉气流温度的检测与控制 ［J］. 可再生能源, 2004,（3）: 15-17.

［37］ 易维明, 柏雪源, 李志合, 等. 玉米秸秆粉末闪速加热挥发特性的研究 ［J］. 农业工程学报, 2004,（06）: 246-250.

［38］ 王丽红, 柏雪源, 易维明. 生物质热解挥发特性的实验研究 ［J］. 山东理工大学学报（自然科学版）, 2003, 17（5）: 25-28.

［39］ 柏雪源, 易维明, 王丽红, 等. 玉米秸秆在等离子体加热流化床上的快速热解液化研究 ［J］. 农业工程学报, 2005, 21（12）: 127-130.

［40］ 易维明, 何芳, 李永军, 等. 利用热等离子体进行生物质液化过程的研究 ［J］. 中国太阳能学会生物质能专业委员会, 2001: 48-53.

［41］ 姚福生, 易维明, 柏雪源, 等. 生物质快速热解液化技术 ［J］. 中国工程科学, 2001, 3（4）: 63-67.

［42］ 王丽红. 生物质闪速热解挥发特性的研究与生物油的组分分析 ［D］. 山东理工大学, 2004.

［43］ 易维明, 柏雪源, 李志合, 等. 利用层流炉研究玉米秸秆粉末的快速热解特性 ［J］. 可

再生能源，2003，（05）：7-11.

[44]　柳善建，易维明，柏雪源，等. 流化床生物质快速热裂解试验及生物油分析［J］. 农业工程学报，2009，（01）：203-207.

[45]　刘仁平，金保升，仲兆平，等. 循环流化床燃烧棉秆两种床料的特性［J］. 东南大学学报（自然科学版），2007，37（3）：441-445.

[46]　李志合，易维明，高巧春，等. 生物质组分及温度对闪速热解挥发分的影响［J］. 燃料化学学报，2005（04）：502-505.

[47]　孔凡霞，李志合，柏雪源，等. 生物质闪速热解挥发与温度的关系［J］. 山东理工大学学报（自然科学版），2005（02）：14-17.

[48]　修双宁，易维明，李保明. 秸秆类生物质闪速热解规律［J］. 太阳能学报，2005（04）：538-542.

[49]　朱锡锋，郑冀鲁，陆强，等. 生物质热解液化装置研制与试验研究［J］. 中国工程科学，2006（10）：89-93.

[50]　Scott D S, Piskorz J, Bergougnou M A, et al. The Role of Temperature in the Fast Pyrolysis of Cellulose and Wood［J］. Ind Eng Chem Res, 1988, 27: 8-15.

[51]　Liden A G, Berruti F, Scott D S. A Kinetic Model for the Production of Liquids from the Flash Pyrolysis of Biomass［J］. Chemical Engineering Communications, 1988, 65（1）: 207-221.

[52]　Wagenaar B M, Prins W, Swaaij W P M. Pyrolysis of biomass in the rotating cone reactor: modelling and experimental justification［J］. Chemical Engineering Science, 1994, 49（24）: 5109-5126.

[53]　易维明，柳善建，毕冬梅，等. 温度及流化床床料对生物质热裂解产物分布的影响［J］. 太阳能学报，2011（01）：25-29.

[54]　马承荣，肖波，杨家宽，等. 生物质热解影响因素研究［J］. 环境生物技术，2005，10（3）：10-12.

[55]　杜洪双，常建民，王鹏起，等. 木质生物质快速热解生物油产率影响因素分析［J］. 林业机械与木工设备，2007，35（3）：16-20.

[56]　李志合，易维明，高巧春，等. 固体热载体加热生物质的闪速热解特性［J］. 农业机械学报，2012（08）：116-120.

[57]　刘焕卫，易维明，柳善建，等. 流化床热裂解影响因素的研究［J］. 农机化研究，2007（09）：137-139.

[58]　王树荣，骆仲泱，董良杰，等. 生物质闪速热裂解制取生物油的试验研究［J］. 太阳能学报，2002（01）：4-10.

[59]　方梦祥，陈冠益，骆仲泱，等. 反应条件对稻秆热解产物分布的影响［J］. 燃料化学学报，1998，26（2）：180-184.

[60]　Chan W R, Kelbon M, Krieger-Brockett B. Single-particle biomass pyrolysis: correlations of reaction products with process conditions［J］.Ind. Eng. Chem. Res. 1988, 27: 2261-2275.

[61]　Hu S, Jiang L, Wang Y, et al. Effects of inherent alkali and alkaline earth metallic species on biomass pyrolysis at different temperatures［J］. Bioresour Technol, 2015, 192: 23-30.

[62]　Patwardhan P R, Satrio J A, Brown R C, et al. Influence of inorganic salts on the primary pyrolysis products of cellulose［J］. Bioresour Technol, 2010, 101（12）: 4646-4655.

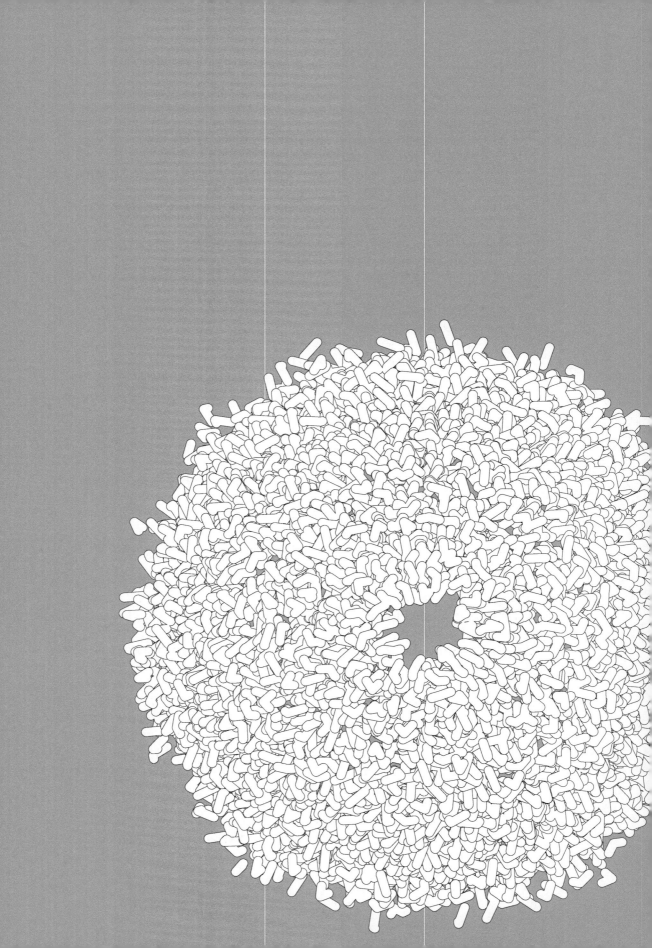

第
4
章

生物质热裂解气化
工艺及主要设备

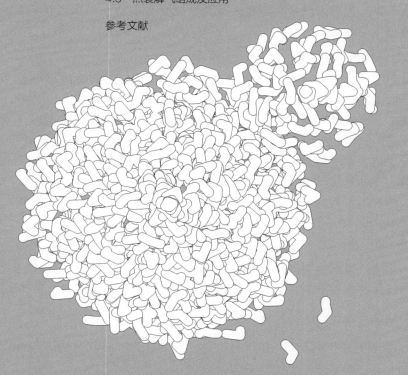

4.1 热裂解气化原理与工艺

4.1.1 热裂解气化原理

生物质热裂解气化是在一定的热力学条件下，利用空气（或者氧气）、水蒸气使生物质发生热裂解、氧化、还原重整等一系列反应，最终转化为一氧化碳、氢气、低分子烃类等可燃气体的过程。根据气化介质的不同，气化反应可以分为空气气化、水蒸气气化、水蒸气-氧气气化、空气-蒸汽气化以及富氧气化等[1,2]。

4.1.2 热裂解气化工艺

生物质热裂解气化工艺主要包含物料干燥、热裂解挥发分析出、气固反应和气气反应四部分[3]。

4.1.2.1 物料干燥

生物质内一般含有20%～50%的水分。如果生物质含水率太高，会造成气化过程中热负荷高，因此在进行气化之前要对生物质进行干燥预处理，降低含水率。由于在干燥过程中，热量从颗粒表面传导到颗粒中心，因此当颗粒粒径过大时，会造成热传导的延迟。

4.1.2.2 热裂解挥发分析出

热裂解过程中，生物质在高温缺氧环境下会发生快速热分解。虽然生物质在225℃的低温环境下会发生部分热分解，但是快速完全的热分解是在400～500℃之间完成的。产生的挥发分主要包含生物质脱水形成的水分，小分子不可冷凝气体（一氧化碳，二氧化碳，氢气和小分子烃类），可冷凝大分子有机物和多孔残炭。可冷凝大分子包含脱水糖类、高含氧量的化合物（通过纤维素和半纤维素分解）和酚类物质及一些低聚物（通过木质素分解）。高温环境下，这些大分子可进一步裂解成小分子，或发生缩聚反应，形成分子量更大的多环芳烃（焦油的重要组分）。通过热裂解反应可以将80%的生物质转化为挥发分和不凝气[4]。

4.1.2.3 气固反应

生物质发生热裂解之后，固体炭和进入气化炉的氧气/蒸汽以及热裂解过程中产生的气体和挥发分发生反应。固体炭转化成气体主要发生如下四种反应[3]：

碳氧反应：$C + \frac{1}{2}O_2 \rightleftharpoons CO \quad \Delta H_R = -123.0 MJ/kmol$ （4-1）

Boudouard 反应：$C + CO_2 \rightleftharpoons 2CO \quad \Delta H_R = -162.14 MJ/kmol$ （4-2）

碳水反应：$C+H_2O \Longleftrightarrow H_2+CO \quad \Delta H_R=181.6MJ/kmol$　　　　　　(4-3)

氢化反应：$C+2H_2 \Longleftrightarrow CH_4 \quad \Delta H_R=-752.4MJ/kmol$　　　　　　(4-4)

高发热量的碳-氧反应［式(4-1)］是推动生物质干燥和热裂解自发进行重要的热量来源，同时也是 Boudouard ［式(4-2)］和碳水反应［式(4-3)］的热量来源。氢化反应［式(4-4)］也为吸热过程提供热量，但是由于气化过程中氢气浓度较低，产生的热量较少，对碳氧反应提供的热量较少。如果气化过程中达到化学反应平衡，所有的炭都会转化成气体产物。在实际气化过程中，由于高温环境下的炭和气体接触时间较短，不足以达到化学反应平衡，因此有约 10% 的生物质转化成焦炭。

4.1.2.4　气气反应

在高温区域内，挥发分滞留足够长的时间，会发生气相反应。其中，水气反应［式(4-5)］和甲烷化反应［式(4-6)］决定了最终的气体成分[4]。水气转化反应对于增加氢气浓度有着重要作用，而甲烷化反应对增加合成气中甲烷浓度有着重要作用。两种反应均为放热反应，意味着反应可以在较低的温度下进行。但是低温降低了这些反应速率。通过增加蒸汽可以提高氢气的生成；而提高氢气的压力可以增加甲烷的生成。

水气转化反应：$CO+H_2O \Longleftrightarrow H_2+CO_2 \quad \Delta H_R=-43.51MJ/kmol$　　(4-5)

甲烷化反应：$CO+3H_2 \Longleftrightarrow CH_4+H_2O \quad \Delta H_R=-2035.66MJ/kmol$　　(4-6)

4.2　生物质预处理及进料系统

生物质属于导热不良材料，而在热裂解气化过程中其传热特性，决定了热裂解效率以及产品的品质[5]。生物质自身形成的特殊的组织结构影响了热裂解的进程，造成气体产率的降低。根据不同的反应工艺流程，选取合适粒径的原料[6]（2mm～2cm）既有利于提高传热传质效率、提高液体产物产率，也有利于后期气固分离、降低后续加工处理的难度。生物质未经任何处理的材料含水量都在 10%（质量分数，下同）以上，同时生物质主要由纤维素（25%～50%）、半纤维素（15%～40%）、木质素（10%～40%）、可提取物（0～15%）以及少量的无机盐类物质[7,8]组成。有研究表明[9]：生物质可提取物以及金属盐类的存在，在热裂解过程中发生交互反应从而改变了产物的产率以及组成。因此需要通过一定的预处理方式，以有效降低其含水量，去除无机杂质以及可提取物，同时打破壁垒结构，提高热裂解的效率。目前，生物质原料预处理方法主要包含物理预处理、热预处理、化学预处理以及生物预处理[10]。

其原料预处理设备主要是将生物质进行破碎干燥成粒径和含水率合适的原料。虽然颗粒粒径越小，其传热传质效率越高，但会增加加工成本及后续操作难度，因此需要根据设备需求选择合适粒径的颗粒。原料破碎装置主要是各种类型的生物质粉碎机，常用的干燥设备有振动式烘干机、回转式烘干机、带式烘干机等。

4.2.1 物理预处理

采用机械方式（如锤片粉碎机、球磨式粉碎机以及高速刀片式粉碎机）可以有效降低生物质的颗粒粒径，为后续的进料以及热裂解提供保障。

由于生物质存在体积大、密度低的特点，造成了前期收储运等一系列问题，因此通过挤压成型的方式可以大大提高其单位体积能量密度，同时降低其内部含水量。有研究表明[11]：挤压颗粒热裂解过程中可以产生更高的 CO、H_2 含量，而 CO_2 含量降低，其气体热值可达 $14 \sim 15MJ/m^3$。

4.2.2 热预处理

目前有较多已经工业化应用的干燥器，按类型分主要有空气干燥器、烟气干燥器和蒸汽干燥器。其中空气干燥器采用额外的热源对空气进行加热，然后对履带上的生物质进行加热脱水。热烟气干燥主要是通过前期燃烧经换热后尚有余温的热烟气进行加热，通常热烟气温度可达 $150 \sim 200℃$，利用热裂解产生的余热对生物质进行热处理，既可以提高能量的利用效率，又实现了对生物质中水分的脱除，该方式可以最大限度利用热量。蒸汽干燥主要是利用高压蒸汽的气化潜热，生物质通过螺旋喂料器送入干燥器，通过蒸汽携带进行热量传递，进而使得生物质内部水分蒸发，蒸汽压力达 18bar（$1bar = 10^5 Pa$）[12]。当热处理温度达到 $200 \sim 300℃$ 时该种方式为烘焙预处理，该过程水分被完全去除，同时会伴随 CO_2、CO、乙酸以及左旋葡聚糖的产生。烘焙后生物质具有更高的能量密度，较好的易磨性、吸水性，着火点更高，具有更好的流动性易于喂料[13,14]。

4.2.3 化学预处理

生物质中存在的碱及碱土金属盐类物质在高温条件下具有较强的催化作用和迁移特性，从而会严重影响产物组分；同时会在反应器及管道沉积，造成设备的结渣和腐蚀。通过简单的水洗可以去除收储运过程中生物质表面的泥土以及其表面的盐类物质。而生物质组织中的盐类物质需要通过盐酸、硝酸或氢氟酸进行洗涤，灰分含量明显降低[15]。

4.2.4　生物预处理

　　与化学预处理相比，生物预处理方法相对缓慢，但其耗能低且环境友好性强。有研究表明白腐真菌具有较好的木质素降解选择性[16,17]。微生物可以用来预处理生物质以提高气体成分产出，通过选取自然环境中存在的微生物来降解纤维素和半纤维素可使得甲烷产率达到 100%；酶水解作为一种有效的木质素降解前处理手段已经被广泛应用，经热裂解后炭的孔道明显增加[18]。

4.2.5　喂料系统

　　目前，生物质经过预处理和干燥后采用螺旋推进形式进行喂料。其具有结构简单、对物料的适应性强、工作性能稳定可靠的优点。但其喂料桶中需要专门的搅拌机构防止物料搭桥现象产生。但这增加了传动机构，使得喂料机密封困难。况且由于螺旋输送轴转速较慢，物料容易在喂料器出口（反应装置入口）处造成纤维软化结团，堵塞后续物料的输送。

　　White 等[19] 根据塑料挤压的理论模型研制了一种生物质粉挤压喂料装置，他们还对喂料器在不同流量和压力下的工作特性进行了研究。Dai 等[20] 研制了一种螺旋喂料器，对已有的模型进行了完善，针对生物质粉潮湿、易堵以及物料的不均匀性进行了喂料的机械阻力和扭矩的研究。山东理工大学在流化床上使用了双螺旋喂料器，发现双螺旋喂料器具有喂料准确、稳定的优点[21]；并根据生物质具有易勾连搭桥的缺点，研发了一种旋转刮刀式生物质喂料器[22]；通过调整旋转刮刀的转速、角度以及数量来实现对物料的精准控制，应用于流化床热裂解反应器，取得了较好的效果。

4.3　气化炉种类及其特点

　　我国生物质气化技术的研究始于 20 世纪 70 年代，经过多年研究已经取得了一定的成果。尤其是循环流化床气化发电系统，由于该系统有比较好的经济性，在我国推广很快，已经是国际上应用最多的中型生物质气化发电系统。

　　气化炉是整个气化反应系统中的核心设备，其结构和工作原理决定了气化质量及效率的高低。生物质气化炉主要分为流化床和固定床气化炉两大类。其中，根据气流方向和流化形式的不同，流化床和固定床气化炉还可以分为多种形式（图 4-1）[23,24]。

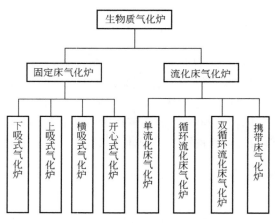

图 4-1　生物质气化炉分类

表 4-1 中是我国已经形成一定规模的生物质气化技术及应用现状[25,26]。其中直径 600mm 的下吸式气化炉用于木材烘干及稻壳气化发电等均已推广 100 台以上。生物质气化几种供气系统则已在全国 400 多个村庄应用，使农村居民用上了管道燃气；循环流化床气化装置使气化炉生产强度突破 2000kg/(m²·h)，这种装置适用于中等规模的供热、供气和发电系统，目前已经有 30 多个企业和农场以木粉和稻壳等为原料使用该技术用于供热和发电。中国生物质气化发电技术有一定的特色，应用也比较广泛。其中生物质 IGCC 示范系统正在建设之中，装机容量为 4～6MW。

表 4-1　中国生物质气化技术应用现状

类型	气化炉直径 /mm	生产强度 /[kg/(m²·h)]	功率 /(MJ/h)	应用情况	研究单位
上吸式	1100	240	2.9	生产供热	广州能源所
	1000	180	1.6	锅炉供热	南京林业化学所
下吸式	400	200	0.3	发电(10kW)	中国农业机械研究院
	600	200	0.66	木材烘干	中国农业机械研究院
	900	200	1.49	锅炉供气	中国农业机械研究院
	600	200	0.66	生活用气	山东能源所
	500	510	0.92	生活用气	辽宁能源所
	300	637	0.9	发电(30kW)	辽宁能源所
层式下吸式	200	150	160kW	发电	商业部等
	1100	150	60kW	发电	江苏省粮食局
	200	398	2～5kW	发电	广州能源所
内循环流化床	2000×400	1000	160kW	发电	辽宁能源所
循环流化床	400	2000	4.2	锅炉供气	广州能源所
	1350	2800	1000kW	供热、发电	广州能源所
循环流化床中热值气化装置	150	2000	0.67	生活供气	广州能源所

生物质气化技术在我国的研究应用主要有以下 3 个特点：

① 气化炉采用特殊设计，适用于多种生物质原料，能最大限度利用当地的农、林废弃物资源，化害为利，有利于环保。

② 在功能上，适应多种用户需求，包括烘干、加热、供暖等热利用和发电动力应用以及村镇集中供气的燃料使用。

③ 气化炉结构简单，以空气气化为主，适合我国国情。

4.3.1　固定床气化炉

固定床气化炉，是指气流在通过物料层时物料相对气流来说处于静止状态。一般情况下，固定床气化炉适用于物料为块状或大颗粒原料。

固定床气化炉具有以下优点[27]：

① 结构简单，制作方便；

② 具有较高的热效率。

但同时固定床气化炉也存在一定的问题：

① 物料堆积，内部传热传质过程复杂，难以控制；

② 内部物质容易搭桥形成空腔；

③ 处理量较小。

根据生物质燃料及气化剂（空气或水蒸气）的运动方向，固定床气化炉又可以分为下吸式气化炉、上吸式气化炉、横吸式气化炉和开心式气化炉四种（图 4-2）[28]。

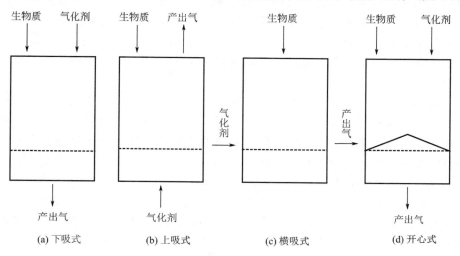

图 4-2　固定床气化炉原理

4.3.1.1　下吸式气化炉

下吸式气化炉主要由内胆、外腔和灰室组成。内胆又分为储料区及喉管区。储料区即物料预处理区，而喉管区则是气化反应区。储料区的容积及喉管区直径和高度是气化炉设计的重要参数，直接影响气化效果。气化炉的上部留有加料口，物料直接进入储料区，气化炉的下部是灰室，灰室及喉管区之间设有炉栅，反应后的灰分及没有完全反应的炭颗粒经炉栅落进灰室，灰可定期排出。在内胆和外壁之间形成的外腔实际上是产出气体的流动通道，在可燃热气排出时，与进入风室的气化剂和气化炉储料区内的物料进行热交换。一般来说，下吸式气化炉的进风喷嘴设在喉管区的中部偏上位置。气化过程中气化剂的供给是靠系统后端的容积式风机或发电机的抽力实现的，大多数下吸式气化炉都在微负压的条件下运行，进风量可以调整。

进入气化炉内的生物质最初在物料的最上层的干燥区内，在这里受外腔里的热气体及内胆里热气体的热辐射，吸收热量，蒸发出生物质内的水分，变成干物料。之后随着物料的消耗向下移动进入裂解区，由于裂解区的温度高，达到了挥发分逸出温度，因而生物质开始裂解，挥发分气体开始产生，干生物质逐渐分解为炭、挥发分及焦油等。生成的炭随着物料的消耗而继续下移落入氧化区。在氧化区，有裂解区生成的炭与气化剂中的氧进行燃烧反应生成二氧化碳、一氧化碳，并放出大量的热；这些能量保证了生物质气化全过程的顺利进行。没有在反应中消耗掉的炭继续下移进入还原区。在裂解区和氧化区形成的二氧化碳发生还原反应生成一氧化碳；炭还与水蒸气反应生成氢气和一氧化碳，灰渣则排入灰室中。还原区的温度为 800℃，氧化区温度达到 1100℃，裂解区温度为 500～700℃，而干燥区温度为 300℃左右。

在下吸式气化炉中，气流是向下流动的，通过炉栅进入外腔。因而在干燥区生成的水蒸气，在裂解区分解出的二氧化碳、一氧化碳、氢气、焦油等热气流向下流经气化区。在气化区发生氧化还原反应。同时由于氧化区的温度高，焦油在通过该区时发生裂解，变为可燃气体。因而，下吸式气化炉产出的可燃气热值相对高一些，而焦油含量相对低一些。通过这一系列化学反应过程，固体生物质就变成了生物质燃气。

喉部设计是下吸式气化炉一个显著的特点，一般由孔板或缩径来形成喉部。由喷嘴进入喉部附近形成高温区，即氧化区。而在离喷嘴稍远的区域，即喉部的下部和中心，已没有氧气存在，炽热的炭和裂解区形成的热气在该区进行还原反应，部分焦油也在喉部的高温区和还原区发生裂解反应。由于喉部的截面变小，而且在该区域又有大量气体产生，因此，该区域气体流速加大，并且阻力也增加。

下吸式气化炉的最大特点在于其下吸流动方式，水蒸气、热裂解气、焦油等产物都经过氧化层和还原层。这种方式有利于焦油分解为可燃气体以及水参与反应形成 CO、CH_4、H_2 等可燃成分。该类型气化炉结构简单，有效层高度基本不变，运行稳定性良好。负压操作可随时打开填料盖，操作方便。运行可靠，燃气焦油含量较低。但由于气流下行方向与热气流升力相反，使风机功耗增大；可燃气经过灰层和储灰室吸出，灰分较高；气体经过高温层流出，出炉温度较高。因此不适于水分含量大、灰分高且易熔结的物料。

4.3.1.2　上吸式气化炉

一般由钢板内衬耐火砖或耐火水泥而做成直立桶状。顶部物料靠自重下行，炉栅支撑燃料，灰分与炭渣等落入灰室定期排出。上吸式固定床气化炉的物料由气化炉顶部加入，气化剂（空气）由炉底部经过炉栅进入气化炉，产出的燃气通过气化炉内的各个反应区，从气化炉上部排出。在上吸式气化炉中，气流流动方向与向下移动的物料运动方向相反，向下流动的生物质原料被向上流动的热气体烘干脱去水分，干生物质进入裂解区后得到更多的热量，发生裂解反应，析出挥发分。产生的炭进入还原区，与氧化区产生的热气体发生还原反应，生成一氧化碳和氢气等可燃气体。反应中没有消耗掉的炭进入氧化区，上吸式气化炉的氧化区在还原区的下面，位于最底部。其反应温度比下吸式气化炉要高一些，可达 1000～1200℃，炽热的炭与进入氧化区的空气发生气化反应，灰分则落入灰室。在氧化区、还原区、热裂解区和干燥区生成的混合气体，即生物质气化燃气，自下而上地向上流动，排出气化炉。上吸式气化炉的炉排设计有两种形式：一种是转动炉排；另一种是固定炉排。转动炉排有利于除灰，但是炉排的转动增加了密封难度。

一般情况下，上吸式气化炉在微正压下运行，气化剂（如空气）由鼓风机向气化炉内送入，气化炉负荷量也由进风量控制。由于气化炉的燃气出口与进料口的位置接近，为了防止燃气的泄漏，必须采取特殊的密封措施，进料也采取间接的进料方式，运行时将上部密封，炉内原料用完后停炉加料。如果需要连续运行，需要采用复杂的进料装置。上吸式气化炉原则上适用于各类生物质物料，但尤其适用于木材等堆密度较大的生物质物料。

该类型气化炉气化效率高，热裂解层与干燥层利用了还原反应后气体的余热；底层为氧化层，利于固体燃料完全燃烧，同时产生的燃气热值高。但由于在裂解区产生的焦油没有通过气化区而直接混入可燃气体排出，这样产出的气体中焦油含量较高，且不易净化。

4.3.1.3　横吸式气化炉

生物质原料从气化炉顶部加入，灰分落入下部的灰室。横吸式气化炉的不同之处在于它的气化气由侧向提供，产出气体从对侧流出。气流横向通过氧化区，在氧化区及还原区进行热化学反应。反应过程同其他气化炉反应器相同，但是反应温度很高，容易使灰熔化造成结渣。因此，该类型反应器适合低灰分生物质，如木炭和焦炭等。

横吸式气化炉的主要特点是有一个高温燃烧区。它通过一个喷嘴的高速、集中鼓风实现。进风管需要用水或少量的风冷却。在高温燃烧区，温度可达 2000℃ 以上，高温区的大小由进风喷嘴的形状和进气速度决定，不宜太大或太小。而且横吸式气化炉对火焰长度和气体滞留时间非常敏感，火焰长度与进风喷嘴至燃气出口的距离有关；滞留时间与火焰长度和喷嘴风速有关。当出口气体热值达到最大值后，尽管增大火焰的长度，但是气体的热值反而降低，这是由于燃烧反应太多而减少了还原反应造成的。横吸式气化炉也已经投入商业运行。

4.3.1.4 开心式气化炉

开心式气化炉的结构和气化原理与下吸式气化炉类似，可以将其视为下吸式气化炉的一种特别形式。它以转动炉栅代替了高温喉管区，主要反应在炉栅上部的气化区进行。该炉结构简单，氧化还原区小，反应温度较低。开心式固定床气化炉是由我国研制，主要用于稻壳气化，并已投入商业运行多年。

4.3.2 流化床气化炉

流化床气化炉是唯一物料在恒温床上反应的气化炉。在流化床体内放入惰性介质（如砂子），气体从底部送入，通过改变送入气体流速，床体上的砂子会形成流化状态，热量通过床体热砂传递给生物质，在气化剂作用下生物质在反应器内发生燃烧和气化反应，形成可燃气，该类型气化炉具有反应速度快、产气率高的特点。

与固定床气化炉相比，流化床气化炉具有以下优点[29,30]：

① 流化床气化炉可以使用粒径很小的物料，对灰分含量要求也不高；

② 流化床的气化效率和气化强度都较高，其气化断面相对固定床要小很多；

③ 流化床的气化产气能力可在较大范围内波动，且产气效率稳定；

④ 流化床使用的燃料颗粒很细，传热面大，故换热效率很高，且气化反应温度不高，降低了床层结渣的可能性。

流化床气化炉存在的不足之处：

① 产出的气体显热损失大，用于自身气化的显热热量很少；

② 由于流化速度较高、燃料颗粒细，导致产出气体中的带出杂物较多；

③ 流化床要求床内燃料、温度分布均匀，运行控制和检测手段较为复杂。

流化床气化炉分为单床流化气化炉、循环流化床气化炉以及双循环流化床气化炉。

4.3.2.1 单流化床气化炉

单流化床气化炉是最简单的流化床气化炉。该种反应器只有一个流化床反应器，气化剂从底部气体分布板吹入，在流化床上同生物质原料进行气化反应，生成的气化气体直接由气化炉出口送入净化系统中，反应温度一般控制在800℃左右。单流化床气化炉流化速度较慢，比较适合于颗粒较大的生物质原料，而且一般情况下必须增加热载体（流化介质）。总的来说，单流化床气化存在着飞灰/夹带颗粒同时运行费用较大等问题，不适合于小型气化系统，只适合于大中型气化系统。

4.3.2.2 循环流化床气化炉

循环流化床气化炉的工作原理如图4-3所示。与单流化床气化炉的主要区别是，在气化气出口处，设有旋风分离器或袋式分离器，循环流化床流化速度较高，使产出的气体中含有大量固体颗粒。在经过了旋风分离器和袋式分离器后，通过料脚，使这些固体颗粒返回流化床，再重新进行气化反应。这样提高了炭的转化效率。循

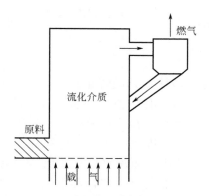

图 4-3　循环流化床气化炉结构简图

环流化床的温度一般控制在 $700 \sim 900 ℃$。它适合于较小的生物质颗粒，在大部分情况下，它可以不必加流化床热载体，运行简单，但炭回流难以控制，在炭回流较少的情况下容易变成低速率的携带床。

　　与单流化床相比，循环流化床运行时的流化速度远远大于临界流化速度，而单流化床流化速度大于临界流化速度小于自由沉降速度，以免固体颗粒被带出。循环流化床炉内温度比单流化床高得多，一方面是由于炭循环回收了能量；另一方面，气固接触表面增大、强化的传热传质过程也提高了燃烧速率。

4.3.2.3　双循环流化床气化炉

　　双循环流化床气化炉（见图 4-4）分为两个组成部分，即第Ⅰ级反应器和第Ⅱ级反应器。在第Ⅰ级反应器中，生物质原料发生裂解反应，生成气体排出后，送入净化系统。同时生成的炭颗粒经料脚送入第Ⅱ级反应器。在第Ⅱ级反应器中炭进行氧化燃烧反应，使床层温度升高，经过加温的高温床层材料，通过料脚返回第Ⅰ级反应器，从而保证第Ⅰ级反应器的热源，双流化床气化炉炭转化率较高。

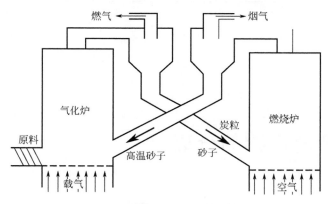

图 4-4　双循环流化床气化炉结构简图

　　双循环流化床系统是鼓泡流化床和循环流化床的结合，它把炭烧和气化过程分开，燃烧床采用鼓泡床，气化床采用循环流化床，两床之间靠热载体即流化介质进行传热，所以控制好热载体的循环速度和加热温度是双流化床系统最关键的也是最难的技术。

4.3.2.4　携带床气化炉

携带床气化炉不使用惰性材料做流化介质，气化剂直接吹动炉中生物质原料，且流速较大，为紊流床。该气化炉要求原料破碎成非常细小的颗粒，运行温度高，可达1100℃，产出气体中焦油及冷凝成分少。气流床气化炉由于炭转化率高和焦油产率低，一直是煤、石油焦和炼油厂残渣气化的首选设备。这类气化炉并不需要惰性的床料，但是要求在高速率下顺流喂料与氧化剂达到气动输送规则。气流床气化炉在1200～1500℃下运行，能够转化焦油和甲烷，获得更高品质的合成气，但是这需要在喂料前将原料粉碎成50μm左右的颗粒，对生物质原料而言成本较高。

表4-2列出了各种气化炉对原料和气化剂的要求[3]。无论是固定床气化炉还是流化床气化炉，在设计和运行中都有不同的要求和条件，了解不同气化炉的各种特性，对正确合理设计和使用生物质气化炉至关重要。

表 4-2　各种气化炉对原料和气化剂的要求

气化炉类型	原料类型	尺寸/mm	湿度/%	灰分/%	气化剂类型
下吸式固定床	秸秆、废木	5～100	<30	<25	空气、氧气
上吸式固定床	秸秆、废木	20～100	<25	<6	空气、氧气
横吸式固定床	木炭	40～80	<7	<6	空气、氧气
开心式流化床	稻壳	1～3	<12	<20	空气
单流化床	秸秆、木屑、稻壳	<10	<20	<20	空气、氧气、水蒸气
双循环流化床					空气、水蒸气
循环流化床					氧气
携带床					氧气

4.4　热裂解产物的分离

4.4.1　可燃气净化

生物质气化炉产生的可燃气，含有各种焦油、颗粒、氯化物等，不能通过管道进行输送，直接用于锅炉或燃气轮机。燃气中含有的杂质主要分为固体杂质、液体杂质和少量的微量元素。其中，固体杂质主要是指灰分和细微的炭颗粒组成的混合物。根据所用原料的不同，灰粒的数量和大小各异。当使用木炭或木材时，原料中含灰量很少，而且木炭的结构比较强，所以只在气化的最后阶段，才出现被燃气携带的细小炭粒。液体杂质主要是指常温下能凝结的焦油和水。由于水具有很好的流动性，清除容易，但焦油冷凝后形成黏稠的液体，容易黏附于物体表面，难以清理。焦油的成分非常复杂，主要包括酚、萘、苯以及苯乙烯等，气化方式和原料不同，对其含量影响不大。由于焦油产量很小，难以提纯，同时会和水、灰分结合，沉淀于气化设备、管道、阀门、燃气设备等，影响系统运行。

焦油主要会造成以下几个方面危害[31]：

① 焦油占秸秆总能量的 5% 左右，在低温下难以同秸秆一起被燃烧利用，民用时大部分被浪费；

② 焦油在低温下凝结，容易和水、炭颗粒等杂质结合在一起，堵塞输气管道，卡死阀门、抽气转子、腐蚀金属；

③ 焦油难以完全燃烧，产生炭黑颗粒，对燃气利用设备如内燃机、燃气轮机等损害相当严重；

④ 焦油及其燃烧后产生的物质对人体有害。

因此，在燃气后续利用之前，对其进行净化处理，是必不可少的一个环节。燃气净化的一般流程为首先在燃气温度降低前脱除其炭和灰尘等固体杂质，然后逐步脱除焦油和水分，最终得到洁净度较高的可利用燃气[24,25]。

4.4.2　可燃气净化方法及设备

可燃气由于含有固体颗粒以及液体杂质，因此在净化过程中通常采用集中净化方法组合的方式[3,32]。

4.4.2.1　除尘

可燃气除尘主要是除去残留在燃气中的灰及微细炭颗粒，采用的方法通常分为两种，即干法除尘和湿法除尘。

（1）干法除尘

干法除尘是从秸秆气体中分离尘粉，保持气体原有温度，且不与其他物质混合。干法除尘又可以分为机械力除尘和过滤除尘。

1）机械力除尘

利用尘粉的惯性，使颗粒从气流中分离出来。其除尘效果同气流的速度密切相关，气流速度越高分离效果越好，分离的尘粉粒径越小，但机械力除尘分离的尘粉粒径最小为 5μm。其中，旋风除尘器和惯性除尘器是常用的两种除尘设备。旋风除尘器是应用最广，也是最有效的除尘设备。旋风除尘器分为很多种，从分离颗粒的方式上可以分为切流式及旋流式两种，在生物质气化系统中一般采用切流式旋风分离除尘器。需净化的气体沿切线方向进入旋风分离器的圆筒部分。气体在旋风分离器中具有旋转运动，悬浮在生物质燃气中的灰分、炭颗粒等粒子靠离心力的作用被抛向器壁，粒子由于与器壁摩擦而失去动力，在重力作用下落入旋风分离器底部，而气体则通过位于旋风分离器中心线上的排气管道排出。当尘粉的粒径越大、尘粉的密度越大以及气体中尘粉的初始浓度越高时，气体的除尘度也就越高。试验表明，当粒子不小于 $100\mu m$ 时可达到最好的除尘效果。当气体中存在着较小的粒子时，尘粉的浓度越高，从尘粉中把这些较小的粒子分离的效果越好，这是由于小颗粒物被大颗粒物吸收的原因。在旋风分离器中，气体的除尘与气体进入旋风分离器内的速度大小有关。最适宜的进口速度对于不同构造的旋风分离器来说不同，一般在 $15\sim 20m/s$ 范围内波动。当速度小于最适宜速度时会恶化尘粒从气体中的沉降；而大于最适宜速度时，则已经在旋风分离器内沉降下来的尘粒又会被气流带走。最后，旋风分离器的直径越小，气体的除尘就越完善。在保持气体最适宜速度条件下，直径减小可使气体的转数增加。影响旋风分离器工作性能的主要因素有：外旋风壳的直径和高度；内筒的直径和插入外壳的长度；入口管的截面积和高宽比例；锥体的长度和与直筒长度的比例；入口蜗壳导流器的形状和尺寸。为了提高分离效果，在实际应用过程中常常使用多个旋风分离器，他们并联或串联，串联时的除尘效果要比并联时好，但却增大了除尘器的阻力。惯性除尘器，当气流方向转变时，质量较大的颗粒受到惯性力作用，沿与气流方向不同的轨迹运行，从气流中分离出来。基于这样的原理，惯性除尘器在工业中得到了广泛的应用。气流转向时灰粒受到的离心力与质量和速度的平方成正比，与旋转半径成反比，因此粉尘粒径越大，气流速度越高，惯性除尘器的效率越高。常见的惯性除尘器效率不高，一般只有 70%，只对 $20\sim 30\mu m$ 或更大粒径的颗粒有较高的效率。但它的压力损失较小，只有 $100\sim 500Pa$，而且结构简单可以利用燃气发生系统中管路的折转方便的布置。

2）过滤除尘

利用多孔体，从气体中除去分散的固体颗粒。过滤时由于惯性的碰撞、拦截、扩散以及静电、重力作用，使悬浮于气体中的固体颗粒沉积于多孔体表面或容纳于孔中，过滤除尘可将 $0.1\sim 1\mu m$ 的微粒有效地捕集下来，是各种分离方法中分离效率最高而且最稳定的一种。但是滤速不能提高，设备庞大，排料清灰也是个不易处理好的难题。过滤器一般用于末级分离，常见的过滤除尘设备是颗粒层过滤器和袋式除尘器。

① 颗粒层过滤器。颗粒层过滤器结构简单，在一个筒体中装上颗粒滤料就构成过滤器。影响颗粒层过滤器性能的主要因素是颗粒大小、过滤速度和颗粒层厚度。颗粒较小，过滤速度和过滤层厚度加大，除尘效率提高，但阻力也明显加大。一般设计的过滤层过滤器的效率可达 99%。在过滤过程中，颗粒层内积存的灰尘也起过滤作用，在一个运行周期内，随着时间的增加，除尘效率不断提高，但提高的速度越来越慢，同时阻力也增加。经过一段时间运行后，阻力增加到一定值，就必须采用机械方法清除滤料中的杂质。在生物质气化系统中常用更为简单的方式，即使用现场可以得到的颗粒状生物质，如稻壳、木屑等。该方法具有除尘效率高，适应性广，处理气体量、气体温度和入口含尘浓度等的波动对效率影响不如其他除尘设备

敏感，滤料来源广，价格便宜。就过滤式除尘设备而言，水汽冷凝和气体中的细小颗粒会导致大的压力损失。焦油冷凝后由于其表面有黏性，从而增加了颗粒捕集的有效性。但是，焦油和水汽的冷凝会很快堵塞过滤介质。冷凝问题可以通过提高过滤系统的工作温度（＞300℃）得到解决。多数传统的布料过滤介质在使用一段时间后会烧焦和降解，因此，需要选择如编织玻璃纤维这种可以在 300℃以上工作的材料作为过滤袋。

② 袋式除尘器。广泛用于工业除尘和回收小颗粒产物。袋式除尘器在外壳中有很多织物做成的袋子，含尘气流由袋子外侧流入内侧（外滤式）或由袋子内侧流入外侧（内滤式），穿过织物，滤去灰尘。袋式除尘器被用来有效捕集热气流中粒径小于 $5\mu m$ 的颗粒。袋式除尘器包括许多一段开口的布管，原气化气从布管的外部进入，形成滤饼。为了防止布管在压力差的作用下发生塌缩，用金属笼对其进行支撑。一段时间之后，通过从布管后面反方向吹入惰性气体，将滤饼吹落到布管下方的漏斗中。袋式除尘器的设计阻力一般为 300～1200Pa，随着运行，阻力上升到一定值后，需要清除织物表面的灰尘，常用的清除方法为脉冲气流反吹或机械振打。带气流反吹或机械振打的袋式除尘器结构比较复杂，而且这种除尘器对湿度敏感，焦油黏附以后很难清除，因此较少在生物质气化中使用。但如果此设备布置在燃气气化器的出口的高温段，则可成为一种彻底清除固体杂质的方法。

（2）湿法除尘

湿法除尘一般是利用液体（如水）捕集，将气体中的杂质捕集下来，其原理是当气流穿过液层、液膜形成液滴时，其中的颗粒就黏附在液体上而被分离下来。湿法除尘的关键在于气液两者的充分接触，其方法有很多，可以使液体雾化成细小的液滴，可以将气体鼓泡进入液体，可以使气体与很薄的液膜接触，还可以是几种方法综合使用。

常用的湿法除尘设备有喷淋塔、文氏管洗涤器、喷射洗涤器、冲击式分离器、填料塔等。

1）喷淋塔

几乎所有的生物质气化系统中都是用喷淋塔来净化燃气。因此，喷淋塔是生物质气化中最常用也是最重要的设备。之所以如此重要，是因为喷淋塔的作用不是单一的而是多样的。绝大多数的喷淋塔为圆形截面，方形很少。被冷却的气体从下面，也有从上面送入，喷淋水则由上面送入。这样就形成了水和气体的相对流动。含杂质气体在由下至上流动过程中，经过一排排向下喷淋的液滴，液滴可以捕捉气体中的杂质，并冷却气体，从而达到除尘、冷却的目的。喷淋塔的设计一般以处理气体量为基本参数，控制塔内气体流速，一般设计参数为：处理 $1m^3$ 的气体所需要的液体为 66～266g。塔内气体流速一般为 0.6～1.2m/s，气体在塔内滞留时间为 20～30s，气体压降可在 200Pa 左右。在这种条件下，一般可以捕集粒径大于 $5\mu m$ 的颗粒，而且效率不高。若要捕集更细颗粒，可将液滴雾化得更细，但细小液滴易蒸发掉，其寿命太短，影响效率。而且细小液滴的沉降速度太小，很容易被气体带走，就起不了捕集作用。

在实际应用过程中，并不使用单纯的喷淋塔，而是进行了多功能组合，例如，在喷淋塔中使用填料、在喷淋塔中设置冷却管、增加液膜同气体的接触等。所有这些改进都增强了喷淋塔的功能和除尘冷却效率，达到高效净化生物质燃气的目的。喷淋塔在生物质气化系统中可以除去气体中的灰分、炭颗粒、焦油，并冷却燃气。

2）文氏管洗涤器

当含尘气体通过文氏管时利用文氏管的缩径，使气体的流速增加。由于气体流速增加使得文氏管内的压力降低，从而使管外的液体通过小孔被吸入管内，同时液体被物化成细小液滴，吸附灰尘粒子。雾滴与气体间的相对速度很高，高压降文氏管可清除粒径小于 $1\mu m$ 的微小颗粒，很适用于处理黏性粉体。一般情况下，气体经过文氏管加速后，流速应控制在 $60\sim120m/s$。

3）喷射洗涤器

喷射洗涤器也是生物质气化系统中常用的燃气净化装置。洗涤水由喷嘴雾化形成。在向下流动的过程中，气流首先加速，然后又减速，以增强与液滴的接触。最后进入水分离箱后，速度大大减缓，使携带了灰粒和焦油的液滴从气体中分离出来。喷射洗涤器可有效清除 $1\mu m$ 以上的杂质颗粒，设计合理实效率可达 $95\%\sim99\%$。缺点是压力损失较大，需要消耗较多动力，因为喷射器喉部气体流速达到 $30m/s$ 以上时，才能获得良好的洗涤效果。为提高分离效率，在水分离箱中应设置必要的气水分离部件，如挡板、筛网或专门设计的分离器。

4）冲击式分离器

冲击式分离器又称水浴分离器。其结构简单，主要由外壳、喷管和挡水板组成。分离器下部保持相对静止的水位，燃气以较大的速度通过喷嘴，产生冲击后，折返向上。燃气中的固体和液体杂质一部分由于惯性的作用进入水层，另一部分与冲击溅起的水滴和气泡组合，进一步得到分离。挡水板的作用是从气体中分离水滴和气泡。根据燃气净化的要求，可以选择将喷管的端部布置在水面以上或插入水中。喷管在水面以上时，主要是冲击作用，对大的颗粒有效，对细颗粒分离效率较低。喷管插入水中时，冲击和淋浴同时发生作用，但阻力较大。冲击分离器的优点是耗水少，远低于其他湿式净化设备，因此降低了污水处理的负荷。实际上生物质燃气中的水分冷凝后足以补充耗水，但要采取措施，保持水层温度不变以及燃气中的水分凝结。

4.4.2.2 除焦油

生物质气化的目标是得到尽可能多的可燃气体产物，但焦炭和焦油都是不可避免的副产物。其中由于焦油在高温时呈气态，与可燃气体完全混合，而在低温时（一般低于200℃）凝结为液态，所以其分离和处理更为困难。特别是在燃气需要降温利用的情况（用于内燃机发电或者家庭燃气灶）下，问题尤为突出。焦油的存在对气化有多方面不利的影响，首先它降低了气化效率，气化中焦油产物的能量一般占总能量的 $5\%\sim15\%$，这部分能量在低温时难以与可燃气体一起被利用，绝大部分被浪费；其次焦油在低温时凝结为液态，容易与水、焦炭颗粒等结合在一起，堵塞管道，使气化设备运行困难；另外，凝结为细小液滴的焦油比气体难燃尽，在燃烧时容易产生炭黑等颗粒。

以目前的除焦技术来看，水洗除焦法存在能量浪费和二次污染现象，净化效果只能勉强达到内燃机的要求；热裂解法在 1100℃ 以上能得到较高的转换效率，但实际应用中实现较为困难；催化裂解法可将焦油转化为燃气，既提高了系统能源利用率，又彻底减少二次污染，是目前有发展前途的技术之一。

（1）过程控制法

针对气化过程产生的焦油，采取办法把它转化为可燃气，既提高了气化效率，又降低了焦油的含量，提高燃气的利用价值，对发展和推广生物质气化发电技术具有决定性的意义。焦油的数量主要取决于转换温度和气相停留时间，与加热速率也密切相关。对一般生物质而言，在 500℃ 左右时焦油产物最多，高于或低于此温度焦油都相应减少。在同一温度下，气相停留时间越长意味着焦油裂解越充分。所以随着气相停留时间的增加，焦油产量会相应地减少。焦油的成分非常复杂，种类多达 100 多种，其主要成分大约有 20 多种。大部分是苯的衍生物及多环芳烃，其中含量大于 5% 的有 7 种，它们是苯、萘、甲苯、二甲苯、苯乙烯、酚和茚，其他成分含量很小。在高温下它们会继续发生分解，所以随着温度的升高，焦油中成分种类越来越少。因此在不同条件下（温度、停留时间、加热速率），焦油的数量和各种成分的含量都是变化的。根据这些特点，应在气化过程中尽可能提高温度和气相停留时间，减少焦油的产量和种类，以达到在气化时控制焦油的产生，减小气体净化的难度。

（2）水洗法

水洗法是利用水将生物质燃气中的焦油带走，如果在水中加入一定量的碱，除焦油效果有所提高。水洗法又分为喷淋法和吹泡法。水洗除焦是比较成熟的、中小型气化发电系统采用比较多的技术之一。它的优点是同时有除焦、除尘和降温三方面的效果。焦油水洗设备的原理和设计与化工过程中的湍流塔一样，它的技术关键是选用合适的气流速度，合适的填充材料和合理的喷水量与喷水方式。焦油水洗技术的主要缺点是有污水产生，必须配套相应的废水处理装置[33]。

（3）过滤法

过滤法除焦油是将吸附性强的材料（如活性炭和粉碎的玉米芯等）装在容器中，让可燃气穿过吸附材料，或让可燃气穿过滤纸或陶瓷芯过滤器，把可燃气中的焦油过滤出来。水洗法和过滤法除焦油又分别被称为湿法除焦油和干法除焦油。焦油低温过滤只能应用于小型的气化发电系统，因为过滤材料阻力大，容易造成堵塞，对几十千瓦以上的气化发电系统，焦油过滤必须采用切换工艺（同时设计两套过滤设备），而且过滤材料更换频繁，劳动强度太大。低温过滤的优点是具有除尘和除焦两个功能，除焦效率也很高。低温过滤的设计关键是阻力计算及控制。另外，为了不产生新的污染物，过滤材料采用可以燃用的生物质是一种较佳的选择。

（4）机械法

机械法除焦油是利用离心力作用，使在气体中的焦油同洗涤液密切接触，同时被洗涤液吸附，并被抛向分离器的外壳达到除焦油的目的。

（5）静电法

静电除焦法的原理和一般煤炭气化系统的静电捕焦器的原理相同，即先把气体在高压静电下电离，使焦油雾滴带有电荷，带电荷的雾滴将吸引不带电荷的微粒，与其结合成较大的复合物，并由于重力的作用而从气流中下降，或者带电荷的雾滴向相反的电极移动，并将自己的电荷给它，这样失去电荷的微粒就沉降在第二个电极上，同时气体中的焦油便会被收集并从气体中去除。静电捕焦技术的优点是除尘、除焦效率高，一般达到98%以上，但静电除焦对进口燃气焦油含量要求较高，一般要求低于 $5g/m^3$。另外，由于焦油与炭容易黏附在电除尘设备上，所以静电捕焦器对燃气中灰的含量要求也很高。由于静电捕焦设备应用于生物质燃气的净化过程必须解决防爆和清焦问题（生物质燃气中含氧1%左右，有时短时间会达到2%以上，所以有爆炸的危险），目前在生物质气化发电系统中的应用仍很少。但该技术应用于连续运行的生物质气化发电系统是可能的，而且除焦效果也较好，是今后中小型气化发电系统除焦的有效途径之一，值得进一步深入研究。

（6）催化裂解法

从最简单的气化发电系统来看，焦油含量（标准状态）在 $0.02\sim0.05g/m^3$ 范围内是可以接受的。但以目前的气化技术分析，在没有对焦油进行裂解的大部分气化工艺中原始气体中焦油含量在 $20\sim50g/m^3$ 之间，净化系统的净化效果至少需要99%～99.9%才能达到气化发电的要求。所以单一任何一种除焦过程很难满足气化发电工艺的要求，需要采用多净化过程相结合的除焦除尘工艺。

1）焦油催化裂解的原理

热裂解需要很高的温度（1000～1200℃），所以实现较为困难。催化裂解利用催化剂的作用，把焦油裂解的温度大大降低（750～900℃），并提高裂解的效率，使焦油在很短时间内裂解率达到99%以上。

焦油的成分影响裂解的转化过程，但不管何种成分，裂解的最终产物与气体的成分相似，所以焦油裂解对气化气体质量没有明显影响，只是数量有所增加。对大部分焦油成分来说，水蒸气在裂解过程中有关键作用，因为它能和某些焦油成分发生反应，生成 CO 和 H_2 等气体，既减少炭黑的产生，又提高可燃气的产量，例如，萘在催化裂解时，发生下述反应：

$$C_{10}H_8+10H_2O \longrightarrow 10CO+14H_2 \tag{4-7}$$
$$C_{10}H_8+20H_2O \longrightarrow 10CO_2+24H_2 \tag{4-8}$$
$$C_{10}H_8+10H_2O \longrightarrow 2CO+4CO_2+6H_2+4CH_4 \tag{4-9}$$

由此可知，水蒸气有利于焦油裂解和可燃气体的产生。

2）催化剂的特点及选择

生物质焦油裂解原理与石油的催化裂解相似，所以关于催化剂的选用可以从石油工业中得到启发。除利用石油工业的催化剂外，还大量研究了低成本材料，如石灰石、石英砂和白云石等天然产物。研究表明（表4-3）：催化焦油效果较好又有应用前景的材料主要有木炭、白云石和镍基催化剂三种[3]。

表 4-3　典型焦油催化剂的关键参数

名称	反应温度/℃	接触时间/s	转化率/%	特点
镍基催化剂	750	约 1.0	97	反应温度低,转化效果好;材料较贵,成本较高
木炭	800 900	约 0.5 约 0.5	91 99.5	木炭为气化自身产物,成本低;随着反应的进行,木炭本身减少
白云石	800 900	约 0.5 约 0.5	95 99.8	转换效率高,材料分布广,成本低

注:白云石的主要成分是碳酸钙和碳酸镁,地方不同组成成分略有差异。

从表 4-3 可知,镍基催化剂的效果最好,在 750℃时即有很高的裂解率。但由于镍基催化剂比较昂贵,成本较高,一般在气体需要精制或合成汽油的工艺中使用。木炭的催化作用实际上在下吸式气化炉中即有明显的效果,由于木炭在裂解焦油的同时参与反应,消耗很大,因此对大型生物质气化来说木炭作催化剂不现实。但木炭的催化作用对气化炉的设计有一定的指导意义。

国内外催化裂解的研究主要集中于白云石和镍基催化剂。研究表明,镍基催化剂的活性是白云石的 10～20 倍。但它对原始气的要求比较严格,焦油含量在 $2g/m^3$ 以上,就会由于焦炭形成积聚而失活,加之其价格较高,在商业应用中没有优势。白云石资源丰富且便宜,但单独使用白云石的催化效果并不理想,需针对不同的气化特点,配合相应的裂解工艺,控制严格的操作参数。目前,我国在该领域的研究非常欠缺。所以,净化系统的选用,应从现有技术的成熟性、系统的复杂性及投资成本现实性考虑。

3）焦油催化裂解的工艺条件

焦油催化裂解除要求合适的催化剂外,还必须有严格的工艺条件。与其他催化过程一样,影响催化效果最重要的因素有温度和接触时间,所以其工艺条件也是根据这一方面的要求来确定的。

4）实现催化裂解的关键工艺

对理想的白云石催化剂,裂解焦油的首要条件是足够高的温度（800℃以上）,这一温度与流化床气化炉的运行温度相似。试验表明:把白云石直接加入流化床气化炉对焦油具有一定的控制效果,但不能完全解决问题,这主要是由于气化炉中焦油与催化剂的接触并不充分。因为焦油的产生主要在加料口位置,但即使循环流化床,加料口以上的催化剂数量也不可能很多。所以,气化和焦油裂解一般要求在两个分开的反应炉中进行,这就使实际应用出现下列难题:

① 气化炉出口气体的温度已经降低到 600℃左右,为了使裂解炉的温度维持在 800℃以上,必须外加热源或使燃气部分燃烧（一般燃烧份额在 5%～10%）,这就使气化气体质量变差,而且显热损失增加。

② 不管热裂解炉采用固定床还是流化床,气化气中的灰分、炭粒都有可能引起炉口堵塞。所以裂解炉和气化炉之间需增加气固分离口装置,但不能使气体温度下降太多,这就要求系统更加复杂。

③ 由于焦油裂解需独立的装置，而且由于需要高温，裂解装置要连续运行。这就使催化裂解技术只适于较大型的气化系统，限制了该技术的适应性。所以应用焦油催化裂解的关键，就是针对不同的气化特点，设计不同的裂解炉从而降低裂解炉的能耗、提高系统效率。

对焦油裂解的重点是其实际应用。由于催化裂解需要专门的设备、系统复杂、运行成本较高，小型气化系统很难使用；而生产实践中大中型气化系统仍较少。所以目前实际上焦油催化裂解炉应用极少，只有少数的示范项目和中试装置。

对于大中型气化系统，气化炉和裂解炉一般都采用循环流化床。由于裂解炉采用流化床反应器，白云石的磨损严重，所以需连续补充白云石的装置和复杂的除尘系统。这种工艺路线的特点是适于大规模气化利用，焦油裂解效率高，其缺点是系统复杂，出口燃气温度高。

对中小型的气化装置，可采用结构简单的固定床裂解器。为了解决裂解器出口燃气温度太高的难题，荷兰 Twente 大学提出了一种燃气可以双向流动的裂解工艺，称反吹反应器。它的基本原理是裂解器的流向每隔一段时间切换一次，一方面利用裂解器本身的蓄热特点把燃气加热；另一方面裂解后的气体经过一段温度较低的区域，使出口气体温度降低，这样减少热损失，提高裂解器的热效率。这一工艺流程的优点是系统更简单，裂解器可以在较高温度下工作（1000℃），而不必消耗很多热量（它消耗的能量约为其他裂解器的 1/4），它的缺点是需要精密的切换阀，这对阀门的耐热性和耐磨性要求都很高。

5）焦油的裂解技术在生物质气化发电技术中的应用

生物质焦油除了催化裂解，还有高温裂解。高温裂解是最简单的裂解方法，但它的裂解效果没有催化裂解好，它需要更高的温度和更长的停留时间，裂解率一般也低于 90%。在生物质气化发电技术中，由于发电系统的规模和采用气化形式的不同，有效的裂解技术不一定是最经济的办法，所以催化油裂解技术的适用性需慎重考虑。

对中小型气化发电系统，由于设备需求简单可靠，焦油催化裂解很能满足需求，但因为焦油催化裂解需增加独立的设备，且运行工况等条件需求较高，因此工艺过程使系统控制过于复杂，失去了中小型气化发电系统简单灵活的优势。在这种情况下，最好的办法是充分利用焦油高温裂解技术。在气化炉形成独特的高温（温度需高于 1000℃），使气化设备出口焦油含量尽量降低，这种需求显然使得气化设备设计和控制难度增加，但仍可保证气化发电系统有较高的灵活性和较好的经济性。

对中型气化发电系统，可以考虑使用操作简单制造成本低的固定床催化裂解工艺，同时实现高温裂解和催化裂解的效果。但要充分照顾系统的运行成本和配套系统的成本，尽量保证气化发电系统的综合性和经济性。同时木炭与燃烧气反应时可以生成更多燃气，不必再生。该裂解工艺的关键是控制木炭燃烧温度并保护裂解反应器不堵塞，是中等规模气化发电系统可以考虑的一种简单办法。

对于大型气化发电系统，在设计时需要结合气化发电系统的特点，减少能耗、简化配套系统和操作条件，同时考虑到经济问题，必须尽可能选用价格较低或易于再生的低成本催化剂。目前国内外这方面的技术还未成熟，需要进行更多的研究和实践。

4.4.2.3 除水分

在气化反应过程中以及在生物质燃气净化过程中都有水分的产生或进入，而水分对生物质燃气的使用影响较大。常见的去水分的方法有机械法和过滤法。

（1）机械法

机械法通常的除水分设备为液滴分离器，也就是液滴捕集器。气体在通入液滴分离器后，由于撞到设置在分离器内的不同方向的挡板，而使气体的流动速度及方向都发生改变。撞击到挡板上的液滴在重力作用下落下，从而使液滴从气体中分离出来。

（2）过滤法

过滤法除水分的原理同过滤法除尘原理基本相同。可以利用滤料对水分的吸附去除生物质燃气中的水分。

4.5 热裂解气组成及应用

生物质气化技术的多样性决定了其应用类别的多样性。不同的气化炉、不同的工艺路线影响其用途。同一种气化设备，选用不同的物料，不同的工艺条件，最终的用途也不同。因此，在不同的地区，根据不同的条件，选用不同的气化设备、净化设备，不同的工艺路线来决定如何使用生物质燃气非常重要。生物质气化技术的基本应用方式主要有供热、供气、发电及合成化学品四个方面。

4.5.1 生物质气化供热技术

生物质气化供热是指生物质经过气化炉后，生成的生物质燃气送入下一级燃烧器中燃烧，为终端用户提供热能。生物质气化供热系统包括气化炉、滤清器、燃烧器、混合换热器及终端装置。该系统的特点是经过气化炉产生的可燃气体可以在下一级燃气锅炉等燃烧器中直接燃烧，因而通常不需要高质量的气体净化和冷却系统，系统相对简单，热利用率高。气化炉常以上吸式气化炉为主，燃料的适应性较广。

生物质气化供热技术广泛应用于区域供热和木材、谷物等农副产品的烘干。与常规木材烘干技术相比具有升温快、火力强、干燥质量好的优点，并且能够缩短烘干周期，节约成本。

4.5.2 生物质气化供气技术

生物质气化供气技术是指气化炉产生的生物质燃气，通过相应的配套设备，为居民提供炊事用气。生物质气化供气又分为集中供气和单独供气两种类型[34]。

4.5.2.1 生物质气化集中供气系统

生物质气化集中供气系统是近几年来发展起来的一种新的生物质气化应用技术，它可以将生物质经气化炉气化后转变成生物质燃气送入用户家中，用于炊事，替代薪柴、煤或液化气，使农村居民用上管道煤气。

生物质气化集中供气系统的工作原理及一般工艺流程如图 4-5 所示。

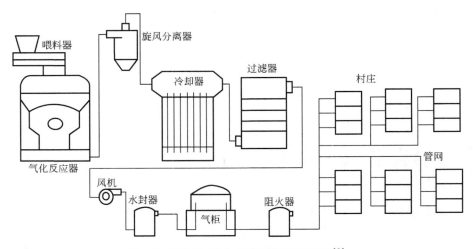

图 4-5　生物质气化集中供气系统工艺流程[3]

建立一个生物质气化站，并将生物质燃气存储；通过输气管网给居民提供生活用燃气，替代农村居民常用的柴薪、煤炭或者液化石油气。整个系统由原料处理设备、进料设备、气化炉、气体净化系统、罗茨风机、水封器、储气柜和输气管网组成。根据所使用的气化炉的要求将气化原料处理成符合条件的物料，经进料装置送入气化炉，在气化炉内进行气化反应。气化炉的选用是根据不同的生物质原料、不同的用气规模来确定的，如果使用玉米等秸秆类型的生物质一般选用固定床气化炉；如果是稻壳、谷壳等细小粒径的物料，则使用流化床；如果供气用户较少，选用固定床气化炉，如果供气用户较多（大于 1000 户），则使用流化床气化炉更好。产出的生物质燃气经净化冷却系统除去焦油、灰、炭粒等杂质，并冷却至常温送入储气柜。不同形式的气化炉决定了不同形式的气体净化处理系统。储气柜一般是采用湿式浮罩式储气柜。鉴于北方地区的防冻因素，也有采用干式储气柜，使用气袋式储气柜，向用户输送时需要配加煤气输送机。另外，还有将湿式储气柜的水槽部分放入地下，形成半地下式储气柜，并在地上部分用太阳温室进行保温处理。尽管投资增加，但是实际效果较好，能够保证冬季供气正常。

4.5.2.2　生物质气化单独供气技术

该种方式为将生物质气化炉直接接入家庭炉灶使用。

① 由于气化炉与灶直接相连生物质燃气不经过任何处理，因此灶具上连接管及气化炉都有焦油渗出、卫生很差、易堵塞连接管及灶具；

② 因气化炉较小、气化条件不易控制，产出气体中可燃气成分质量不稳，并且不连续、影响燃用，甚至有安全问题；

③ 从点火至产气阶段需要一定的启动时间，且该段时间内烟气排放也存在问题。

因此，建议该技术在现有技术条件下谨慎使用。

4.5.3　生物质气化发电技术

生物质气化发电系统由于采用气化技术和燃气发电技术的不同，其系统构成和工艺过程有很大的差别。一般可以分为固定床和流化床两大类，其中，固定床包括上吸式气化、下吸式气化和开心式气化三种；流化床气化包括鼓泡床气化、循环流化床气化及双流化床气化三种。这三种气化发电工艺目前都有研究，其中研究和应用最多的是循环流化床气化发电系统。国际上为了实现更大规模的气化发电方式，提高气化发电效率，正在积极开发高压流化床气化发电工艺[35]。

根据燃气发电过程，气化发电可以分为内燃机发电系统、燃气轮机发电系统及燃气-蒸汽联合循环发电系统[36]。其中内燃机发电以简单的燃气内燃机组为主，可单独燃用低热值燃气，也可以燃气、油两用，它的特点是设备紧凑，系统简单，技术成熟、可靠。燃气轮机发电系统采用低热值燃气轮机，燃气需要增压，否则发电效率较低。由于燃气轮机对燃气质量要求较高，所以一般单独采用燃气轮机的生物质气化发电系统较少。燃气-蒸汽联合循环发电系统是在内燃机、燃气轮机发电的基础上增加余热蒸汽的联合循环，该种系统可以有效地提高发电效率。一般来说，燃气-蒸汽联合循环的生物质气化发电系统采用的是燃气轮机发电设备，而且最好的生物质气化方式是高压气化，工程的系统称为生物质整体气化联合循环，它的系统效率一般可达40%以上。

从发电规模上分，生物质气化发电系统可以分为小型、中型、大型三种，其中，小型气化发电系统简单灵活，主要功能为农村照明或作为中小企业的自备发电机组，所需要的生物质数量较少，种类单一，所以可以根据不同的生物质选择合适的气化设备，一般发电功率小于200kW。中型气化发电系统主要作为大中型企业的自备电站或小型上网电站，它适应于一种或多种不同的生物质，所需的生物质数量较多，并需要对生物质进行粉碎、烘干预处理，所采用的气化方式主要是以流化床气化炉为主，中型生物质气化炉发电系统用途广泛，适应性强，是当前生物质气化的主要方式，功率和规模一般在 $500\sim3000kW$ 之间。大型生物质气化发电系统的主要功能是作为上网电站，它适用的生物质较为广泛，所需的生物质数量巨大，必须配套专门的生物质供应中心和预处理中心，是今后生物质利用的主要方面。大型生物质气化发电系统功率一般在 $5000kW$ 以上，虽然与常规能源比仍显得非常小，但在发展成熟后，它将是今后替代常规能源电力的主要方式之一。

在中国目前条件下，研究开发与国外相同技术路线的大型气化发电系统，因为资金和技术问题，将更加困难。目前，我国小型燃气轮机（小于 $5000kW$）的效率仅为 25％左右，仅能使用天然气或石油。燃气轮机对燃气要求很高，而且造价很高，单价达 7000 元/千瓦左右。由于我国仍未开展生物质高压气化研究，目前的平均效率低于 30％，而且有很多一时难以解决的技术问题。

针对目前我国的实际情况，采用气体内燃机代替燃气轮机，其他部分基本相同的生物质气化发电过程，不失为解决我国生物质气化发电规模化发展的有效手段。一方面，采用内燃机可降低对燃气杂质的要求（焦油与杂质含量在标准状态下低于 $100mg/m^3$），可以大大降低技术难度；另一方面，避免了调控相当复杂的燃气轮机系统，大大降低了系统成本。从技术性能上看，这种气化及联合循环发电在常压气化下整体发电效率可达 28％～30％。只比传统低压气化系统低 3％～5％。但由于系统简单，系统难度小，单位投资和造价大大降低。这种技术更适合于我国目前的工业水平，设备可以国产化。适合发展分散的、独立的生物质能利用系统，形成产业化。在发展中国家大规模处理生物质更具发展前景。

4.5.3.1　工作原理和一般工艺流程

气化发电过程包括 3 个方面：

① 生物质气化，把固体生物质转化为气体燃料；

② 气体净化，气化出来的燃气都带有一定的杂质，包括灰分、焦炭和焦油等，需要经过净化系统以保证燃气发电设备的正常运行；

③ 燃气发电，利用燃气轮机或燃气内燃机进行发电，有的工艺为了提高发电效率，发电过程可以增加余热锅炉和蒸汽轮机。

生物质气化发电技术独特，具有 3 个特点：

① 充分的灵活性。由于生物质气化发电可以采用内燃机，也可以采用燃气轮机，甚至结合余热锅炉和蒸汽发电系统，所以生物质气化发电可以根据规模的大小选用合适的发电设备，保证在任何规模下都有合理的发电效率。这一技术的灵活性能很好地满足生物质分散利用的特点。

② 较好的洁净性。生物质本身属于可再生能源，可以有效地减少二氧化碳、二氧化硫等有害气体的排放。气化过程一般温度较低（大约为 $700\sim900℃$），氮氧化物的生成量很少，所以能有效控制氮氧化物的排放。

③ 经济性。生物质气化发电技术的灵活性，可以保证该技术在小规模下有较好的经济性。同时燃气发电过程简单，设备紧凑，使生物质气化发电技术比其他可再

生能源发电技术投资更小。总的来说，生物质气化发电技术是所有可再生能源技术中最经济的发电技术，综合的发电成本已经接近小型常规能源的发电水平。

生物质气化发电系统的一般工艺流程如图 4-6 所示[3]。系统主要由进料结构、燃气发生装置、燃气净化装置、燃气发电机组、控制装置及废水处理设备六部分组成。

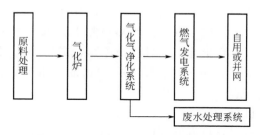

图 4-6　生物质气化发电系统的一般工艺流程

（1）进料结构

进料结构采用螺旋加料器，动力设备是电磁调速电机。螺旋加料器不仅有利于连续均匀进料，又能有效地将气化炉同外部隔绝密封起来，使气化所需空气只由进风机控制进入气化炉，电磁调速电机则可任意调节生物质进料量。

（2）燃气发生装置

生物质的气化有各种各样的气化工艺过程。从理论上来讲，任何一种气化工艺都可以构成生物质气化发电系统。但从气化发电的质量和经济性出发，生物质气化发电要求达到发电频率稳定、发电负荷连续可调两个基本要求。对气化设备而言，它必须达到燃气质量稳定，燃气产量可调，而且必须连续运行。气化能量转换效率的高低是气化发电系统运行成本的关键所在。气化设备应满足以下要求：

① 产气尽可能干净，以减少后续处理系统的复杂性，如果后续净化系统选用催化裂解的工艺，还要尽可能使原始气体中的焦油易于催化裂解；

② 产气热值要高且稳定，以提高内燃机的输出功率，增大整个系统的效率；

③ 设计气化炉本体及加料排渣系统应充分考虑原料特性，实现连续运行；

④ 充分利用显热，提高能量利用率。

从实际应用上考虑，固定床气化炉比较适合小型、间歇性运行的气化发电系统，它的最大优点是原料不用预处理，而且设备机构简单紧凑、燃气中含灰量较低、净化可以采用简单的过滤方式。但它的最大缺点是固定床不方便放大，难以实现工业化，发电成本一般较高。另外，固定床由于加料和排灰问题，不便于设计为连续运行的方式，对气化发电系统的连续运行不利，而且燃气质量容易波动，发电质量不稳定，这些方面都限制了固定床气化技术在气化发电系统中的大量应用，是小型生物质气化发电系统实现产业化的最大技术难题。

各种流化床气化技术，包括鼓泡床、循环流化床、双流化床等，都是比较适合于气化发电工艺的气化技术。它运行稳定，包括燃气质量、加料与排渣等非常稳定，而且流化床的运行连续可调，最重要的一点是便于放大，适于生物质气化发电系统的工业应用。当然，流化床也有 2 个明显的缺点：

① 原料需要进行预处理，使原料满足流化床与加料的要求；

② 流化床气化产生燃气中飞灰含量较高，不便于后续的燃气净化处理，这两方面都是目前生物质流化床工业应用正在研究解决的主要内容。

（3）燃气净化装置

燃气需要经净化处理后才能用于发电，燃气净化包括除尘、除灰和除焦油等过程。为了保证净化效果，该装置可采用多级除尘技术，例如惯性除尘器、旋风分离器、文氏管除尘器、电除尘等，经过多级除尘，燃气中的固体颗粒和微细粉体基本被清洗干净，除尘效果较为彻底。燃气中的焦油采用吸附和水洗的办法进行清除，主要设备是两个串联起来的喷淋洗气塔。

（4）燃气发电机组

生物质燃气的特点是热值低（$4\sim6MJ/m^3$）、杂质含量高，虽然生物质气化发电技术与天然气发电技术、煤气发电技术的原理一样，但它有更多的独特性，对发电设备的要求也与其他燃气发电设备有较大的差别。

气体内燃机是常用的燃气发电设备之一，燃气内燃机都要求有强制点火系统，点火系统的设计必须根据燃气燃烧速度等进行调整。燃气内燃机的有效热效率 η_e 和有效燃气消耗率 g_e 是衡量发动机经济性能的重要指标。在内燃机中存在以下关系：

$$N_e = k_1 M_b Q \eta_e \tag{4-10}$$

$$g_e = M_b / N_e = k_2 / Q \eta_e \tag{4-11}$$

$$N_i = N_e + N_m \tag{4-12}$$

$$\eta_e = \eta_m \eta_i \tag{4-13}$$

式中　　N_i，N_e，N_m——有效功率、指示功率和机械损失功率；

η_e，η_m，η_i——有效热效率、机械效率和指示效率；

M_b——进入内燃机的可燃气体量；

Q——可燃气体的热值；

g_e——有效燃气消耗率；

k_1，k_2——系数。

由以上公式可以看出，提高 Q 可以迅速提高机组的输出功率。同时，也使有效输出功率所占份额变大，因此也就提高了热效率。

当负荷从零开始增加时，机械效率迅速增加，热损失相对减少，指示效率随之增加，g_e 迅速下降；负荷增加到使燃烧开始不充分时，指示效率 η_i 开始下降，同时，随负荷增加，机械效率的增加不明显，燃料消耗率变化不大，当 η_m 和 η_i 的乘积达到最大值时，g_e 将达到最低点，即最佳运行点，该点在机组输出最大功率附近。

生物质燃气内燃机除了具备上述特征外，还必须解决以下问题。

① 由于生物质燃气热值低，因而内燃机的进料系统、燃烧系统、压缩比设计等必须改进。一般生物质燃气热值只有天然气的 $1/6\sim1/3$（相对柴油将降低 50%），如果是增压的燃气内燃机，各系统的改动将更大。

② 氢气含量高引起的爆燃问题。由于氢气的着火速度比其他燃气快，在氢气含量太高时，燃气内燃机容易引起点火时间不规则，从而引起爆燃，生物质燃气的氢气含量差别很大，流化床一般在10%左右，而固定床有时高于15%，试验表明：当生物质燃气中氢气含量高于18%时，爆燃的问题将较严重，所以为安全起见一般生物质燃气内燃机要求氢气含量小于15%。

③ 焦油及含灰量的影响。虽然生物质燃气经过了严格的净化，但仍有一定的焦油和灰（一般为<100mg/kg）。焦油会引起点火系统失灵，燃烧后积炭会增加磨损。含灰量太高也会增加设备磨损，严重时会引起拉缸。所以一般生物质燃气内燃机组的配件损耗和润滑油的损耗与其他内燃机相比都会成倍增加。

④ 排烟温度过高及效率过低的问题。由于低热值燃气燃烧速度比其他燃料慢，低热值燃气内燃机的排烟温度比其他内燃机明显偏高，这就使设备容易老化而系统效率明显降低。

由于存在以上难题，我国生物质燃气发电机组的产品开发很少，我国目前只有200kW的机组，更大的机组还没有定型产品。国外这方面的产品也很少，只有低热值与油共烧的双燃料机组，大型的机组和单燃料生物质燃气机都是从天然气机组改装而来，所以产品价格很高。经济可靠的单燃料生物质燃气内燃机组的研发是发展中小型气化发电系统的主要内容之一。

燃气轮机发电技术已经发展非常成熟，目前用途最多的是作为航空动力装置。作为发电用途的燃气技术，一般规模>3MW，最大的已达几百兆瓦。燃气轮机最常见的燃料是石油或天然气，其他燃料的汽轮机很少见。我国的燃气轮机发电技术与国外差别较大，特别是在设备的规模和效率上。

生物质气化发电所需要的燃气轮机独特。首先，生物质燃气是低热值燃气，它的燃烧温度与发电效率和天然气等相比明显偏低，而且由于燃气体积较大，压缩困难，从而进一步降低了发电效率。其次，生物质燃气杂质偏高，特别是有碱金属等腐蚀成分，对燃气轮机的转速和材料都有严格的要求。最后，因为所需的燃气轮机较小，一般在几兆瓦左右，小型燃气轮机设备效率低，单位造价也高，这几方面使燃气轮机应用于生物质气化发电系统更为困难。

影响燃气轮机发电最主要的杂质主要是碱金属和硫化物。生物质硫的含量很少，但即使很少量的硫，例如含硫量为0.1%时，燃气中的硫化物浓度也可能高达100mg/kg，这对燃气轮机设备的影响是明显的，但生物质的气化过程与生物质中碱金属的析出和硫化物等杂质的排放之间的关系，现在仍不清楚，也是目前生物质研究的主要内容之一。

如表4-4所列[3]，燃气轮机对大部分杂质的要求极为苛刻，但对焦油的要求不严，这是因为假设燃气轮机进口温度在450~600℃，此时焦油大部分是以气态存在的。但是，如果考虑到燃气需降温后再加压，则此时对焦油的要求也很严格，大约在50mL/m³以下。所以总的来说，一般生物质气化净化过程很难满足燃气轮机的要求，必须针对具体原料的特征进行专门设计，而且燃气轮机也必须经过专门改造，以适应生物质气化发电系统的特殊要求。目前国内外仍没有适用于生物质气化发电系统的通用技术和设备，极少几个示范工程都是由专门的研究部门和商家根据项目的严格要求进行改造和订造的，造价非常高。燃气轮机技术是制约生物质气化发电技术大型化发展的主要因素之一。

表 4-4　燃气轮机对燃气的要求

燃气成分及杂质		燃气轮机可接受的范围
最低气体低热值(标准状态)/(MJ/m³)		4～6,或更高
最低气体中氢含量/%		10～20,或更高
碱金属最高含量/(μg/kg)		20～1000,或更低
最高的燃气温度/℃		450～600,或更低
焦油		在进口温度下必须全为气相
最大的颗粒浓度(灰、炭)/(mg/kg)	>20μm	<0.1
	10～20μm	<0.1
	4～10μm	<10
NH_3		没限制
HCl/(mg/kg)		0.5
SiH_4 或 SO_2/(mg/kg)		1
N_2		没限制
总计	总的金属/(mg/kg)	<1
	碱金属＋硫/(mg/kg)	<0.1

　　中小型流化床谷壳气化发电系统中，文氏管除尘及洗涤塔洗涤煤气所产生的污水约 7～8t/h，污水中含有灰、焦油等，COD 含量极高。其处理过程分为 4 个步骤：a.过滤吸附；b.曝气；c.沉淀；d.微生物好氧处理。

　　过滤吸附的材料采用谷壳灰，其吸附作用非常理想，吸附后的污水 COD 从 $3000mg/m^3$ 下降至 $1500～2000mg/m^3$。

　　曝气在污水处理中十分关键，经过充分曝气的污水含 COD 值从 $1500～2000mg/m^3$ 下降至 $1000～1500mg/m^3$，这时污水由黄褐色变为黑色，适合于微生物处理。

　　经曝气后的污水进入沉淀池，大部分灰渣等杂质沉淀于池底。另外，污水在这里得到进一步氧化曝气。事实上，如果应用自然曝气法，曝气池也是沉淀池，其体积需要足够大。

　　生化处理是利用好氧细菌的分解作用，把 COD 值从 $1000～1500mg/m^3$ 降低到 $100～200mg/m^3$ 甚至更低，处理后的 COD 值可以达到国家规定的排放标准。

4.5.3.2　气化发电技术应用类型

　　（1）小规模生物质气化发电系统

　　小规模气化发电系统功率在 2～160kW 之间，气化炉几乎都是下吸式固定床气化炉，因为这种炉具产出燃气焦油含量较低，净化系统相对简单，对环境造成的危害较小，原料为木片、可可壳、玉米秸等各类生物质，生产强度为 200kg/(m²·h)，

燃气热值在 $5000kJ/m^3$ 以下，采用内燃机发电机组，按内燃机运行方式有单燃和双燃。单燃指内燃机只燃用生物质气化可燃气，双燃指同时还需要燃用少量柴油，前者使用方便，后者效率较高，稳定性好[37,38]。

这种装置的主要优点是设备紧凑，运行方便，适用性较强；缺点是系统效率较低、不宜连续长时间运行，焦油净化效果不理想、设备损耗大，清洗焦油水易形成二次污染，加料工人劳动强度较大、单位功率投资较大。该装置适合照明或小型电机拖动，以及生物质丰富的地方，如山区、林区、农场有一定的实用价值。

（2）中型生物质气化发电系统[39]

系统一般在 $500\sim2000kW$，其组成与小型装置类似，由于气化容量较大，气化炉采用流化床或循环流化床形式，冷却过滤系统比小型系统完善，除焦采用催化裂解的方法，使 90% 以上的焦油裂解成气体，水洗冷却塔中排水的焦油含量可望达到排放标准，发电设备为内燃机发电机组。这种设备用于农村、农场、林场的照明用电或小工业用电，也适合粮食加工厂、木材加工厂等农村废弃物较多区域进行自供发电。

（3）大型生物质气化发电系统

大型生物质气化发电系统目前有两种技术路线[3]：一种是整体气化联合循环技术（IGCC，图 4-7）；另一种是热空气汽轮机循环技术（HATC，图 4-8）。

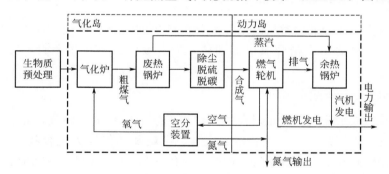

图 4-7　生物质整体气化联合循环（IGCC）发电系统

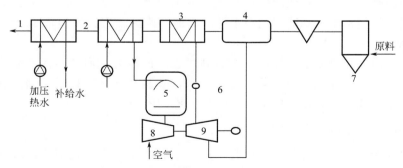

图 4-8　生物质热空气汽轮机循环（HATC）发电系统

1—烟囱；2—低温热回收装置；3—高温热交换器；4—燃烧器；5—蒸发器；6—附加燃烧器；
7—空气流化床气化炉；8—压缩机；9—燃气轮机

1）IGCC

由物料预处理设备、气化设备、净化设备、换热设备（余热锅炉等）、燃气轮机、蒸汽轮机发电设备组成。功率范围在 7～30MW，效率可达 35%～40%。气化炉为循环流化床或加压流化床，净化方式采用陶瓷滤芯的过滤器、焦油裂解炉及焦油水洗塔。这种系统的特点是原料处理量大，自动化程度高，系统效率高，适合工业化生产。

2）HATC

系统包括原料微乳系统、空气流化床或移动床气化炉、净化设备、燃烧器、热交换器及燃气轮机发电系统。它与 IGCC 的主要区别是气化后产生的热可燃气可在相邻的燃烧器中燃烧，故净化系统相对简单，只需要旋风分离去除杂质即可。燃气轮机可在干净的热空气下运行，减少了气化后可燃气中焦油和杂质对燃气轮机造成的损害，该项技术又称为间接燃气轮机发电。系统功率范围在 0.5～3MW 之间。

世界上许多国家都在对这两项技术进行立项研究，如欧盟、美国、巴西等示范场已经投入运行。我国的生物质 IGCC 示范系统正在建设之中，装机容量 4～6MW。

4.5.4 生物质气化合成化学品技术

生物质气化合成化学品是指经气化炉产生的生物质燃气，通过一定的工艺合成化学制品，目前主要是合成甲醇和氨，为运输业提供代用燃料，为种植业提供肥料等。

4.5.4.1 生物质气化合成甲醇[40]

以氧气或水蒸气为气化剂在气化炉中产生的中热值可燃气，除去其中的木焦油等有机物，再压缩除去二氧化碳、氮气、甲烷及其他烃类化合物。在一定压力下，使一氧化碳和水反应生成氢气，调整一氧化碳和氢的比例为 1∶2 混合气，导入合成反应器，经特定催化剂催化合成甲醇。

甲醇具有与乙醇相似的燃料特点，发动机燃用甲醇，结构无需做大的改造，功率输出等性能基本达到使用汽油水平。目前，德国已广泛使用含 1%～3% 甲醇的混合汽油。

生物质气化合成甲醇技术已经达到可投产的能力，但是，其产品的经济性尚不能与石油化工和煤化工相竞争。近几年来，欧盟开展了木材气化制甲醇项目，已经建成四个示范工厂，可处理干木规模为 4.8～12t/d。

4.5.4.2 生物质气化合成氨技术

以泥炭、木屑等生物质为原料，以氧气和水蒸气为气化剂，经过加压流化床气化炉气化后产生的可燃气，净化后可合成氨气。总体来看，欧美国家的生物质气化技术比较先进，其气化装置一般规模较大，自动化程度高，工艺比较复杂，以发电和供热为主。气化效率可达 60%～80%，燃气热值（标准状态）达 17～24MJ/m³。

在发展中国家，生物质气化技术应用的规模较小。在世界范围内，发达国家生物质气化发电投入商业运行的典型功率为 $80 \sim 300 \mathrm{kW}$，而发展中国家为 $40 \sim 200 \mathrm{kW}$。

有关于对生物质合成气的深度加工将在第 7 章的 7.2 部分做进一步探讨。

参考文献

[1]　Coombs J, Hall D O. Biomass Gasification（Part Ⅰ）[M]. London: Elsevier Applide Science, 1989.

[2]　Crocker M. Thermochemical Conversion of Biomass to Liquid Fuels and Chemicals [J]. The Royal Society of Chemistry, 2010.

[3]　马隆龙，吴创之，孙立. 生物质气化技术及其应用 [M]. 北京：化学工业出版社，2003.

[4]　许世森，张东亮，任永强. 大规模气化技术 [M]. 北京：化学工业出版社，2005.

[5]　Shamsul N S, Kamarudin S K, Rahman N A, et al. An overview on the production of bio-methanol as potential renewable energy [J]. Renewable and Sustainable Energy Reviews, 2014, 33: 578-588.

[6]　Javaid Akhtar, NorAishah Saidina Amin. A review on operating parameters for optimum liquid oil yield in biomass pyrolysis [J]. Renewable and Sustainable Energy Reviews, 2012, 16: 5101-5109.

[7]　Sjöström E. Wood chemistry: fundamentals and applications [M]. 2nd edition. San Diego, California: Academic Press, 1993.

[8]　McKendry P. Energy production from biomass（Part 1）: overview of biomass [J]. Bioresour Technol 2002, 83（1）: 37-46.

[9]　Fahmi R, Bridgwater A, Donnison I, et al. The effect of lignin and inorganic species in biomass on pyrolysis oil yields, quality and stability [J]. Fuel, 2008, 87: 1230-1240.

[10]　Yi Zheng, Jia Zhao, Fuqing Xu, et al. Pretreatment of lignocellulosic biomass for enhanced biogas production [J]. Progress in Energy and Combustion Science, 2014, 42: 35-53.

[11]　Karkania V, Fanara E, Zabaniotou A. Review of sustainable biomass pellets Production-a study for agricultural residues pellets' market in Greece [J]. Renewable and Sustainable Energy Reviews, 2012, 16: 1426-1436.

[12]　Johan Isaksson, Anders Asblad, Thore Berntsson. Influence of dryer type on the performance of a biomass gasification combined cycle co-located with an integrated pulp and paper mill [J]. Biomass and Bioenergy, 2013, 59: 336-347.

[13]　Kasparbauer R D. The effects of biomass pretreatments on the products of fast pyrolysis [D]. Ames, Iowa: Iowa State University, 2009.

[14]　Carpenter D, Westover T L, Czernik S, et al. Biomass feedstocks for renewable fuel production: a review of the impacts of feedstock and pretreatment on the yield and product distribution of fast pyrolysis bio-oils and vapors [J]. Green Chemistry, 2014, 16: 384-406.

［15］ Carrier M, Neomagus H W, Gorgens J, et al. Influence of chemical pretreatment on the internal structure and reactivity of pyrolysis chars produced from sugar cane bagasse [J]. Energy Fuels, 2012, 26: 4497-506.

［16］ Yu Y Q, Zeng Y L, Zuo J E, et al. Improving the conversion of biomass in catalytic fast pyrolysis via white-rot fungal pretreatment [J]. Bioresource Technology, 2013, 134: 198-203.

［17］ Pandey K K, Pitman A J. FTIR studies of the changes in wood chemistry following decay by brown-rot and white-rot fungi [J]. Int Biodeterior Biodegrad, 2003, 52: 151-160.

［18］ Lou R, Wu S B. Products properties from fast pyrolysis of enzymatic/mild acidolysis lignin [J]. Applied Energy, 2011, 88: 316-322.

［19］ White D H, Schott N R, Wolf D. Experimental study of an extruder-feeder for biomass direct liquefaction Canadian [J]. Journal of Chemical Engineering, 1989, 67 (6): 969-977.

［20］ Dai Jianjun, Grace John R. A model for biomass screw feeding [J]. Powder Technology, 2008, 186 (1): 40-55.

［21］ 李志合, 易维明, 李永军. 等离子体加热流化床反应器的设计与实验 [J]. 农业机械学报, 2007, 8 (34): 66-69.

［22］ 李永军, 易维明, 柏雪源, 等. 刮板式生物质粉喂料机的喂料特性分析 [J]. 太阳能学报, 2014, 35 (2): 355-359.

［23］ Zhen Fang. Liquid, Gaseous and Solid Biofuels Conversion Techniques [J]. InTech, 2013.

［24］ 魏文茂, 马隆龙. 生物质气化发电 [J]. 农村能源, 1995, 6: 16.

［25］ 袁振宏. 生物质气化及相关技术的技术经济评价 [R]. 中国生物质能技术开发中心, 1999.

［26］ 刘作龙, 孙培勤, 孙绍晖, 等. 生物质气化技术和气化炉研究进展 [J]. 河南化工, 2011, 28 (1): 21-25.

［27］ 刘国喜, 庄新妹, 李文, 等. 生物质气化炉-生物质气化讲座 (二) [J]. 农村能源, 1999, (6): 17-19.

［28］ Matthew S. Biomass Gasification Past Experiences and Future Prospects in Developing Countries [R]. Mendis, Industry and Energy Department the World Bank, 1989.

［29］ 杨坤, 冯飞, 孟华剑, 等. 生物质气化技术的研究与应用 [J]. 安徽农业科学, 2012, 40 (3): 1629-1632.

［30］ 陈蔚萍, 陈迎伟, 刘振峰. 生物质气化工艺技术应用与进展 [J]. 河南大学学报 (自然科学版), 2007, 37 (1): 35-41.

［31］ 赵志铎. 生物质气化过程中焦油催化裂解脱除方法研究 [D]. 北京: 华北电力大学, 2010.

［32］ 《化学工程手册》编辑委员会. 化学工程手册 [M]. 北京: 化学工业出版社, 1989.

［33］ 刘国喜. 生物质气化技术 [J]. 农村能源, 1999.

［34］ 孙立, 许敏. 秸秆类低质生物质原料热解气化技术及其应用评价 [C]. 农村能源与安全技术文集, 2002.

［35］ 刘宝亮, 蒋剑春. 中国生物质气化发电技术研究开发进展 [J]. 生物质化学工程, 2006, 40 (4): 47-52.

［36］ 阴秀丽, 吴创之, 郑舜鹏, 等. 中型生物质气化发电系统设计及运行分析 [J]. 太阳能学报, 2000, 21 (3): 307-312.

［37］　吴正舜，马隆龙，吴创之.下吸式气化炉中生物质气化发电的运行与测试［J］.煤炭转化，2003，26（4）：79-83.

［38］　崔亨哲，王军，任永志，等.小型生物质气化发电系统的设计与测试［J］.可再生能源，2006，（3）：23-28.

［39］　黄达其，陈佳琼.我国生物质气化发电技术应用及展望［J］.热力发电，2008，37（10）：6-8.

［40］　许祥静，张克峰.煤气化生产技术［M］.北京：化学工业出版社，2010.

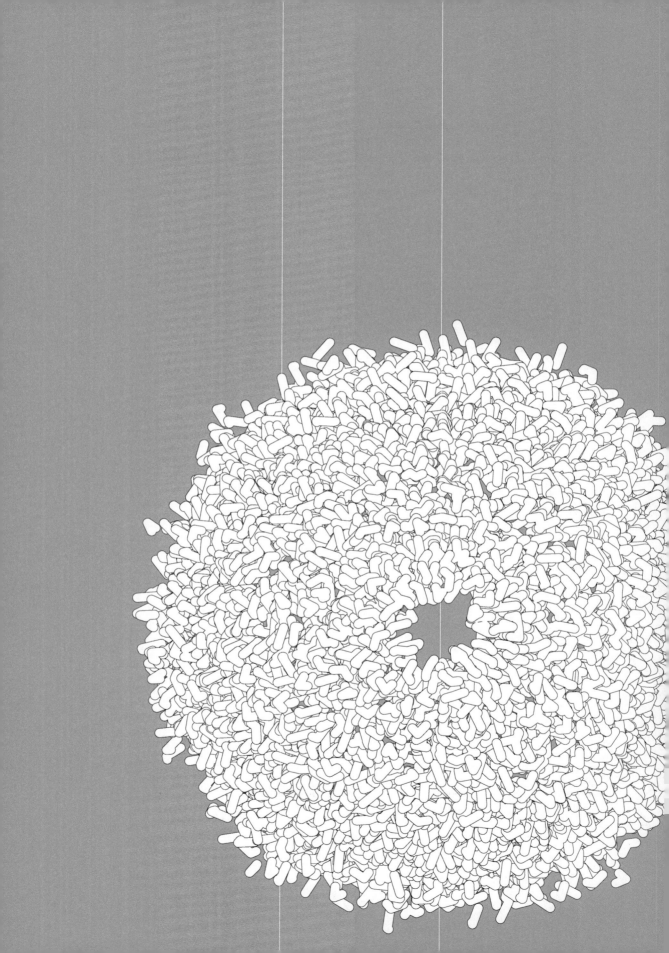

第

5

章

生物质热裂解液化工艺及主要设备

5.1 热裂解液化原理与影响因素

生物质热裂解液化是生物质在中等温度无氧条件下快速分解成热裂解气、炭粉及气体，通过淬冷得到深褐色生物油，其热值可达传统燃油的1/2。通过该技术，可以获得高的液体产率。快速热裂解液化技术有以下几个特征[1]：

① 非常高的升温速率以及生物质颗粒反应表面非常高的热传递速率，由于生物质颗粒热导率低，粒径一般小于3mm。

② 为获得最大的液体产率，反应温度一般控制在500℃。

③ 为防止二次反应，热裂解气的滞留时间应少于2s。

④ 为防止热裂解气发生裂解反应及保证生物油纯净，应对其进行有效的炭分离。

⑤ 为提高生物油产率，对热裂解气进行淬冷处理。

生物质热裂解液化是一个非常复杂的过程，热裂解产物含有生物油、不可冷凝气体以及炭粉。一般来说，在中等温度（400~500℃）下热裂解，生物质以产油为主，生物油产率最大可以达到60%；在稍低的温度（<400℃）下热裂解，生物质以产炭为主，炭产率达35%；在高温（>500℃）条件下热裂解会得到更多的气体，最大气体产率达85%[1]。反应过程中，操作参数（如温度、气相滞留时间、催化剂）、生物质属性（如原料种类、粒径大小、含水率等）以及热裂解液化工艺（如反应装置类型、分离装置、冷凝装置等）对生物油（如产率、黏度、成分以及热值等属性）有直接的影响，因此为了获得高品质的生物油需要对最佳的操作参数进行研究[2]。

5.1.1 温度及升温速率的影响

反应温度对热裂解产物的产率及组成成分有很大影响。生物油产率随着热裂解温度的升高而增加，但最终趋于一个稳定值。不同的生物质最佳热裂解温度不同，一般在450~550℃之间。适当的热裂解温度会促进炭粉二次反应的进行，有利于提高液体产率[3~5]。另外，升温速率对热裂解也有影响，升温速率越快，生物质颗粒到达热裂解温度所需要的时间越短，热裂解气二次反应越少，越有利于热裂解的进行，但如果生物质粒径较大，容易造成颗粒内外温差增大，传热滞后效应会影响内部热裂解进行，热裂解气的停留时间相对增加，加剧二次裂解，降低生物油产率，增加气体产率[6]；升温速率低，生物质颗粒内部在低温区域停留时间变长，炭粉产率增加。当生物质热裂解温度较高、粒径大小适中时，提高升温速率，生物油中的芳香族组分减少，脂肪族组分增加。为了获得高的生物油产率，需要将热裂解温度及升温速率（10^2~10^4K/s）控制在最佳范围内[7]。

5.1.2　气相滞留时间的影响

挥发分从颗粒内部析出受颗粒空隙率和气相产物动力黏度的影响。当挥发分离开颗粒后，其中的生物油和不可冷凝气体分子还将发生进一步断裂，影响液体产率。气相滞留时间是影响生物油产率的关键因素[8]。一般来说，在最佳热裂解温度及升温速率条件下，短的气相滞留时间有利于液体产物的生成[9]。但为了获得高的生物油产率同时提高生物油的品质，需要将气相滞留时间控制在一个合理的范围内。气相滞留时间还跟压力等参数有关，因此需要根据实际情况进行调节，以提高生物油的产率和品质。

5.1.3　压力的影响

压力的大小将影响气相滞留时间，从而影响二次裂解，对热裂解产物产量分布产生一定的影响。沈永兵等[10]探究了木屑在常压和加压下的热裂解实验，结果表明，常压下，随着升温速率的增加，反应激烈程度增加；与常压相比，加压状态下，活化能明显减小；随着热裂解压力的提高，挥发分初析温度和 DTG 峰值温度升高，最大失重速率减小。一般认为，较高的压力抑制了挥发分从颗粒内部的析出，增加了气相滞留时间，二次反应增加，气体产率增加；低压条件下，气相产物可以迅速地从颗粒表面和内部离开，缩短了气体滞留时间，增加了生物油产率。

5.1.4　生物质粒径、种类的影响

生物质内部结构复杂，热传递效率低，因此粒径大小对生物油产率及组分有重要影响。一般来说，粒径越小，生物质颗粒内外越容易达到一致的升温速率；粒径越大，生物质内外温差越大，越容易造成热裂解气的二次裂解以及生物质颗粒内部炭化，降低生物油产率。不同的反应器，对生物质粒径的要求也不一样，粒径小于 2mm 的生物质适应于流化床反应器，粒径小于 6mm 的生物质适应于循环流化床反应器，粒径小于 200mm 的生物质则适应于旋转锥反应器。总之，生物质粒径大小改变了颗粒的升温速率以及挥发分析出的快慢，从而影响热裂解产物产率及组分。生物质和反应器种类不同，需要的最佳粒径也不同。生物油产率是判断粒径是否合适的重要标准[11,12]。

5.2　生物质热裂解液化工艺过程

采用快速热裂解技术，生物质所含的长链有机高聚物在隔绝空气和常压中温的

条件下迅速受热断链为小分子为主的热裂解气，热裂解气被迅速冷凝，从而获得液体油产物（生物油）[13]。快速热裂解液化制取生物油系统是由一系列综合的步骤流程组成，工艺流程如图 5-1 所示。工艺装置一般包括供热装置、生物质喂入装置、反应装置、收集装置等。

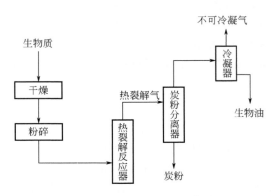

图 5-1　生物质热裂解液化工艺过程

工艺过程如下：供热装置提供生物质在反应器中热裂解所需的热量，生物质经干燥和粉碎后喂入热裂解反应器中，反应初产物首先经炭粉分离器分离出残炭，排出热裂解气，热裂解气经冷凝器将可冷凝气体迅速冷凝成液态，得到生物油，不可冷凝气体排出冷凝器，即为气体产物。

生物质热裂解液化的工艺要求为：

① 进入热裂解反应器的原料含水率应低于 10%。

② 原料应被粉碎到足够小的粒度（采用一般流化床及其他相似结构的热裂解反应器，原料粒度一般应小于 2mm，循环流化床小于 6mm），以便提高加热速率、增加产油率。

③ 工艺装置应在无氧或者缺氧条件下运行。

④ 以 $10^3 \sim 10^4 K/s$ 的升温速率（快速）把原料加热到 $500 \sim 650℃$，进行超短时间的裂解反应。

⑤ 生成的热裂解气停留时间越长，二次裂解发生的可能性越大，生成不可冷凝气体的成分增多，因此必须尽快将生成的热裂解气排出，且迅速冷凝为液体。原料颗粒要完全裂解必须有一定的停留时间，大原料颗粒（>2mm）的热裂解停留时间要求 $1 \sim 5s$，小原料颗粒（<2mm）的热裂解停留时间小于 1s。而热裂解气可停留时间一般为 $0.2 \sim 3s$。

⑥ 热裂解反应的固态产物（炭），会对热裂解气起催化作用，造成生物油不稳定，因此在热裂解气冷凝之前，必须快速彻底地除去。

⑦ 进入冷凝装置的热裂解气应迅速被冷却至 60℃ 以下，以便尽可能多地得到生物油。

5.3　生物质热裂解液化反应器及其特点

表 5-1 简单列出了相关机构研发的热裂解装置类型及规模。

表 5-1　几种典型的热裂解液化反应器及相应研究机构

反应器类型	研究机构	规模/(kg/h)
流化床反应器	Aston U.，UK	5
	中科院广州能源所	10
	NREL，USA	10
	华南理工大学	1
	中国科学技术大学	650
输运床及循环流化床	VTT，Finland	20
	BTG，Netherlands	10
旋转锥反应器	Aston U.，UK	20
烧蚀反应器	Institute of Engineering Thermophysics，Ukraine	15
	Technical U. Denmark	1.5
	Auburn U. USA	1
Augur or Screw	KIT（FZK），Germany	500
	Mississippi State U.，USA	2
	Texas A&M U.，USA	30
	山东大学	<0.1
微波热裂解	U. Minnesota，USA	10
移动床及固定床	中国科学技术大学	0.5
陶瓷球套管式气体加热反应器	山东理工大学	110

下面对几种典型的热裂解液化装置进行介绍。

5.3.1　鼓泡流化床生物质热裂解液化工艺

在生物质热裂解技术工艺中，流化床以其结构和原理简单，操作方便，在目前的生物质热裂解试验研究中应用最为广泛。流化床反应器属于混合式反应器，主要借助热气流或气固多相流对生物质进行加热，起主导方式的是对流换热。常见的反应器类型有鼓泡流化床反应器、循环流化床反应器、导向管喷动流化床反应器等装置[14]。采用鼓泡流化床进行快速热裂解，流化介质是热裂解生成的气体，热载体是砂子[15]。由于砂子的比热容很大（是相同体积空气的 1000 倍），与粉碎为细粉的生物质接触可实现很高的传热速率（1000℃/s 以上），反应停留时间极短，挥发物经过快速分离和冷凝后成为所需的生物油，产率高达 70%～75%（干基），其工艺流程如图 5-2 所示。

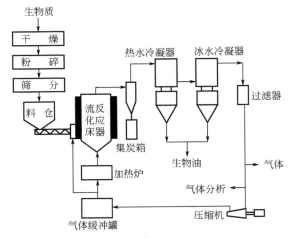

图 5-2　鼓泡流化床生物质热裂解液化工艺

鼓泡流化床通过调节载气流量来控制原料颗粒和热裂解气的停留时间，适合进行小原料颗粒（<2mm）的热裂解。鼓泡流化床的设备制造简单、操作简单、反应温度控制方便，特别是它的热载体密度高、传热效率好，非常有利于快速热裂解的进行。加拿大的滑铁卢大学是最早使用流化床进行热裂解液化实验研究的机构，并且一直在该领域保持技术领先；西班牙的 Union Fenosa 基于滑铁卢大学技术建立了处理量为 200kg/h 的热裂解反应装置；加拿大的达茂公司基于 RTI 的设计，2007 年在安大略建立了大规模的热裂解液化装置，日处理量达到 200t，生物油产率达65%～75%；同年，澳大利亚的 Renewable Oil 公司引进达茂公司的技术建立了日处理量达 178t 的工业装置，该设备主要以当地的小桉树、木屑、蔗糖渣为热裂解原料。中国科学技术大学自主研发了自热式流化床热裂解液化装置；随后安徽易能生物能源有限公司采用该技术，建立了 20kg/h 热裂解液化实验装置，通过对该技术的不断改进、完善，研制出产量为 1000kg/h 的工业装置；山东泰然新能源有限公司，在该工艺基础上进行优化，建成了生物质处理量为 12t/h 的工业装置。

5.3.2　循环流化床生物质热裂解液化工艺

循环流化床反应器与鼓泡流化床反应器有很多相似特征，主要区别在于该反应器中的炭粉滞留时间与热裂解气滞留时间相同，采用循环流化床进行生物质的快速热裂解，它的流程如图 5-3 所示[16,17]。

在这种工艺中，炭产物和气体流带出的砂子通过旋风分离器回到燃烧室内循环

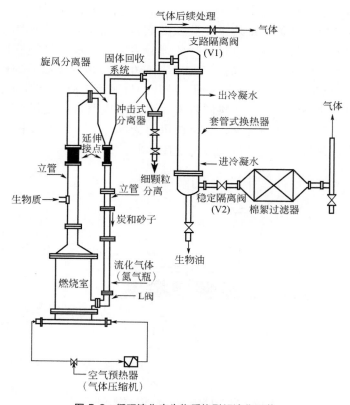

图 5-3　循环流化床生物质热裂解液化工艺

利用，从而降低了热量的损失。由于提供热量的燃烧室和进行反应的流化床合二为一，因此降低了反应器的制造成本，而且加热速率控制方便，反应温度均匀，炭停留时间和气体产物停留时间基本相同，适合小原料颗粒（<2mm）的热裂解，生物油产率可达 60%。在目前各种快速热裂解生产装置中，循环流化床的处理量最大，适合规模放大而在石油化工企业中被广泛应用。Ensyn 公司在意大利建立了一个处理量达 650kg/h 的热裂解装置，目前已经停产；美国的威斯康星州的几个公司联合建立了一个处理量为 1700kg/h 的装置，用于生产调味品添加剂；加拿大的 Ensyn 建立了一个 2000kg/h 处理量的装置。国内的华东理工大学建立了处理量为 5kg/h 的循环流化床快速热裂解液化实验装置，主要以木屑为原料用于热裂解液化实验研究[18,19]。但循环流化床内的流体运动情况十分复杂，仍需进行反应器的运转稳定性和系统的反应动力学研究。另外，由于固体传热介质需要循环使用，增加了系统的操作复杂性。

5.3.3　烧蚀式反应器生物质热裂解液化工艺

　　烧蚀热裂解是快速热裂解研究最深入的方法之一[20,21]。Aston 大学研发的烧蚀反应器结构新颖，进料速率为 3kg/h，已成功地得到了 80%的生物油，现正在进行设备的放大研究。烧蚀式反应器生物质热裂解液化工艺流程如图 5-4 所示。粒径达 6.35mm 的干燥生物质颗粒通过密封的螺旋给料器，喂入氮气清扫的反应器中，四个不对称的叶片以 200r/min 的速率旋转，产生了传递给生物质的机械压力，将颗粒送入加热到 600℃的反应器底部表面。叶片的机械运动使颗粒相对于热反应器表面高速运动并发生热裂解反应。产物随着氮气离开反应器进入旋风分离器，然后通过逆流冷凝塔将最初挥发产物冷凝，其余的可冷凝部分通过静电沉积器从不可冷凝气体中沉积下来。最后剩余的气体通过流量计排出。

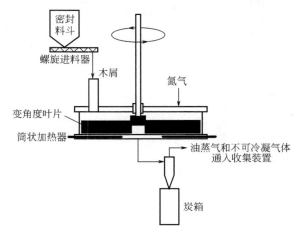

图 5-4　烧蚀式反应器生物质热裂解液化工艺

5.3.4　真空快速裂解反应器生物质热裂解液化工艺

加拿大 Laval 大学设计的生物质真空热裂解反应器生物质热裂解液化工艺[22]，如图 5-5 所示。物料经过干燥和破碎后在真空状态下导入反应器，在反应器两个水平的恒温金属板间受热裂解（顶层板温度为 200℃，底层板温度为 400℃）。由于反

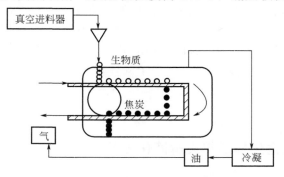

图 5-5　真空快速裂解反应器生物质热裂解液化工艺

应是在 15kPa 的负压下进行的，热裂解蒸气停留时间短，并迅速离开反应器，从而降低了二次裂解的概率。热裂解气进入冷凝系统。反应装置具有两个冷凝系统，一个收集重质的生物油，另一个收集轻质的生物油和水分，生物油的产率达 35%～50%。由于真空热裂解系统需要有真空泵，而且反应器必须具有极好的密封性，因此实际应用投资成本高，运行操作也有一定难度，大规模生产困难。

5.3.5　蜗旋反应器生物质热裂解液化工艺

美国太阳能研究学会 James Diebold 等研究开发了蜗旋反应器生物质热裂解液化工艺[23]，如图 5-6 所示。

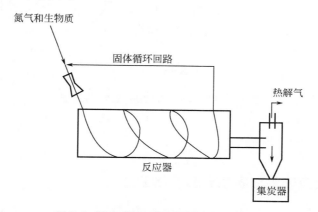

图 5-6　蜗旋反应器生物质热裂解液化工艺

生物质颗粒在高速氮气或过热蒸气引射流作用下沿切线方向进入反应器管，并由高速离心力作用在高温的反应器壁上烧蚀，从而在反应器壁上留下生物油膜，并迅速蒸发。未完全转化的生物质颗粒则通过特殊的固体循环回路循环反应。典型的 2mm 大小的粒子在完全裂解前有 1～2s 的停留时间，在此时间内它要循环约 30 次。这种循环使粒子的停留时间和蒸气的停留时间无关，从而使该反应器的操作受进料粒子大小的影响很小。当木屑颗粒喂入量为 30kg/h 时，生物油的产率可达 55%。

5.3.6　涡流反应器生物质热裂解液化工艺

涡流反应器由美国可再生能源实验室研制，其原理是利用高速氮气（1200m/s）或过热蒸气流引射（夹带）生物质颗粒沿切线方向进入反应器管，生物质在此条件下受到高速离心力的作用，在高温（625℃）反应器壁面上发生烧蚀[24]。烧蚀颗粒产生的生物油膜留在反应器壁上，并且迅速蒸发，未完全转化的生物质颗粒可以通过固体循环回路返回反应器再次反应。工艺如图 5-7 所示，该工艺可获得 67% 左右产率的生物油。

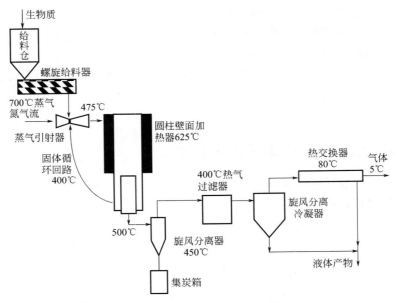

图 5-7　涡流反应器生物质热裂解液化工艺

5.3.7　携带床反应器生物质热裂解液化工艺

　　由美国佐治亚技术研究院开发的携带床反应器生物质热裂解液化工艺[25]，如图 5-8
所示。它以燃烧后的高温烟道气作为载流气，采用较大的载流气流量（其和生物质的质
量比约为 8∶1），以 0.30～0.42mm 的木屑为原料，所得有机生物油的收率为 58%。

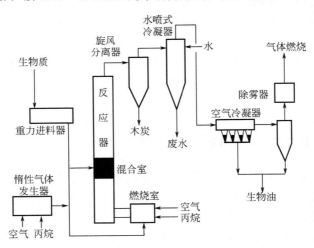

图 5-8　携带床反应器生物质热裂解液化工艺

5.3.8　旋转锥反应器生物质热裂解液化工艺

　　旋转锥反应器是一种较早开发的生物质热裂解反应器,它能最大限度地增加生物油的产量[26]。除生物质热裂解外,旋转锥反应器还可用于页岩油、煤、聚合物、渣油的热裂解。旋转锥反应器由荷兰 Twente 大学在 1989~1993 年期间研制成功,最初生物质喂入率为 10kg/h 的实验室小规模装置,其生物油产率可达 70%。如图 5-9 所示。经过干燥的生物质颗粒与经过预热的载体砂子混合后送入旋转锥底部,在转速为 600r/min 的旋转锥带动下螺旋上升,在上升过程中被迅速加热并裂解。裂解产生的挥发物经过导出管进入旋风分离出炭,然后通过冷凝器凝结成生物油。分离出的炭再次回到预热器燃烧加热原料。在此过程中,传热速率可达 1000℃/s,裂解温度 500℃左右,原料颗粒停留时间约 0.5s,热裂解气停留时间约 0.3s,生物油产率为 60%~70%。旋转锥反应器运行中所需载气量比流化床小得多,这样就可以减小装置的容积,减少冷凝器的负荷从而降低装置的制造成本。

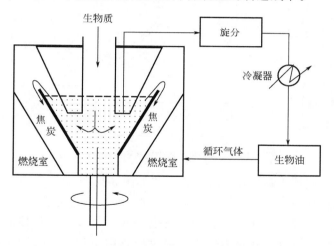

图 5-9　旋转锥反应器生物质热裂解液化工艺

5.3.9　下降管反应器生物质热裂解液化工艺

　　下降管反应器生物质热裂解液化工艺由山东理工大学自主研制开发,该装置采用以陶瓷球颗粒(直径为 2~3mm)为热载体的气固并流下行超短接触热裂解技术热裂解生物质粉。采用陶瓷颗粒为热载体,其比热容为相同体积气体的 1000 倍,且其热传性能好。这种技术是将加热的陶瓷颗粒与粉碎成细粉的生物质粉直接接触,实现生物质粉在 0.1~0.5s 超短接触时间内升温至 500℃左右,断裂其高分子键。通过此快速热裂解技术,将分子量为几十万到数百万的生物质粉直接热裂解为分子量几十到 1000 左右的小分子气体,热裂解气经过冷激获得液体生物油[27~40]。

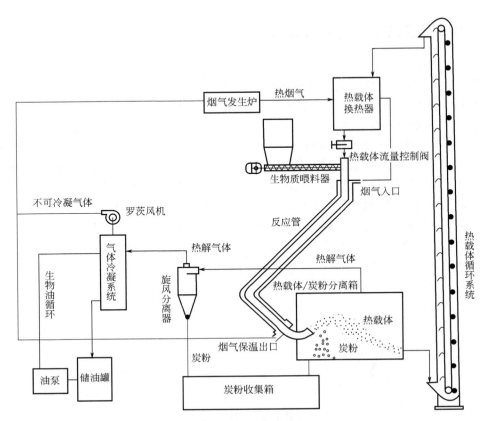

图 5-10　下降管反应器生物质热裂解液化工艺

　　下降管反应器生物质热裂解液化工艺如图 5-10 所示。

　　其工艺过程为：利用烟气发生炉产生的 800℃左右高温烟气加热热载体换热器中的陶瓷球到设定温度（500℃以上）。陶瓷球通过热载体流量控制阀流入下降管后与喂入的生物质粉混合，在重力作用下沿反应管向下运动，其间生物质颗粒受热发生热裂解反应。热裂解气和热裂解固体产物（炭粉）进入热载体/炭粉分离装置，其中陶瓷球落在倾斜放置的筛板上并流入热载体循环系统。炭粉落入炭粉收集箱中。热裂解气被罗茨风机引入旋风除尘器进一步除尘，洁净的热裂解气在气体冷凝系统中急剧冷却得到液体生物油；不可冷凝气体被送入烟气发生炉进一步燃烧利用。流出换热器的热烟气可以进入反应管与保温套管之间的腔体，以充分利用余热对反应管进行保温。

　　下降管反应器的反应管近似"V"形，外加夹套，利用烟气进行保温处理，见图 5-11。"V"形夹角成 90°，反应管上端连接波纹管，以消除反应管受膨胀热应力的影响。进入热裂解反应管的陶瓷颗粒与生物质粉迅速混合，使生物质粉受热热裂解。反应管做成"V"形，增加了热载体与生物质粉在反应管内混合接触的均匀程度。陶瓷球与生物质粉混合接触时间主要由反应管长度及"V"形管相关角度确定。

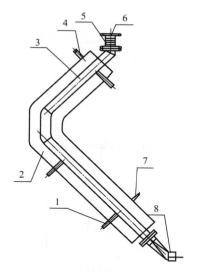

图 5-11　下降管反应器示意

1—温度测量管；2—烟气保温套管；3—反应管；4—烟气出口；

5—波纹管法兰；6—反应管入口；7—烟气入口；8—反应管出口

热载体换热器的作用是把陶瓷球热载体加热到设定的温度。换热器的结构如图 5-12 所示。烟气发生炉产生的高温烟气从烟气入口 7 按箭头方向通过 Ⅰ 区换热管进入中部的 Ⅱ 区，再流经上部的 Ⅲ 区换热管，在出口烟气 2 处流出换热器，进入反应管套管。各区中横向穿插硅碳棒。硅碳棒及其保护套管与换热管垂直布置，作为加

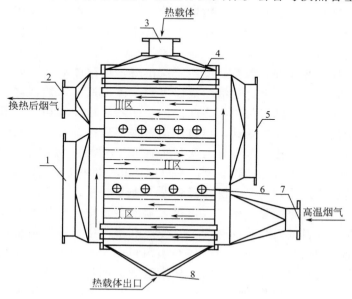

图 5-12　热载体换热器

1,5—检修口；2—烟气出口；3—热载体入口；4—换热管；

6—烟气保护套管；7—烟气入口；8—热载体出口

155

热热载体陶瓷球的辅助热源。

生物质喂料器如图 5-13 所示。被粉碎成纤维长度 3~5mm 并被处理至含水率为 10％左右的生物质粉，由喂料斗加入料筒中，由旋转喂料体控制喂料量，使物料落入落料筒中，进入螺旋喂入绞龙，物料在绞龙的推送下，均匀、持续地进入热裂解反应管[41]。

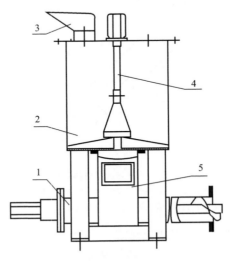

图 5-13　生物质喂料器

1—螺旋喂入绞龙；2—料筒；3—喂料斗；4—旋转喂料体；5—落料筒

参与热裂解反应后的热载体陶瓷球物性不变，可以循环利用，而生物质粉则在析出挥发分后变为炭粉。为了循环利用热载体且避免炭粉进入换热器产生燃烧，必须把炭粉与热载体彻底分离。热载体/炭粉分离器如图 5-14 所示。具有一定速度和惯性的热载体与炭粉混合颗粒从反应管流出后，热载体沿水平方向的位移要远远大于炭粉颗粒，落在筛板上，并沿筛板通过热载体出口流入热载体循环提升系统。大部分炭粉通过反应管端口与筛板之间的间隙落入炭粉收集箱。少量被热载体携带并落在筛板上的炭粉，在向热载体出口流动过程中通过筛孔进入炭粉收集箱，从而实现炭粉的分离。该方法使颗粒分离没有外加动力，增强了装置的连续运行能力。

对热裂解产生的气态产物急剧冷却可以使其中的可冷凝成分液化，得到生物油。热裂解气冷凝系统采用的是喷淋冷凝装置，结构如图 5-15 所示。

热裂解气体从下端热裂解气入口进入喷淋装置中，与从上部喷嘴喷出的雾状低温生物油接触，其间发生相间热交换，使热裂解气中可冷凝成分冷凝。生成的生物油从生物油出口流出。不可冷凝气体被引风机引出，经过一个小型旋风分离器，其中的可液化成分可进一步冷凝，且可使大液滴流回喷淋装置。喷淋装置中喷嘴的选择最为关键，它对于生物油液化率影响较大。利用粒子图像测速仪对不同类型喷嘴的试验研究表明，锥形螺旋喷嘴的雾化效果较好，其特点是能产生空心锥形喷雾形状，喷射区域成环形，喷雾角度为 40°~90°。该喷嘴能在低压下产生良好的雾化效果，尤其适合应用在要求快速热交换的工况中。同时，喷嘴的通道大而通畅，能减

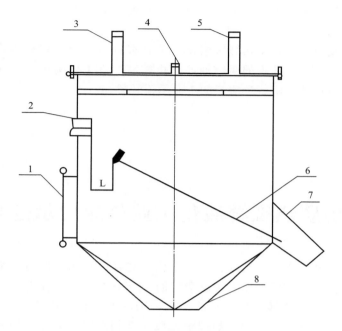

图 5-14　热载体/炭粉分离器

1—检修口；2—反应管；3,5—热裂解气引出口；4—观察口；
6—筛板；7—热载体出口；8—出灰口

引风

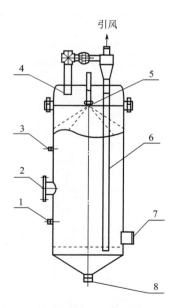

图 5-15　喷淋冷凝装置

1—测温口；2—防爆口；3—测压口；4—不可冷凝气体出口；
5—喷嘴；6—回流管；7—热裂解气入口；8—生物油出口

少或消除阻塞现象。喷嘴孔径和压力变化对喷雾雾滴的喷雾速度、平均直径和雾化锥角等参数均有影响[42]。

下降管反应器生物质热裂解液化工艺具有较高的加热和传热速率,结构简单且处理规模容易放大,获得的生物油产率也较高,有关机构正在不断研究完善中,接下来章节重点讲述下降管反应器的工业示范装置。

5.4 生物质热裂解液化工业化应用示范装置

表 5-2 列出了几种实现热裂解工业化的装置以及相应的研究机构和规模。虽然反应器只占整个热裂解液化系统总费用的 $10\%\sim15\%$,但是却是整个系统的核心部件。反应器的类型及其加热方式的不同,决定了生物质热裂解产物的比例及属性。遵循反应器升温速率快、中等热裂解温度、气相滞留时间短等原则,各科研机构在反应器的设计上投入了大量精力,研制了很多新型生物质热裂解反应器或在传统反应器基础上进行改进、优化。

表 5-2 热裂解工业化装置及其产量

反应器类型	企业	个数	规模/(kg/h)
流化床反应器	Agritherm,Canada	2	200
	Biomass Engineering Ltd,England	1	200
	Dynamotive,Canada	4	8000
	RTI,Canada	5	20
输运床以及循环流化床	ENSYN,Canada	8	4000
	Metso/UPM,Finland	1	400
旋转锥反应器	BTG,Netherlands	4	2000
烧蚀反应器	PyTec,Germany	2	250
真空泵反应器	Pyrovac,Canada	1	3500
移动床和固定床	安徽易能生物科技公司	3	600
Augur or Screw	Abritech,Canada	4	2083
	Lurgi LR,Germany	1	500
	Renewable Oil Intl,USA	4	200

山东理工大学在 1999 年提出等离子加热生物质实现快速热裂解,并成功应用于玉米秸秆粉的实验。随后自主设计了 50kg/h 的流化床热裂解液化反应器,进行相关理论方面的研究。通过在热裂解液化机理方面的探索积累,结合当地资源,自主研发了拥有自主知识产权的套管式气体加热热裂解液化反应器(图 5-16)[37～40]。

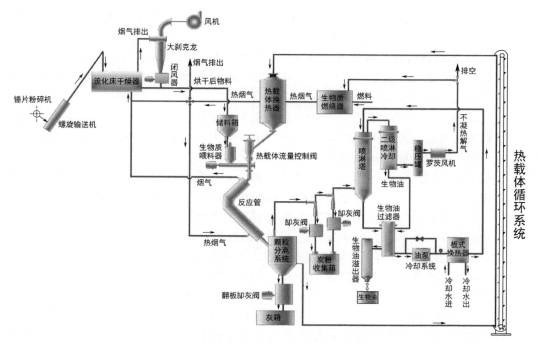

图 5-16　套管式气体加热热裂解液化反应装置工艺流程

经过不断的探索革新，已经形成一套完善的热裂解工艺，具体是通过生物质燃烧炉产生的热烟气加热陶瓷球，高温陶瓷球在套管式气体加热反应器内与生物质粉接触、换热，实现快速升温热裂解，通过后续的气体/固体分离装置、生物油循环冷却装置等完成对生物油的收集。该工艺具有加热速率快，气相滞留时间短，冷凝装置负载小，热载体可以循环使用，结构简单，适合规模放大等优点。实验室已经经历了三代改进，本节将对第四代工业化示范装置进行评价分析。

5.4.1　工业化示范装置工艺流程

山东理工大学建立了处理量大于 300kg/h 的套管式热载体加热生物质热裂解液化工业示范装置，该系统主要包括生物质粉碎、干燥、热裂解、陶瓷球与残炭分离、热裂解气与固体分离、热裂解气冷凝装置、生物油存储、炭粉储存与输运[43]。生物质的快速热裂解液化需要考虑生物质特性、热裂解升温速率、热裂解气滞留时间、设备的密封性等要求。根据多年研究成果和经验以及以上要求研究制定了工业示范装置热裂解工艺流程，具体如图 5-16 所示。

该热裂解液化工业示范装置的具体工艺流程如下。

① 生物质颗粒燃烧炉产生 800℃ 以上高温烟气，热烟气进入隔板式换热器，通过间接换热的形式将换热器内的陶瓷球热载体加热到设定温度，热烟气从换热器中排出后通过引风机送入套管式气体加热反应器的套管中，对套管式气体加热反应器进行保温，确保管反应器内稳定的温度环境。

　　② 用 H 形流量控制阀来控制陶瓷球流量，当打开陶瓷球流量控制阀门后，陶瓷球在自身重力作用下向下运动。

　　③ 通过履带式刮板提升机将粉碎的生物质粉送入封闭式料仓，经可调速旋转刮刀喂料器将生物质粉准确送入螺旋喂料器，然后生物质粉被快速旋转的螺旋叶片送入套管式热裂解反应器内。

　　④ 在套管式热裂解反应器中生物质粉与陶瓷球混合，在混合流动下降过程中生物质粉与陶瓷球及周围环境实现热量交换，生物质粉被迅速加热到试验温度，并发生热裂解反应，生成热裂解气和炭粉。

　　⑤ 热裂解气、炭粉及陶瓷球继续流动进入分离箱，通过分离箱内置的筛网实现陶瓷球与炭粉分离，炭粉透过筛孔经翻版卸灰阀落入灰箱，陶瓷球则流入提升机被送入隔板式换热器进行循环利用。热裂解固体产物——炭粉通过两级旋风分离器从热裂解气中分离出来，经闭风器进入下方的收集装置。

　　⑥ 相对洁净的热裂解气进入喷淋塔，与低温雾化生物油接触迅速冷却，热裂解气中的大部分大分子可冷凝成分形成生物油，部分未能及时冷凝的热裂解气进入列管冷凝器进一步冷却，同之前的生物油汇合进入过滤器。

　　⑦ 生物油过滤器内放有一个孔径为 60 目的筛网，用于去除生物油中的大颗粒固体杂质，一部分干净的生物油作为喷淋介质被循环使用，多余的生物油通过生物油溢出器排出，经油泵加压送入储油罐。

　　⑧ 不可冷凝气中含有甲烷、氢气以及各类烷烃等易燃物质，可通过罗茨风机重新送入燃烧炉，为加热陶瓷球提供热量，由于该工业示范装置以燃烧生物质颗粒作为热源，同时热裂解尾气被重新利用后只产生二氧化碳及少量水分，因此既提高了能量利用效率、节省了能源，又避免了燃煤产生的硫化物及氮化物对环境造成影响。

5.4.2　工业化应用示范装置关键部件

5.4.2.1　热载体换热器及燃烧炉

　　图 5-17 为热载体换热器的结构及实物图。

　　相关研究表明，陶瓷球与生物质粉混合质量比为 20∶1 较好[39,44,45]。本热裂解液化工业示范装置的喂料量大于 300kg/h，为满足热裂解需求，陶瓷球热载体要大于 6t/h。该工业示范装置的隔板式换热器的设计容量为 3t，满足热裂解需求。高温烟气通过设备右下方入口进入换热器，烟气按照图 5-17 箭头所示方向流动，最后烟气从左上方的出口排出。由于热烟气含有灰分，长时间运行后会黏附在换热器壁上，导致气流通道变窄，影响烟气流动，同时由于灰分的热导率低，影响热量的传递，降低换热效果。因此在换热器左右两侧分别设置了检修口，方便定期对换热器内表面进行清理，防止换热器内部出现局部过热，引起陶瓷球黏结及换热器变形。由于不锈钢可以跟外部环境发生较强的热交换，为了降低热量的损失，提高换热效果，采用 150mm 厚的含锆陶瓷喷丝毯对换热器进行保温。在换热器的高温烟气入口、出

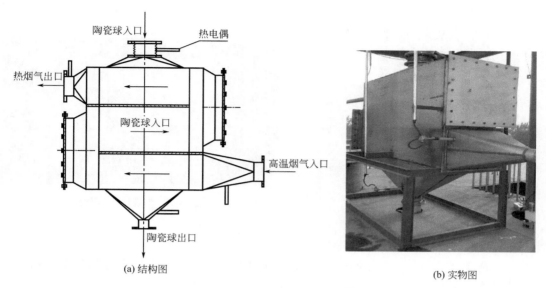

(a) 结构图

(b) 实物图

图 5-17　热载体换热器结构及实物图

口及固体热载体的入口、出口放置 4 个 K 形热电偶（测量温度范围为 0～1300℃），对烟气及陶瓷球温度进行实时监控。

生物质燃烧器的实物如图 5-18 所示。

根据上文提到的陶瓷球需求量，根据公式：

$$Q = cm\Delta T \tag{5-1}$$

式中　Q——陶瓷球总热量，J；

　　　c——陶瓷球比热容，J/(kg·K)；

　　　m——陶瓷球质量，kg；

　　　ΔT——陶瓷球温差，K。

陶瓷球比热容为 $c=800$J/(kg·K)，$m=6\times10^3$kg，$\Delta T=500$K，每小时至少需要 6t 陶瓷球参与换热。在隔板式换热器内，陶瓷球换热方式主要以对流换热为主，热传导和辐射换热为辅，将陶瓷球加热到目标温度至少需要 2.4×10^6kJ 热量。该燃烧炉采用的是淄博华锐生物质能源科技有限公司的全智能生物质燃料（风冷式）燃烧机，如图 5-18 所示。该燃烧机的功率为 600000kcal/h（1cal＝4.1840J），火焰前锋温度达 1300℃。该燃烧炉以生物质挤压成型颗粒为燃料，比燃油（气）降低 30％～60％的运行成本，排放物主要以二氧化碳、一氧化碳以及水蒸气为主，SO_2、NO_x 含量极少，烟气排放符合标准；同时采用半气化复合燃烧加切线旋流式配风设计，低温分段燃烧的方式，生物质颗粒燃尽率达到 96％以上，热效率高；微正压运行，不发生回火、脱火，稳定可靠；采用风冷式，自动上料。通过本机配备的触摸式控制器，如图 5-19 所示，可以实现自动点火启动，点火运行后可以通过控制面板实现对燃烧器进料量、送风量等进行控制，达到最佳的风料配比，实现快速准确升温的目的。

161

图 5-18　燃烧炉实物图

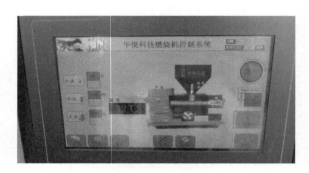

图 5-19　燃烧炉控制面板

5.4.2.2　陶瓷球流量控制阀

陶瓷球热载体流量控制阀用于高温下的固体热载体喂入反应管的流量控制，结构及实物如图 5-20 所示。

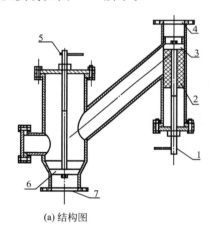

(a) 结构图

(b) 实物图

图 5-20　陶瓷球流量控制阀结构及实物图

1,5—T 形手柄；2—密封套筒；3,6—滑块；4—热载体入口；7—热载体出口

实验过程中，首先使 T 形手柄 5 对应阀门处于打开状态，然后通过旋转 T 形手柄 1 带动滑块 3 升降，通过改变滑块与斜壁面之间间隙的大小来控制固体热载体的流量。其中 T 形手柄 1 装有密封套筒 2，防止陶瓷器在流动过程中进入管中，阻碍 T 形手柄 1 对应阀门的升降。当滑块 3 与内壁斜面接触时，则关闭喂料器。本机构采用两级控制，陶瓷球喂料更加准确、稳定，解决了阀门封堵不严的问题。

5.4.2.3　生物质粉喂料装置

图 5-21 为生物质粉喂料装置结构及实物图，由旋转刮刀喂料器和水平螺旋喂料器两部分组成，保证了生物质粉的准确、快速、稳定喂入。入料口 7 与大倾角提升

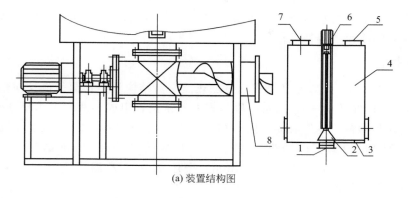

(a) 装置结构图

(b) 实物图

图 5-21　喂料装置结构及实物图

1—出料口；2—锥筒；3—刮刀；4—料仓；5—检修口；6—变频电机；7—入料口；8—绞龙

机相连。工作过程中检修口 5 装有防尘网，料仓内部与外界大气连通，维持料仓内部压力稳定。工作中通过变频器改变电机 6 的转速控制刮刀 3 的转动速率，实现生物质粉的喂入量调节。在旋转刮刀上部、料筒中轴处安装有直径大于出料口的锥筒 2，避免了筒内物料搭桥及堵塞管道现象。生物质粉通过刮刀进入其下方的水平放置的螺旋喂料器，被高速旋转的叶片迅速送入套管式气体加热反应器发生热裂解液化反应。

　　山东理工大学的张倩、郑晓彪等[46,47] 对旋转刮刀喂料器喂料规律进行了研究，得到了不同粒径生物质刮刀转速与喂料速率的关系，同时获得了料仓内物料高度，刮刀个数对喂料速率的影响规律。实验结果表明，生物质颗粒粒径对喂料速率有明显影响，相同转速下，粒径越小喂料速率越快，由于生物质粒径越小，纤维长度越短，颗粒之间阻力越小，流动性越好；增大料仓内部压力，喂料速率明显增大；当刮刀转速小于 26r/min 时，料仓内物料高度对喂料速率的影响不明显，当刮刀转速大于 39r/min 时，喂料速率随着物料高度的增加明显加大；随着刮刀个数的增加，喂料速率呈增加趋势，但增加不明显，同时考虑到刮刀两边受力平衡的问题，防止磨壁，该工业示范装置的喂料装置设计方案选择 2 片刮刀。为了防止空气进入热裂解反应器，该喂料器料仓高度不宜过低。经实验验证，旋转刮刀喂料器对未经筛分的混合生物质粉喂料特性良好。

5.4.2.4　反应管

图 5-22 显示了 V 形套管式气体加热反应器结构及实物图。该反应器由一段倾角为 45°，一段倾角为−45°以及一段竖直的不锈钢管组成，两段斜管呈 90°夹角，保证了陶瓷球和物料的良好流动，同时增加了陶瓷球与生物质的流动距离及物料的滞留时间，确保热裂解反应的充分进行[48]。反应管的外径 325mm，壁厚 7mm，总长 3400mm；外部保温套管直径 480mm，壁厚 7mm。高温陶瓷球通过流量控制阀流出，与螺旋喂料器送入的生物质粉混合，生物质粉在陶瓷球的惯性携带下向下流动，从原料入口 3 进入套管式反应器，在流动过程中完成热裂解反应。热烟气与陶瓷球换热完成后尚有较高温度（约 300℃），热烟气从烟气入口 5 进入套管 4，对反应器进行加热保温，弥补因辐射及对流换热引起的热量损失。热烟气从上方烟气出口 2 排出，陶瓷球、残炭及热裂解气从产物出口 1 流出进入下方气体/固体分离箱。反应器套管外用 150mm 厚的含锆陶瓷喷丝毯保温。

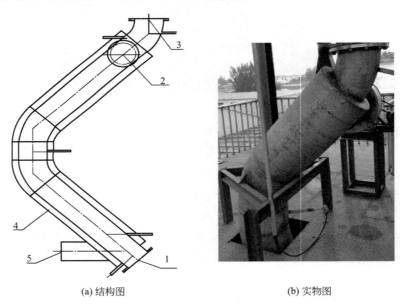

(a) 结构图　　　　　　　　　　(b) 实物图

图 5-22　V 形套管式气体加热反应器结构及实物图
1—产物出口；2—烟气出口；3—原料入口；4—套管；5—烟气入口

山东理工大学的崔喜彬等[35,38] 以热载体加热生物质，在不同温度（450℃、500℃和 550℃）下，对下降距离（颗粒停留时间）与挥发热裂解程度的关系进行了实验研究。研究表明，热裂解温度为 500℃，下降距离为 1100mm 时，挥发分析出量达到了 60%以上；相同下降距离，热裂解温度为 550℃时，其挥发分析出量最高达 65.2%，并且随着反应温度的增加和下降距离的加长，生物质挥发分析出百分数进一步提高。本热裂解液化工业示范装置中，V 形套管式气体加热反应器总长达 3.4m，相对之前的竖直管及 Z 形套管式气体加热反应器，该反应器降低了整体高度，节省了空间和材料，增加了物料和陶瓷球在反应器内的滞留时间，提高了热裂解液化反应效果，同时下端出口处陶瓷球的初速度较大，有利于陶瓷球与固体炭粉的分离。

5.4.2.5　陶瓷球与炭粉分离装置

　　山东理工大学的徐士振等[49] 利用热裂解冷态模拟实验装置，对热载体和生物质半焦散体颗粒的分离特性做了实验研究。采用粒子图像测速技术（PIV）和高速摄影技术得到了陶瓷球、生物质半焦颗粒的速度分布规律和陶瓷球的运动轨迹，确定了筛网的尺寸和角度。研究认为，当反应管下底面与筛网之间高度差大于 20mm，水平距离大于 32mm，筛网的水平投影长度大于 120mm 时，残炭和陶瓷球的分离效果较好，图 5-23 为其结构及实物图。如果陶瓷球和残炭初速度不够，会直接落入分离箱下方灰箱，同时筛网必须有足够的强度，如果筛网表面出现凹凸，容易形成网面存料，影响陶瓷球与炭粉的分离效果。分离示意如图 5-24 所示，采用的不锈钢筛网实物图如图 5-25 所示。

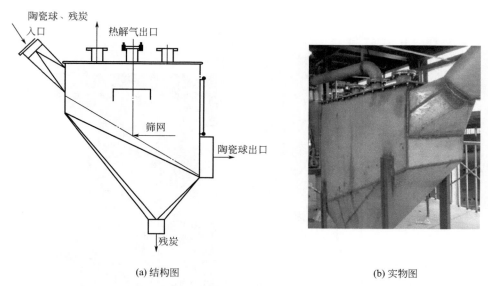

(a) 结构图　　　　　　　　　　(b) 实物图

图 5-23　陶瓷球分离装置结构及实物图

　　根据冷态实验，发现长孔型冲压筛板对陶瓷球与炭粉的分离效果较好。筛网表面的陶瓷球流动性好。由于所用陶瓷球粒径为 2～3mm，生物质粒径小于 1mm，因此选择筛孔宽度为 1.5mm 的筛板，开孔方向为球的流动方向，减小筛孔对球运动过程中的阻力，有利于陶瓷球快速通过筛网，实现与炭粉的分离。

　　在流动过程中，陶瓷球热载体流经筛板上表面并沿联结管道流入提升机，炭粉则透过筛孔落入炭粉收集箱，从而实现热载体与炭粉的分离。

165

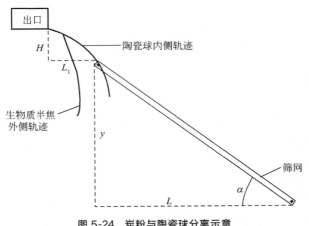

图 5-24 炭粉与陶瓷球分离示意

图 5-25 不锈钢筛网实物

5.4.2.6 喷淋冷却塔

图 5-26 为喷淋塔的结构及实物图。

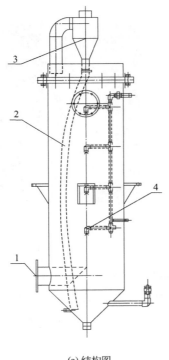

(a) 结构图   (b) 实物图

图 5-26 喷淋冷却系统结构和实物图

1—热裂解气入口；2—导液管；3—旋风除雾器；4—喷头

喷淋塔主要由塔体、喷头及上方的旋风除雾器组成。热裂解气冷却采用雾化低温生物油与热裂解气直接接触换热的方式，该方式提高了冷凝效果，可以有效增大生物油产率。具体过程如下：低温生物油经油泵加压送入喷淋塔内，通过压力旋流式喷头 4 将生物油雾化，雾状生物油与从入口进入的上升热裂解气接触，在这期间热裂解气被低温的生物油雾滴迅速冷凝形成液体，热交换后生物油温度升高，温度较高的生物油被齿轮油泵引入板式换热器降温，降温后的生物油作为低温冷凝介质进行循环利用。

山东理工大学张德俐等采用 PIV 技术测量了压力与喷嘴流量以及压力与雾化角度的关系[42]。根据其研究结果，在满足喷淋塔内部热裂解气换热要求前提下，综合考虑喷嘴的雾化特性及设备运行中的气流携带性、可靠性和使用寿命等因素，压力旋流式喷嘴较好。因此，该工业示范装置选择了内径为 16mm 的喷嘴用于生物油的喷淋冷却。根据冷却负荷计算结果，采用四级喷头均匀排列可满足冷凝要求。顶部的小型旋风分离器可对微小液滴进一步降温冷却，并通过导液管回流到塔体底部，不但提高了冷却效果，而且可以防止生物油进入后续的罗茨风机，避免对机械装置形成阻塞和腐蚀，影响罗茨风机正常工作及使用寿命。

5.4.2.7　列管冷凝器以及生物油过滤装置

图 5-27 为列管冷凝器的结构。

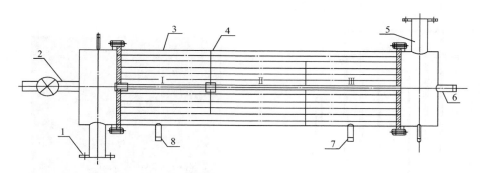

图 5-27　列管冷凝器结构图

1—进气口；2—清洗阀门；3—筒体；4—挡板；5—气体出口；
6—生物油出口；7—冷却水入口；8—冷却水出口

部分未冷凝的热裂解气及微小液滴从旋风除雾器口进入列管冷凝器，在列管中冷凝、汇集成液体从下方的出口流出。该冷凝器主要是对未冷凝热裂解气及微小液滴进行收集，防止其进入罗茨风机，影响风机正常运转及寿命。列管冷凝器一端放有阀门，便于实验结束后使用溶剂对其进行清洗，防止设备长时间运转，焦油等黏性物质堵塞管道。

图 5-28 为列管冷凝器及生物油过滤器实物图片。生物油过滤器由筒体、钢化玻璃观察窗、筛网组成。过滤器内放有一个 60 目的筛网，对生物油中的炭粉及胶状物进行过滤，保证用于循环的生物油洁净，防止含有大量炭颗粒的生物油进入油泵，对油泵齿面产生损坏，缩短油泵的使用寿命。在设备运转之前，需要通过对过滤器加注冷却介质，保证前期热裂解气的冷凝。同时该设备上部设有钢化玻璃观察窗，便于观察冷却剂加注量以及在设备运转过程中随时观察生物油液位变化及时做出调整。

(a) 列管冷凝器

(b) 生物油过滤器

图 5-28　列管冷凝器及生物油过滤器实物图

5.4.2.8　生物油溢出器

图 5-29 为生物油溢出器结构及实物图。

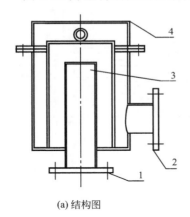
(a) 结构图

(b) 实物图

图 5-29　生物油溢出器结构及实物图
1—生物油出口；2—生物油入口；3—溢出管；4—筒盖

生物油溢出器主要由上盖、筒体以及盖筒组成。该装置采用 U 形压力计原理制作而成，实验开始前，生物油过滤器内的冷却介质高度低于生物油溢出器溢出管高度，随着热裂解的进行，生物油过滤器内的生物油增多，从出油管溢出，这样既保证了有足够的生物油参与冷却循环，同时多余的生物油通过出口流出，通过油泵送入储油罐，保证了系统正常稳定运行。

5.4.2.9　炭粉收集箱

图 5-30 为炭粉收集箱的实物图片。

图 5-30　炭粉收集箱

　　该炭粉收集箱上部联结翻板卸灰阀和两个闭风器，分别对应联结气体/固体分离器和两级旋风分离器。在实验过程中，为防止空气进入反应系统导致炭粉发生燃烧，炭粉出口处于关闭状态。实验结束或炭粉温度较低时，打开炭粉出口，通过绞龙将炭粉排出。绞龙为套管结构，其套管空隙内部利用循环冷却水降温，以避免排出的炭粉由于温度过高与空气接触后产生燃烧。

5.4.2.10　陶瓷球提升循环装置

　　图 5-31 为陶瓷球循环装置结构及实物图。

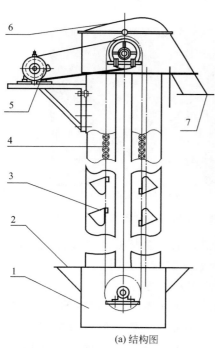

(a) 结构图

(b) 实物图

图 5-31　陶瓷球提升机结构及实物图

1—基座；2—陶瓷球入口；3—挖斗；4—链条；5—电机；6—机头；7—陶瓷球出口

陶瓷球提升机结构主要包括机头、提升部分及基座。机头部分主要由齿轮、电机、挡板及陶瓷球流出管组成；提升部分主要由提升机链条、挖斗及外管组成；基座部分主要有料斗以及链轮。提升机机头与机座链轮中心距 12m，装料采用"挖取法"，卸载采用"混合卸料法"。考虑到耐热问题，畚斗规格选取 $DS180\times140$ 深型挖斗，材料为 3/201，挖斗间距为 300mm；为防止在运行过程中出现卡机，提升机筒选用规格为 $DN300\times7$ 的钢管，链条上升及下降分走不同的管道；链条型号为 28A，截距 44.45mm。陶瓷球通过入口进入提升机，通过出口进入隔板式换热器。该装置采用链条传动，保证了上料的稳定性与连续性，解决了固体热载体持续供料的问题，同时，由于循环周期短，减少了陶瓷球在流动过程中的热损失，缩短了固体热载体的加热时间，提高了能量的利用效率。

5.4.2.11 其他部件

为了将生物质粉由地面提升到十几米高的料筒内，同时综合考虑粉料的特性、料箱高度及上料角度等因素，采用大倾角刮板式皮带输送机作为上料系统，如图 5-32（a）所示。输送机由机头、传送带以及机座组成。机头部分安装有传动电机，经由皮带轮带动传送带移动，通过装有刮板的皮带将物料提升送入料箱。该送料装置结构简单，维修方便，不易出现堵料现象，上料只需要一个工人便可完成操作，工作量小，成本低。

(a) 大倾角物料提升机　　　　　　　　(b) 双向翻板卸灰阀

图 5-32　双向翻板卸灰阀和大倾角物料提升机实物图

生物质热裂解产生的炭粉经过分离系统后，通过翻板卸灰阀及旋风分离器下方的闭风器进入炭粉收集箱。图 5-32（b）为翻板卸灰阀实物图。

采用圆形逆流式玻璃钢冷却塔作为循环冷却水的冷却系统，如图 5-33 所示。本热裂解液化工业示范装置选择型号为"DBNL3-低噪声型"逆流式冷却塔，其运行原理是首先将热水送入塔顶，通过布水器将水均匀分布，然后通过改性 PVC 涂玻片，加强水的再分配能力，塔顶上部装有高速旋转的叶片强化水与周围空气热交换，达到快速冷却的效果。

图 5-33　圆形逆流式玻璃钢冷却塔实物图

5.4.3　工业示范装置运行状况

图 5-34 列出了工业示范装置控制界面，且图 5-35 列出了陶瓷球、反应器、保温管以及换热后的生物油温度变化曲线，从中可以看出前 250min 陶瓷球、反应器以及保温管温度不断上升，并且呈现线性关系，陶瓷球温度率先达到目标温度。主要是由于高温热烟气先与陶瓷球进行热交换，然后热烟气经风机引入保温管为热裂解试验保温。当陶瓷球加热到目标温度后，打开流量控制阀，陶瓷球通过辐射和对流换

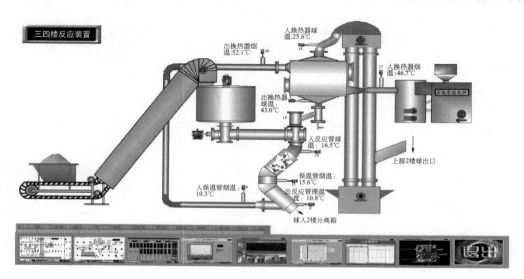

图 5-34

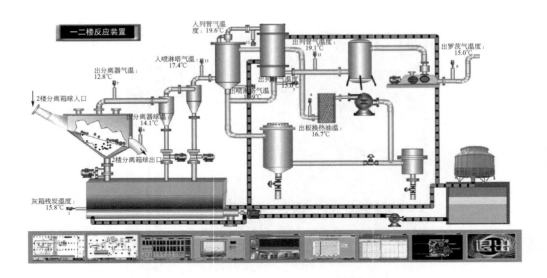

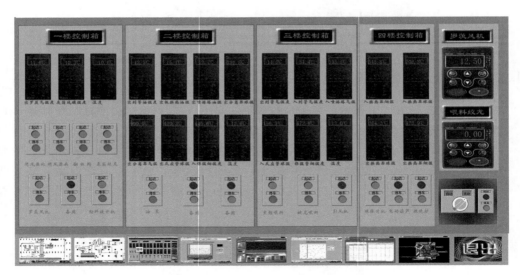

图 5-34　生物质热裂解液化系统控制界面

热的形式加热反应器。温度稳定后，在 350min 时进行投料试验，可以看出陶瓷球温度有所下降，反应器跟保温管温度下降幅度较大，此时加大陶瓷球流量，补偿热裂解吸收的热量，维持稳定的热裂解温度。随着试验的进行，反应器及保温管温度达到目标温度，并在可接受范围内浮动。从流出板式换热器油温变化曲线可以看出，前期温度维持在环境温度，随着陶瓷球流动，生物油温度上升，这是由于喷淋过程中吸收了部分热量所致。随着热裂解试验的进行，生物油温度不断上升，当达到 30℃左右时维持稳定。此时生物质与陶瓷球质量比维持在 1：20，整个系统达到平衡状态，稳定运行。

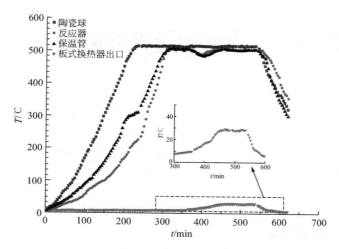

图 5-35　关键部位温度变化曲线

5.4.4　工业化示范装置的经济性

目前，国内对生物质热裂解液化技术的研究仍以实验室小型装置进行热裂解机理等基础研究为主，普遍采用惰性气体（氮气、氩气）作为保护气，以电加热为热源，热裂解成本高且不能实现连续生产。该研究开发的工业示范装置，不但生物质处理能力大，而且以燃烧生物质颗粒提供热裂解所需热源，减少了因煤燃烧引起的环境污染和高耗能，换热后的热烟气可作为保护气加以利用，同时采用直接喷淋的方式进行冷凝，提高了生物油的收集效率。采用自动数据采集与监控系统，实现自动上料，连续给料以及对整个热裂解液化过程的实时监控，减少了人力劳动，降低了热裂解成本。

我国农村，每年都有大量的生物质被弃置于田间地头或直接焚烧还田，极大浪费了能源且引起了环境污染，而使用热化学转化方法将这些生物质转化成生物油加以利用是很好的解决方法。生物燃油本身的含硫量非常低，是一种绿色、环保型新能源，大大减少了污染物的排放量，对环境保护和生态平衡以及改变以化石燃料为主的能源结构具有重大意义[50,51]。

通过建立生物质热裂解液化工业示范装置，可收集大量周边农林废弃物，一方面解决了生物质无处安放及污染环境的问题，降低火灾等的发生频率；另一方面，增加了农民收入，提高劳动积极性，可充分利用荒地、盐碱地，既可改善土壤又可促进农村产业结构的调整。同时，该项目的建立，促进带动了当地相关产业的发展，提供了一部分就业机会，缓解了农村剩余劳动力和城镇下岗人员等待业人员的就业问题，这对我国的就业工作及维护社会稳定来说，是一个非常好的解决方案。生物质热裂解液化项目具有非常好的发展和应用前景[52]。

5.5 液化条件对生物油特性的影响

为进一步探究热裂解液化条件对生物油特性的影响，以及检验该工业示范装置的可靠性，李宁等[40]使用流化床热裂解液化试验装置，以 40 目左右的石英砂作为热载体，N_2 作为热载气，对三种生物质分别在 450℃、500℃及 550℃三个温度下进行了试验，得到了生物油的产率，并对获得的生物油的理化特性进行了分析，与通过工业示范装置获得的生物油进行对比分析。

5.5.1 不同温度对生物油产率的影响

图 5-36 为玉米秸秆和锯木屑两种原料在 450℃、500℃及 550℃三种温度下，在工业示范装置及流化床试验装置上获得的生物油产率。

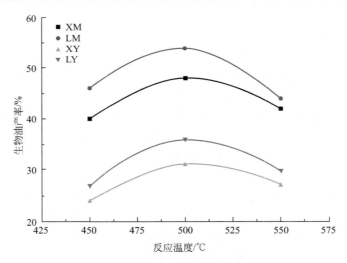

图 5-36 热裂解温度与生物油产率的关系

XM—工业示范装置上锯木屑；LM—流化床装置上锯木屑；
XY—工业示范装置上玉米秸秆；LY—流化床装置上玉米秸秆

从图 5-36 中可以看出，在 450~550℃范围内，生物油产率在 500℃左右时达到最大，这与大量文献的研究结论一致[53~57]。Jung 等[58]采用流化床反应器对竹子和稻草在不同粒径、不同反应温度下生物油产率进行研究，当物料粒径相同为 0.6mm 时，最佳热裂解温度在 440℃，生物油最大产率达 60%，当两种物料喂料粒径不同时，稻草和竹子的最佳热裂解温度分别为 490℃和 405℃，产油率高达 70%；Park 等[59]对落叶松进行热裂解，在 450℃时获得最大的生物油产率。造成最佳热裂解温度以及生物油产率差别如此之大的原因，可能与原料自身特性、反应类型、试验装置、喂料量等原因有关[60]。

目前研究均表明,生物油产率随温度的升高呈现先增加后减少的趋势,两种原料在工业示范装置和流化床试验装置获得的生物油产率也符合此规律,当温度较低时,挥发分的析出率较低,随着温度上升挥发分增加,当超过某一个温度时,随着温度的升高,挥发分含量不断增加,但同时热裂解气二次裂解反应加剧,产生大量小分子化合物,导致生物油产率降低。相同原料,流化床反应器获得的生物油产率比工业示范装置获得的生物油产率高,可能是由于生物质粉在套管式气体加热反应器内反应不完全造成的。玉米秸秆的产油率明显低于锯木屑,通过上文中对两种原料进行的工业分析可以看出,由于锯木屑的挥发分含量明显高于玉米秸秆的挥发分含量,玉米秸秆的灰分含量远远大于锯木屑灰分含量,同时玉米秸秆含氧量比锯木屑含氧量高,因此在热裂解过程中,挥发分中存在更多的小分子不可冷凝气体(一氧化碳、二氧化碳等氧化物),影响了生物油的产率。

表 5-3、表 5-4、图 5-37 和图 5-38 为两种原料生物油酮类、酸类、呋喃类、酚类以及糖类 5 类关键组分峰面积变化。从中可以看出,生物油中某些组分含量随着温度的变化呈现规律性增减,生物油中酸类物质随着温度的上升而增加,550℃时达到最大,酸类物质含量最大约为 22.605%,这与 Heo 等[61] 的研究结果一致;玉米秸秆油中酸类物质含量最高,约 22.605%。通过流化床反应器获得的锯木屑油中酮类物质含量随着温度的升高含量增加,而酚类物质随着温度的升高含量逐渐减小且变化平稳,由于温度升高,二次反应变得活跃,发生部分氧化反应,并且大分子量的酚类物质发生部分反应,转化为小分子量的苯酚和烷基酚,造成酚类物质减少[62]。锯木屑生物油中糖类物质含量较高,该糖类成分主要以左旋葡聚糖为主,糖类物质随着温度的升高含量呈减小趋势,可能随着温度的升高大分子糖类会发生解聚反应,产生小分子有机物。

表 5-3　玉米秸秆在试验装置及工业示范装置上获得的生物油成分分析

组成成分	流化床反应器不同温度组成成分/%			工业示范装置不同温度组成成分/%		
	450℃	500℃	550℃	450℃	500℃	550℃
乙酸甲酯	—	—	0.473	—	—	—
丁二酮	0.859	0.964	1.148	1.467	0.91	0.91
羟基乙醛	1.158	1.277	0.978	0.586	1.55	1.20
乙酸	16.45	17.21	18.55	13.51	15.92	16.76
羟基丙酮	9.104	10.13	9.268	8.737	9.01	9.38
丙酸	2.274	2.512	2.428	2.749	2.22	2.29
3-羟基丁酮	0.57	0.651	0.628	0.663	—	0.58
1-羟基丁酮	2.874	3.269	3.043	2.845	2.96	2.96
丁二醛	0.67	0.63	—	—	0.71	0.55
丙烯酸氢糠酯-2-甲基呋喃	1.599	0.748	—	—	1.65	—
呋喃酮	0.589	0.748	—	—	0.65	0.71
糠醇	2.651	2.657	2.343	2.158	2.8	2.53
乙酰氧基丙酮	1.320	1.456	1.315	1.206	1.32	1.32

续表

组成成分	流化床反应器不同温度组成成分/%			工业示范装置不同温度组成成分/%		
	450℃	500℃	550℃	450℃	500℃	550℃
糠醛	3.261	3.278	3.162	3.396	3.06	3.03
麦芽糖醇	0.677	0.622	—	—	—	—
(E)-丙烯酸	1.809	1.319	0.98	0.986	1.86	1.28
4-乙基苯酚	0.552	0.675	0.707	0.928	—	0.63
2-甲基丙酸酐	0.533	0.507	0.647	—	—	—
环丙基甲醇	2.949	2.377	1.659	1.155	3.48	2.72
1-酮-2-羟基-3-甲基-2-环戊烯	1.717	1.431	2.112	2.052	1.69	1.97
2-甲氧基-4-乙烯基苯酚	1.311	0.993	—	1.36	0.46	0.58
苯酚	1.307	1.76	1.777	2.04	1.33	1.71
2-甲氧基苯酚	1.165	1.451	1.152	1.06	1.48	1.02
1-酮-2-羟基-2-环戊烯	—	1.431	1.093	0.707	—	1.45
苯二酚	0.67	—	0.597	0.48	0.81	0.63
对苯二酚	0.645	—	0.501	0.574	0.64	0.61
d-阿洛糖	—	0.734	—	—	—	—
左旋葡聚糖	1.215	—	0.64	0.579	1.07	0.92
2,6-二甲氧基苯酚	2.605	2.238	1.654	—	2.65	2.46

表 5-4 锯木屑在试验装置及工业示范装置上获得的生物油成分分析

组成成分	流化床反应器不同温度组成成分/%			工业示范装置不同温度组成成分/%		
	450℃	500℃	550℃	450℃	500℃	550℃
甲醛	0.961	1.057	2.133	2.712	1.708	—
丁二酮	—	—	—	—	1.007	0.82
甲酸	1.480	1.766	—	—	1.424	2.46
羟基乙醛	3.794	2.606	—	5.889	2.304	—
乙酸	7.273	7.457	9.416	6.554	8.481	9.26
羟基丙酮	4.627	4.480	6.075	4.225	5.133	3.44
丙酸	0.85	0.900	1.520	0.969	1.319	—
1,2-乙二醇	1.209	1.213	1.340	0.758	1.251	3.23
羟基丁酮	—	—	0.543	—	0.647	—
乙酸甲酯	1.198	—	0.831	1.089	—	—
糠醛	1.124	1.193	1.204	1.671	1.355	—
丙三醇	—	—	0.719	—	1.088	—
呋喃酮	0.856	0.886	—	0.848	—	—
1-酮-2-羟基-3-甲基-2-环戊烯	0.924	0.793	—	0.786	1.014	0.79
苯酚	—	0.714	1.557	0.913	0.826	—

续表

组成成分	流化床反应器不同温度组成成分/%			工业示范装置不同温度组成成分/%		
	450℃	500℃	550℃	450℃	500℃	550℃
2-甲基苯酚	—	—	0.610	—	—	—
2-甲氧基苯酚	1.75	1.076	—	1.492	0.751	—
丁基壬烷	1.62	1.704	1.121	—	—	—
4-甲基苯酚	—	0.636	0.910	—	0.879	—
2-甲氧基-4-甲基苯酚	1.514	1.424	—	1.588	—	—
环丙基甲醇	0.717	0.715	—	—	—	1.87
2-乙烯基-9-[3-脱氧-d-呋喃核糖]次黄嘌呤	1.661	1.759	1.245	1.39	1.260	—
3-烯丙基-6-甲氧基苯酚	0.765	0.786	—	0.858	—	—
5-羟甲基-2-呋喃甲醛	1.951	1.912	1.223	2.224	—	1.19
苯二酚	1.288	1.125	—	1.540	3.708	4.23
对苯二酚	—	—	0.522	—	—	0.77
十八酸甲酯	—	1.665	—	1.034	—	—
香草醛	—	1.830	—	1.904	0.633	—
1-(4-羟基-3-甲氧基苯基)二氯苯乙酮	1.039	1.105	—	1.136	1.422	—
d-甘露糖	—	0.653	—	—	0.608	—
d-阿洛糖	—	3.013	—	—	1.926	4.24
左旋葡聚糖	7.01	10.19	6.45	7.21	9.98	5.07
4-羟基甲氧基肉桂醛	0.865	0.896	—	1.101	—	—
硝基萘	—	—	—	—	0.991	1.51

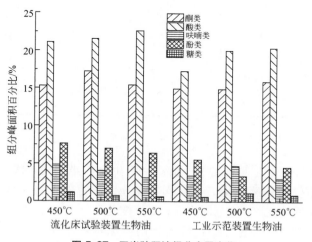

图 5-37　玉米秸秆油组分含量变化

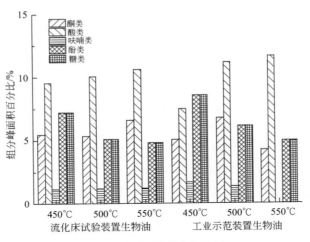

图 5-38 锯木屑油组分含量变化

5.5.2 生物油理化特性对比

通过热裂解液化技术制取的生物油，既可以作为燃料应用于锅炉和内燃机，又可以作为提取化工产品的原料，应用前景广阔。由于原始的生物油在大部分理化特性上与柴油、汽油有很大的区别，需要对其进行一定处理后才能使用，因此需要对其相关特性进行分析研究，包括 pH 值、黏度、密度和热值，为后续生物油的应用提供参考，使用相关测定仪器对 500℃下两种物料在试验装置及工业示范装置上获得的生物油进行测试，具体参数如表 5-5 所列。

表 5-5　500℃下获得的生物油理化特性参数

生物油		pH 值	黏度(40℃)/(MPa·s)	密度/(kg/m³)	热值/(MJ/kg)
流化床反应器	玉米秸秆	2.8	40	1124	17.06
	锯木屑	3.5	42	1188	17.85
工业示范装置	玉米秸秆	2.4	31	1112	16.98
	锯木屑	3.2	34	1176	17.62

5.5.2.1　pH 值

利用酸度计测定生物油的 pH 值。由于生物油呈酸性，表 5-5 为温度为 500℃时通过流化床热裂解装置以及工业示范装置分别获得的 4 种生物油 pH 值。由数据可以看出生物油酸性在 2~4 范围内，pH 值变化不大。生物油具有较强的腐蚀性，因此生物油在储存和运输过程中需要选用耐腐蚀材料制作容器，同时必须对生物油进行降酸处理后方可进行其他应用。

5.5.2.2　黏度

黏度大小对生物油的管道输送以及雾化燃烧有着至关重要的影响。使用德国 HAAKE 生产的同轴圆筒旋转动力黏度计 RS-75，剪切速率 $600s^{-1}$，降温速率为 $1℃/min$，测得 4 种生物油在 40℃时的黏度值，如表 5-5 所列，可以看出通过试验装置获得的生物油在 40℃环境下生物油黏度较高，通过工业示范装置获得的生物油黏度较低，可能是由于工业示范装置采用甲醇作为喷淋介质，对生物油进行了稀释，减小了生物油的黏度或者是工业示范装置的生物质原料不如实验室干燥效果好，生物油中水分增加。

5.5.2.3　热值

生物油热值采用 C2000 标准型量热仪。4 种生物油热值在 $17\sim18MJ/kg$ 之间，达到石油热值的 1/2。Greenhalf 等[63] 获得小麦秸秆和柳枝稷的热裂解油，热值达到 $22MJ/kg$，明显高于本试验获得的生物油热值，可能是由于该试验生物油中的水分含量更高，导致生物油热值降低。

5.6　生物质热裂解液化技术展望

目前，我国经济的迅速发展，导致对化石燃料的需求不断加大，但由于人口数量巨大，人均石油资源仅为世界平均水平的 1/10。因此，对外石油依赖进一步加大，预计到 2050 年我国的能源需求量将达到 100 亿吨标准煤，但能源供应量仅为 30 亿～35 亿吨标准煤，巨大的供应差，单靠传统能源产业以及调节能源结构是不能解决的[64]。

作为世界农业大国，农林废弃物是我国生物质资源的主体，每年产生大约 6.5 亿吨农作物秸秆，加上薪柴及林业废弃物等，折合能量 4.6 亿吨标准煤，预计到 2050 年将增加到 9.04 亿吨；目前，全国城市有机生活垃圾年产生量超过 1.5 亿吨，到 2020 年年产生量将达 2.1 亿吨[65]。生物质具有适中的热值，一般在 16.7kJ/kg 左右，杂质含量少，挥发分高，燃烧效率高，转化性强，加之生物质来源广、量大、价廉，针对这些农业废弃物建立一套适应性强的热裂解液化设备，将之转化为能量密度更高的液体燃料，便于储存运输，经济性更好，通过一定的提制精炼，不仅可以解决因秸秆焚烧引起的环境污染问题，同时能够节约能源，完全可以取代化石燃料[66]。

生物油经处理后，可作为燃料直接应用于工业窑炉和锅炉；可以通过与柴油进行乳化应用于发动机，或经过提制改性后作为高品位液体燃料；由于生物质中含有多种高附加值工业产品，因此可以采用催化剂、改变热裂解条件等手段提高这些成分的产率，然后对这些成分进行萃取分离，作为高附加值的食品添加剂和一些聚合物如酚醛树脂黏结胶，提高生物油经济性。

在高温缺氧条件下对生物质进行热裂解处理，获得生物质炭粉，炭含量丰富，K、Ca、Mg 和 P 的单位含量也高于生物质本身，具有高热值、高 pH 值并且无污染的特点。炭粉可替代部分化肥，作为植物的缓释肥和控释肥，降低土壤酸度、改善土壤结构、提高土壤的透气性、增强微生物活性，减轻因使用化肥而引起的土壤板结及地下水污染问题，促进植物生长，对土壤产生诸多益处。作为生物肥料，炭粉具有很好的市场应用前景。

同时，热裂解炭粉经过一定的加工处理制成炭黑，作为轮胎橡胶的补强剂，增加轮胎的耐磨性和使用寿命，目前市场上低品质炭黑在 2000 元/吨，去除后期处理费用，利润大约为 1000 元/吨；同时如果能将热裂解炭粉进行深度处理，作为色素炭黑加以使用，市场价值将更高。

生物质热裂解炭粉是在缺氧高温环境下获得的，炭颗粒疏松均匀，粒径较小，从外观上看是制备活性炭的优良材料。目前市场上活性炭在 3000 元/吨以上，具有较高的市场价值，假设生物质热裂解炭粉进行进一步加工处理成活性炭需要 1000 元/吨，则可净获利 2000 元/吨。

总之，炭粉既可以作为土壤改良剂加以使用，调节土壤酸碱度，又可以作为橡胶配合剂加以使用，提高了生物质利用价值；同时可以作为燃料用于干燥生物质或为热裂解提供热量。

参考文献

[1] Bridgwater A V. Review of fast pyrolysis of biomass and product upgrading [J] .Biomass and Bioenergy, 2012, 38: 68-94.

[2] Javaid Akhtar, Noraishah Saidina Amin. A review on operating parameters for optimum liquid oil yield in biomass pyrolysis [J] . Renewable and Sustainable Energy Reviews, 2012, 16（7）: 5101-5109.

[3] Acikgoz C, Onay O, Kockar O M. Fast pyrolysis of linseed: product yields and compositions [J] . Journal of Analytical and Applied Pyrolysis, 2004, 71: 417-429.

[4] Tsai W T, Lee M K, Chang Y M. Fast pyrolysis of rice husk: product yields and compositions [J] . Bioresource Technology, 2007, 98: 22-28.

[5] Varheghi G, Antal M J, Jakab J R E, et al. Kinetic Modeling of Biomass Pyrolysis [J] . J Anal Appl Pyrolysis, 1997, （42）: 73-74.

[6] 赖艳华, 吕明新, 马春元, 等. 程序升温下秸秆类生物质燃料热解规律 [J] . 燃料科学与技术, 2001, 7（3）: 245-248.

[7] 赵增立, 李海滨, 吴创之, 等. 蔗渣的热解与燃烧动力学特性研究 [J] . 燃料化学学报, 2005, 3（33）: 314-318.

[8] 付旭峰, 仲兆平. 生物质热解液化工艺及其影响因素 [J] . 新能源与新材料, 2008（3）: 16-20.

[9] Olukcu N, Yanik J, Saglam M, et al. Liquefaction of beypazari oil shale by pyrolysis [J] . Journal of Analytical and Applied Pyrolysis, 2002, 64: 29-41.

［10］　沈永兵，肖军，沈来宏. 木质类生物质的热重分析研究［J］. 新能源与新材料，2005（3）：23-26.

［11］　谭洪，王树荣，骆仲泱，等. 生物质三组分热裂解行为的对比研究［J］. 燃料化学学报，2006，1（34）：61-65.

［12］　Mnininni G, Braguglia C M, Marani D. Partitioning of Cr, Cu, Pb and Zn in Sewages Sludge Incineration by Rotary Kilnand Fluidized Bed Furnaces［J］. Waste Science and Technology, 2000, 41: 61-68.

［13］　Akhtar J, Amin N A S. A review on operating parameters for optimum liquid oil yield in biomass pyrolysis［J］. Renewable and Sustainable Energy Reviews, 2012, 16（7）: 5101-5109.

［14］　Lappas A A, Samolada M C, Iatridis D K, et al. Biomass pyrolysis in a circulating fluid bed reactor for the production of fuels and chemicals［J］. Fuel, 2002, 81（16）: 2087-2095.

［15］　Xiong Q, Aramideh S, Kong S C. Modeling effects of operating conditions on biomass fast pyrolysis in bubbling fluidized bed reactors［J］. Energy & Fuels, 2013, 27（10）: 5948-5956.

［16］　Trebbi G, Rossi C, Pedrelli G. Plans for the production and utilization of bio-oil from biomass fast pyrolysis［M］//Developments in thermochemical biomass conversion. Dordrecht: Springer, 1997: 378-387.

［17］　Rossi C, Graham R. Fast pyrolysis at ENEL［J］. Biomass gasification and pyrolysis: state of the art and future prospects, 1997: 300-306.

［18］　Trebbi G, Rossi C, Pedrelli G. Plans for the production and utilisation of bio-oil from biomass fast pyrolysis［M］//Developments in thermochemical biomass conversion, 1997: 378-387.

［19］　Rossi C, Graham R G. Fast pyrolysis at ENEL［M］//Biomass gasification and pyrolysis. UK: CPL Scientific Ltd, 1997: 300-306.

［20］　Peacocke G V C, Bridgwater A V. Ablative plate pyrolysis of biomass for liquids［J］. Biomass and Bioenergy, 1994, 7（1-6）: 147-154.

［21］　Peacocke G V C, Bridgwater A V. Design of a novel ablative pyrolysis reactor［M］//Advances in thermochemical biomass conversion. Dordrecht: Springer, 1993: 1134-1150.

［22］　Roy C, Yang J, Blanchette D, et al. Development of a novel vacuum pyrolysis reactor with improved heat transfer potential［M］//Developments in thermochemical biomass conversion. Dordrecht: Springer, 1997: 351-367.

［23］　Diebold J, Scahill J. Ablative pyrolysis of biomass in solid-convective heat transfer environments［M］//Fundamentals of Thermochemical Biomass Conversion. Dordrecht: Springer, 1985: 539-555.

［24］　Allan G, Loop T E, Flynn J D. Supercritical fluid biomass conversion systems: U. S. Patent 7, 955, 508［P］. 2011-6-7.

［25］　Frisch S, Loudon R E. System and method for separating biomass from media in a fluidized bed reactor: U. S. Patent 7, 572, 626［P］. 2009-8-11.

［26］　Kondo A, Kato Y, Kato I, et al. Reagent reactor apparatus: U. S. Patent 5, 089, 230［P］. 1992-2-18.

［27］　Fu P, Yi W, Li Z, et al. Evolution of char structural features during fast pyrolysis of corn straw with solid heat carriers in a novel V-shaped down tube reactor［J］. Energy conversion and management, 2017, 149: 570-578.

［28］ Fu P, Bai X, Li Z, et al. Fast pyrolysis of corn stovers with ceramic ball heat carriers in a novel dual concentric rotary cylinder reactor ［J］. Bioresource technology, 2018, 263: 467-474.

［29］ Fu P, Bai X, Yi W, et al. Fast pyrolysis of wheat straw in a dual concentric rotary cylinder reactor with ceramic balls as recirculated heat carrier ［J］. Energy conversion and management, 2018, 171: 855-862.

［30］ Fu P, Yi W, Li Z, et al. Comparative study on fast pyrolysis of agricultural straw residues based on heat carrier circulation heating ［J］. Bioresource technology, 2019, 271: 136-142.

［31］ Zhang Y, Yi W, Fu P, et al. Numerical simulation and experiment on catalytic upgrading of biomass pyrolysis vapors in V-shaped downer reactors ［J］. Bioresource technology, 2019, 274: 207-214.

［32］ 王娜娜, 张玉春, 易维明, 等. 竖直下降管内生物质半焦颗粒运动规律的研究 ［J］. 山东理工大学学报: 自然科学版, 2015（6）: 6-10.

［33］ 王祥, 李志合, 李艳美, 等. 新型下降管生物质热裂解液化装置的试验研究 ［J］. 农机化研究, 2015（8）: 230-233.

［34］ 杨延强, 易维明, 李志合, 等. 下降管冷态热解液化实验台设计与应用 ［J］. 农业机械学报, 2011, 42（7）: 130-134.

［35］ 崔喜彬, 李志合, 李永军, 等. 下降管式生物质快速热解实验装置设计与实验 ［J］. 农业机械学报, 2011, 42（1）: 113-116.

［36］ 田中君, 柏雪源, 易维明, 等. 生物质热解反应器中热载体传热实验——基于Ⅴ形下降管式热解反应器 ［J］. 农机化研究, 2010, 32（12）.

［37］ 李志合, 易维明, 高巧春, 等. 固体热载体加热生物质的闪速热解特性 ［J］. 农业机械学报, 2012, 43（8）: 116-120.

［38］ 李志合, 柏雪源, 李永军, 等. 套管式气体加热生物质热裂解液化反应器设计 ［J］. 农业机械学报, 2010, 42（9）: 116-119.

［39］ 李志合, 易维明, 刘焕卫, 等. 垂直套管式气体加热内陶瓷球流动与传热的试验 ［J］. 农业工程学报, 2009, 25（2）: 72-76.

［40］ 李宁. 生物质热裂解液化装置的实验研究及经济性分析 ［D］. 淄博: 山东理工大学, 2016: 1-78.

［41］ 张倩, 李志合, 李永军, 等. 旋转刮刀生物质粉喂料器的实验研究 ［J］. 农机化研究, 2013, 35（2）: 214-216.

［42］ 张德俐, 李志合, 易维明, 等. 喷淋塔内螺旋喷嘴雾化特性的试验研究 ［J］. 太阳能学报, 2013, 34（11）: 1969-1972.

［43］ Li Z, Li N, Yi W, et al. Design and operation of a down-tube reactor demonstration plant for biomass fast pyrolysis ［J］. Fuel Processing Technology, 2017, 161: 182-192.

［44］ 何芳, 姚福生, 易维明, 等. 下降管式生物质热解液化装置的计算分析 ［J］. 太阳能学报, 2005, 26（3）: 424-428.

［45］ 李志合, 崔喜彬, 柏雪源, 等. 固体热载体与生物质颗粒之间的传热研究 ［J］. 农业机械学报, 2010, 41 增刊: 128-132.

［46］ 张倩. 旋转刮刀式生物质喂料器的试验研究 ［D］. 淄博: 山东理工大学, 2012: 1-61.

［47］ 郑晓彪, 柏雪源, 崔喜彬, 等. 犁式刮刀生物质粉定量喂料器的喂料特性分析 ［J］. 农机化研究, 2011（12）: 183-186.

［48］ 杨延强, 易维明, 李志合, 等. 陶瓷球与生物质半焦混合体在斜管中的运动特性 ［J］.

农业工程学报, 2010, 26 (增刊): 264-269.

[49]　徐士振, 易维明, 李志合, 等. 热载体与生物质半焦散体颗粒的分离特性研究 [J]. 农机化研究, 2011 (12): 191-194.

[50]　Di Blasi C. Heat, momentum and mass transport through a shrinking biomass particle exposed to thermal radiation [J]. Chemical Engineering Science, 1996, 51 (7): 1121-1132.

[51]　田宜水, 赵立欣, 孟海波, 等. 中国农村生物质能利用技术与经济评价 [J]. 农业工程学报, 2011, 27 (增刊 1): 1-5.

[52]　Mark M Wright, Daren E Daugaard, Justinus A Satrio, et al. Techno-economic analysis of biomass fast pyrolysis to transportation fuels [J]. Fuel, 2010, 89: S2-S10.

[53]　刘荣厚, 王华. 生物质快速热裂解反应温度对生物油产率及特性的影响 [J]. 农业工程学报, 2006, 22 (6): 138-143.

[54]　易维明, 柳善建, 毕冬梅, 等. 温度及流化床床料对生物质热裂解产物分布的影响 [J]. 太阳能学报, 2011, 32 (1): 25-29.

[55]　Bridgwater A V, Peacocke G V C. Fast pyrolysis process for biomass [J]. Renewable and Sustainable Energy Reviews, 2000, 4: 1-73.

[56]　王丽红, 柏雪源, 易维明, 等. 玉米秸秆热解生物油特性的研究 [J]. 农业工程学报, 2006, 22 (3): 108-111.

[57]　Sung Won Kim, Bon Seok Koo, Jae Wook Ryu. Biomass from the pyrolysis of palm and Jatropha wastes in a fluidized bed [J]. Fuel Processing Technology, 2013, 108: 118-124.

[58]　Su-Hwa Jung, Bo-Sung Kang, Joo-Sik Kim. Production of bio-oil from rice straw and bamboo sawdust under variousreaction conditions in a fast pyrolysis plant equipped with a fluidizedbed and a char separation system [J]. Journal of Analytical and Applied Pyrolysis, 2008, 82: 240-247.

[59]　Hyun Ju Park, Jong-In Dong, Jong-Ki Jeon, et al. Effects of the operating parameters on the production of bio-oilin the fast pyrolysis of Japanese larch [J]. Chemical Engineering Journal, 2008, 143: 124-132.

[60]　Lu Q, Li W Z, Zhu X F. Overview of fuel properties of biomass fast pyrolysis oils [J]. Energy Conversion and Management, 2009, 50: 1376-1383.

[61]　Heo H S, Park H J, Park Y K, et al. Bio-oil production from fast pyrolysis of waste furniture sawdust in a fluidized bed [J]. Bioresource technology, 2010, 101 (1): S91-S96.

[62]　陆强, 朱锡峰, 李全新, 等. 生物质快速热裂解制备液体燃料 [J]. 化学进展, 2007, 19 (7/8): 1064-1071.

[63]　Greenhalf C E, Nowakowski D J, Harms A B, et al. A comparative study of straw, perennial grasses and hardwoods in terms of fast pyrolysis products [J]. Fuel, 2013, 108: 216-230.

[64]　刘世峰, 王述洋, 张勇. 生物质热解液化制取燃油的综合效益分析 [J]. 农机化研究, 2007, (1): 220-222.

[65]　能源科学学科发展战略研究组. 2011—2020 年我国能源科学学科发展战略报告 [R]. 国家自然科学基金委员会 中国科学院, 2010, 1-591.

[66]　杨艳华, 唐庆飞, 张立, 等. 生物质能作为新能源的应用现状 [J]. 重庆科技学院学报 (自然科学版), 2015, 17 (1): 102-105.

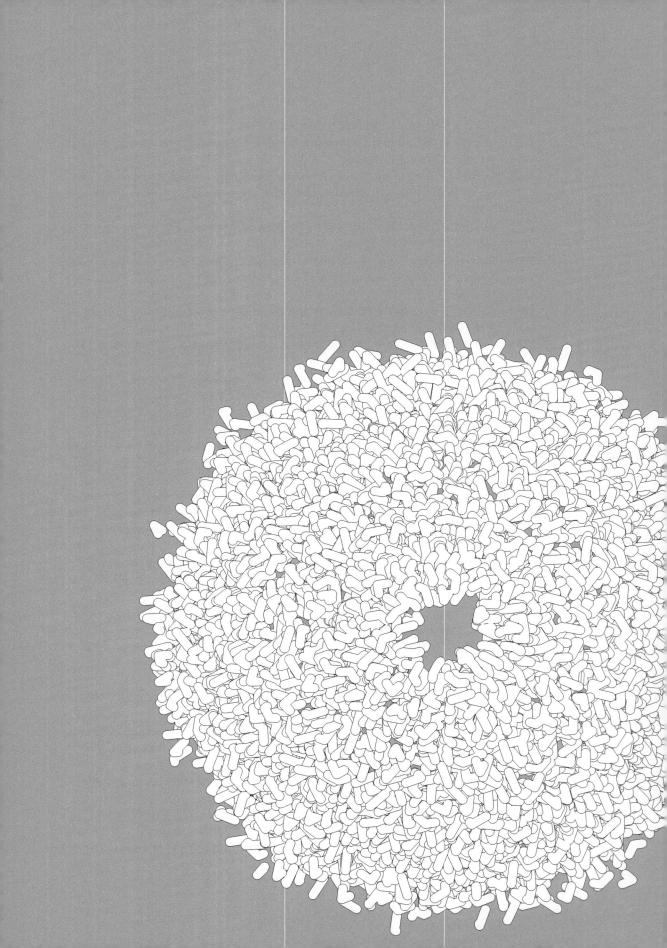

第
6
章

生物质热裂解炭化
工艺及主要设备

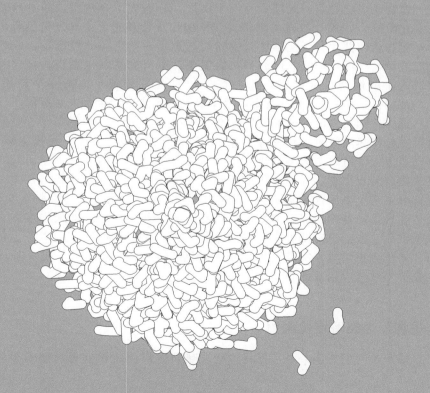

6.1 炭化工艺过程及主要装置

生物质炭化技术也称为生物质干馏技术，与气化、液化等生物质热化学转化技术相比，该工艺的典型特征包括升温速率较慢（一般小于30℃/min）、反应时间较长（几十分钟到几天不等）与热裂解温度较低（一般低于550℃）等[1]。热裂解温度和升温速率是影响生物炭化工艺产物分布与生物炭特性的关键工艺技术参数，一般认为较高的热裂解温度与升温速率不利于固体产物的获取。另外，热裂解的气体氛围、环境压力与保温时间等参数也会影响生物炭的产率与性质。

生物质热裂解炭化技术作为生物质能源开发利用的一种重要途径，已经得到国内外广泛关注。通过定向调控生物炭，其具有含碳率高、孔隙结构丰富、比表面积大、理化性质稳定、可溶性低、熔沸点高、吸附和抗氧化能力强等优势，可作为或具有较大潜力用于制备土壤改良剂、固体燃料、催化剂载体、污染水体吸附剂等[3]。研究表明，生物炭还具有巨大的碳封存潜力，可有效降低固碳减排压力[4]。因此，相关的制炭设备已经成为人们的研究热点。

6.1.1 生物质热裂解炭化工艺

生物质炭化过程一般可分为三个阶段，分别为干燥阶段、挥发热裂解阶段与全面炭化阶段[2]。第一阶段生物质内部结构几乎没有变化，水分受热析出；在第二阶段，生物质内部大分子化学键发生断裂与重排，有机质逐渐挥发，原料内部热裂解反应开始，挥发分中气态可燃物在缺氧条件下有少量发生燃烧，且这种燃烧为静态渗透式扩散燃烧，可逐层为物料提供热量支持分解[2]；第三个阶段一般发生在450℃之后，大部分挥发分析出，生物炭慢慢形成，产生富炭残留物。

国外在相关方面的研究较早，美国学者Boateng等[5]制造了一款利用高温气体进行内外加热的竖流式热裂解设备，英国爱丁堡大学研制了三代炭化装置的样机[6]，泰国清迈大学研发了大型烟道气体金属炭化炉[7]，巴西利亚大学研究的固定床外加热式热裂解炭化炉，利用背压增压器实现增压制炭工艺[8]。我国在20世纪70年代就加大了对生物质能源研究的支持力度，生物质炭化技术不论是在炭化工艺方面，还是在炭化设备方面都得到了快速发展。2011年，沈阳农业大学成立了我国在生物炭领域第一家专门研发机构"辽宁省生物炭工程技术研究中心"，陈温福院士率先提出"通过生物炭技术实现农林废弃物炭化还田改土"新理念，极大地促进了生物炭在农业领域的应用基础研究与技术开发[9]。

6.1.2 生物质热裂解炭化装置

按照不同的热能来源，可将生物质热裂解炭化装置分为自燃式和外燃加热式两种。其中，自燃式采用自燃的方式对炭化室内的物料进行直接加热，而外燃加热式的热能则由外部热源提供。按照作业连续方式，生物质炭化设备可分为固定床式和移动床式两类。固定床生物质炭化设备有窑式和釜式两类，为间歇性生物质炭化设备；移动床生物质炭化设备包括横流移动床和竖流移动床两类，可实现生物质连续热裂解。移动床生物质炭化技术能够连续生产，与固定床生物质炭化技术相比，具有生产连续性好、生产率高、过程控制方便以及产品品质相对稳定的优点，代表了我国生物质炭化技术未来的发展方向。本书将具体介绍几种典型的生物质炭化设备。

6.1.2.1　敞开式快速热裂解炭化窑

王有权等[10] 研制出一种以玉米秸秆等农林废弃物为原料的自燃闷烧式炉型，又叫敞开式快速热裂解炭化窑，其结构示意如图 6-1 所示。窑体与分离装置冷凝器连接，冷凝器与引风机连接，冷凝器下部设有安装排水阀的给水管道。

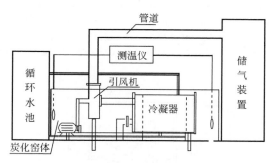

图 6-1　敞开式快速热裂解炭化窑[10]

开机前，将生物质物料放入炭化窑体内，采用上点火内燃控氧工艺，当温度达到 190℃时能够在自然环境下对窑内的原料进行炭化，最终得到生物炭与可燃气体。

6.1.2.2　外加热固定床式自循环生物质炭化设备

图 6-2 为一套外加热固定床式自循环生物质炭化设备，主要由炭化炉主体、焦油回收装置、余气回收循环装置、加热系统和温度压力监控系统五部分组成[11]。热裂解过程产生的气相经过三级冷凝装置进行冷却。随后，CO、CO_2、H_2 等不可冷凝气体进入废气收集循环装置，引入燃烧盘燃烧进行二次利用。

6.1.2.3　内加热连续式生物质炭化设备

内加热连续式生物质炭化设备结构如图 6-3 所示[12]，该设备可实现生物质热裂解制炭流水式作业，以颗粒燃料为原料，其处理量为 108kg/h。

设备作业时，原料经喂料斗与喂料关风器进入炉膛，炉膛内料位基本保持不变。随着出料口不断出炭，上层物料有序下行并逐渐被热风烘干，进入热裂解区后部分物料开始缓慢燃烧并迅速热裂解，继续下行，在绝氧与保温环境中继续炭化，炭化完成后，高温生物炭在出料三通和螺旋输送器中适当冷却，最后经出料关风器出炭。

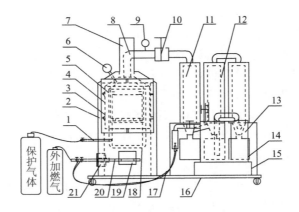

图 6-2　外加热固定床式自循环生物质炭化设备

1—保护气体进气口；2—保温层；3—炭化炉外胆；4—炉门；5—炭化炉内胆；6—温度传感器；
7—外烟道；8—内烟道；9—压力传感器；10—阀门；11—焦油、木醋液回收装置；12—冷却腔体；
13—废气收集循环装置；14—焦油、木醋液存储桶；15—支撑架；16—可移动平台；17—通气软管；
18—置炭架；19—点火观察口；20—双通道燃烧盘；21—燃烧盘高度调节机构

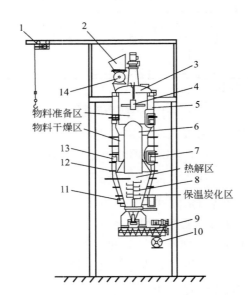

图 6-3　内加热连续式生物质炭化设备结构示意

1—吊车；2—喂料斗；3—炉盖；4—压实器；5—炉体；6—烘干器；
7—引风口；8—扰动器；9—螺旋输送器；10—出料关风器；11—炉门；
12—检测进风孔；13—引风道；14—喂料关风器

6.1.2.4　竖管式移动床生物质连续热裂解装置

竖管式移动床生物质连续热裂解装置的结构如图 6-4 所示[13]，该装置主要包括燃烧加热炉、热裂解供热烟道、竖管式热裂解移动床、焦炭空冷管、旋转进出料阀、出料绞龙等部件。

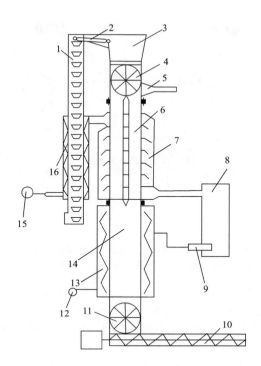

图 6-4　竖管式移动床生物质连续热裂解装置结构示意

1—物料提升机；2—物料输送滑板；3—料仓；4—进料旋转阀；5—热裂解气导出箱；
6—立管式热裂解移动床；7—热裂解供热烟箱；8—加热炉；9—燃烧喷头；10—出料绞龙；
11—出料旋转阀；12—鼓风机；13—热裂解供热烟箱；14—生物炭空冷管；
15—烟气引风机；16—提升机加热烟箱

　　物料经提升机从地面提升至料仓后，在进料旋转阀的搅动下，落入立管式热裂解移动床各个热裂解管内，生物质原料依靠自身的重力，在长径比很大的移动床热裂解管内从上至下连续移动，高温烟气流经折返式烟道时，采用高速冲刷的方式为物料提供热源，使物料能够依次经历深度干燥、预炭化和热裂解等过程。

6.1.2.5　生物质连续式分段热裂解炭化设备

　　生物质连续式分段热裂解炭化设备（见图 6-5）采用分段式加热技术，并结合了连续式输送原理、生物炭循环水冷技术和油气分离等技术，设计了连续式分段热裂解设备，通过调节 5 段炉温，精确地调整热裂解炭化的温度环境[14]。

　　设备工作时，先将 5 段电热炉设置并升温至设定温度，再通过螺旋输料器将生物质送至热裂解区域。炭化完成后，对生物炭进行冷却，使其温度降低至燃点温度以下。热裂解气则可进行两种工艺路径的选择：一是直接对油气进行分离和收集，依次进入油气分离器（200℃）和三相分离器（常温），对焦油、水、轻质油与不可冷凝气体进行分离；二是将热裂解混合气直接通入催化裂解炉中，进行二次裂解生成小分子气体或轻质油，随后再进行油气分离。

189

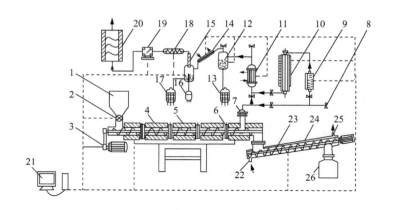

图 6-5 生物质连续式分段热裂解炭化设备结构示意

1—料斗；2—关风器；3—调频电动机；4—加热炉；5—输料螺旋；6—绝热环；7—过滤网；
8—安全阀；9—预热炉；10—热裂解气裂解器；11—换热器；12—油气分离器；
13—储油罐；14—套管冷凝器；15—三相分离器；16—轻油收集罐；17—储水罐；
18—盘管冷凝器；19—气体流量计；20—热裂解气燃烧器；21—控制系统；
22—进水口；23—斜螺旋；24—循环水套筒；25—出水口；26—集炭箱

6.1.2.6 回转连续式热裂解炭化设备

回转连续式热裂解炭化设备结构如图 6-6 所示[15]，设备主要由密封均匀布料装置、生物质连续热裂解炭化装置、保温冷却出炭装置、热裂解气分级净化冷凝装置和热裂解气/焦油燃烧再利用装置等组成。生物质原料由上料螺旋输送到喂料机中，批次进入回转筒，在四线螺旋抄板推送下，物料由右向左呈翻转推进状态与外层热烟气形成间壁式逆流换热，在高温下进行热裂解炭化。最终，经由冷却出炭装置，完成炭化过程。同时，该设备辅以热裂解气净化分离和清洁回用装置，实现炭-气-油联产，提高了能量的利用效率。

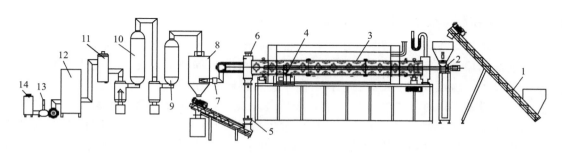

图 6-6 回转连续式热裂解炭化设备结构示意

1—上料机；2—螺旋喂料机；3—回转筒；4—热风炉；5—冷却出炭装置；6—防爆装置；7—金属阻火器；8—除尘器；
9——级冷凝器；10—二级冷凝器；11—静电捕焦；12—洗气装置；13—鼓风机；14—水封阻火器

6.1.3　生物质热裂解炭化装备开发应用现状

目前，我国多家科研单位和企业对生物炭制备技术与装备的开发和应用示范开展了大量研究，其中沈阳农业大学陈温福院士领导的生物炭研究团队、农业农村部规划设计研究院能环所和浙江省生物炭工程技术研究中心对生物炭制备技术及其装备的研制开展了大量研究工作，并取得阶段性成果。陈温福院士团队主要开发了以"半封闭式亚高温缺氧干馏炭化新工艺和移动式组合炭化炉"为核心的生物炭制备技术，其中"简易玉米芯颗粒炭化炉及其生产方法"获得国家发明专利以及辽宁省科技成果转化项目认定，目前在辽宁省 11 个市县区开展了炭基肥料大面积试验示范，开发了组合式可移动炭化炉和简易制炭工艺。农业农村部规划设计研究院能环所主要研制内加热/外加热连续性炭化设备，已经开发了中式生产设备，运行试验结果表明，以生物炭产率、比表面积和热值为评价指标，热裂解温度以 $500\sim700℃$ 为宜。浙江省生物炭工程技术研究中心主要研究不同秸秆种类、林果业剩余物、畜禽粪便等农林废弃物等原料固态化热裂解高效破碎分级处理设备和工艺条件的研发。开发的主要设备有防结块连续式炭化炉，连续分段式死猪炭化处理装置，生物质材料炭化活化一体装置，适用于炭基肥料的颗粒可调造粒装置。开发了新型竹炭氮肥的研制及其综合功能评价，同时研究了生物炭对土壤的改良作用和炭基肥对作物生长的影响机制与规律。

6.2　生物炭的性质及其应用

6.2.1　生物炭的性质

生物炭的起源可追溯至亚马孙流域的黑土地"Terra preta"，被认为能够有效提高土壤肥力。2007 年在澳大利亚第一届国际生物炭会议上取得统一命名，其一般是指木材、农林生物质废弃物、植物组织或动物骨骼等在缺氧或绝氧条件下，经过热裂解得到的富碳产物[16~18]。生物炭是一种具有丰富孔隙结构、较大比表面积和高度芳香化的多孔固体颗粒物质，生物炭产率以及其各项基本特性与热裂解原料和热裂解温度的关系最为密切[19]。适合用于制备生物炭的热裂解原料极为广泛，包括木质纤维素类生物质废弃物（草本与木本）[20,21]、畜禽粪便[22]、工业生产残渣[23] 以及食品残渣[24] 等，但是，不同来源生物炭的理化特性差异性较大，需要有针对性的研究。

生物炭主要含有碳、氢、氧三种元素。一般 C 元素含量在 60％以上，主要成分为烷基和芳香结构碳[25]。生物炭表面存在多种类型官能团，如—OH、—N_2H 和—OR 等，这些官能团通过表面的性质和 π 电子影响着表面化学特性和吸附特性。热裂解制备生物炭过程会形成一些不稳定的脂肪族化合物并留在生物炭内部结构中，它们可以在短期内被微生物快速降解，同时此类非芳香结构碳的降解可能通过微生物共代谢作用促进生物炭中芳香化组分的降解[26]。生物炭除了大量元素，如碳、氢、氧、氮外，还包含钾、钠、钙、镁、磷、铁、硅、铝等无机元素，以及铜、镍、锌等微量元素。随着有机物热裂解挥发，矿质元素在热裂解过程中不断富集到生物炭中。生物炭比表面积大，孔隙发达，表面多孔结构特征显著。生物炭孔隙根据孔径大小可以分为微孔（孔的内径＜2nm）、中孔（孔的内径介于 2~50nm 之间）和大孔（孔的内径＞50nm）。生物炭中孔隙的存在和尺寸的分布为很多微生物提供了一个合适的栖息地，为微生物提供了丰富的碳源、能量和繁殖所需要的矿质元素。生物炭 pH 值为 4~12，但由于生物炭表面含有碱性有机官能团和矿质元素如 Na、K、Mg、Ca 等的氧化物或碳酸盐溶于水后呈碱性，使得生物炭一般呈碱性，所以适合作为酸性土壤改良剂。

生物炭的性质主要受物料特性及反应条件的影响。物料特性主要有原料的粒径、纤维素、半纤维素、木质素和矿物质元素的含量，制备生物炭的原料多种多样，其组成成分和物理特性差异较大，因此不同原料热裂解制备的生物炭理化特性及微观结构性质差异很大。

同时热裂解条件，包括热裂解温度、升温速率、气体氛围、气体流量和保温时间也是影响生物炭理化性质及微观结构的主要因素。通常木质生物炭的生物学惰性强于禾本材料生物炭，随着炭化温度的增加，生物炭碳原子排列有序性增强，芳香碳逐渐共轭化，特殊的分子结构使其具有高度的化学稳定性和生物学惰性。另外，升温速率对于生物炭孔隙结构及表观形态存在较大影响，通常生物炭的比表面积随着升温速率的增加而减小，慢速升温可以显著提高生物炭得率和碳含量，停留时间对于炭得率、元素比例、孔隙结构及表面积都存在影响[27]。热裂解温度是影响生物炭组成成分及孔隙结构最关键的因素。较高的升温速率不利于生物炭的生成，而当热裂解温度较高时，较低的升温速率有利于生物炭对能量的回收[28]。不同的热裂解氛围也会对生物炭的性质有一定的影响，相较于 CO_2 气氛，N_2 氛围下制备的生物炭产率较低[29,30]。

随着温度的升高，生物炭逐渐由褐色变为黑色，同时，生物炭产率、极性、氢与氧元素含量和反照率也有所降低。而生物炭的碳元素含量、灰分含量、芳香性、pH 值、比表面积和 Zeta 电位则不断增加。生物炭的疏水性则随着处理温度的升高先增加，后降低。由于原材料种类繁多、异质性较强，另外热裂解技术工艺及热裂解条件等的差异，生物炭元素组成、工业组成、粒径分布、比表面积、pH 值、EC、阳离子交换能力等理化特性表现出非常广泛的多样性，进而使其拥有不同的环境效应和应用途径。

浙江大学的肖欣等[30] 提出了生物炭的四级结构模型，多级结构分为四个不同的结构层次（图 6-7）。

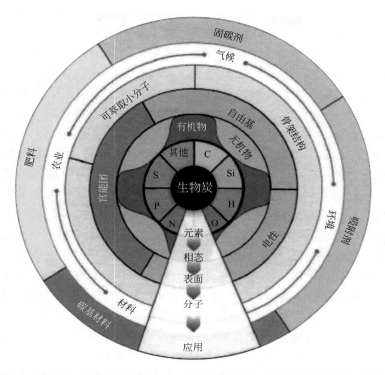

图 6-7   从元素、相态、表面结构和分子结构总结的生物炭的非均质结构和应用潜力

① 元素，生物炭中多种多样的元素共同组成了生物炭的结构，而不同的元素的不同功能决定了生物炭的总体结构和功能，并直接影响到生物炭中元素的地球化学循环过程。

② 相态，生物炭的相态结构，赋予了生物炭许多物理化学特性。

③ 表面结构，生物炭的表面结构是生物炭颗粒与外部环境发生相互作用（例如吸附、反应、修饰）的重要位点，包括生物炭的表面官能团、自由基结构及其表面电荷情况。

④ 分子结构，生物炭的分子结构是其结构基础，这其中主要包括骨架结构和小分子结构。生物炭的多级结构决定着其在各个领域的应用潜力。

6.2.2   生物炭的应用

6.2.2.1   生物炭在环境领域的应用

生物炭通过固定生物质中的碳，对大气、土壤循环、陆地碳储存等都有重要影响。生物炭是生物能源中唯一的稳定性碳源，在一定程度上可以改变土壤碳库自然平衡、提高土壤碳库容量[31]，也对解决 CO_2 排放、缓解温室效应具有重要的意义和作用。生物炭"碳封存"的作用越来越受到关注，生物炭不仅是大气 CO_2 的一个长期"碳汇"，在全球碳循环中具有重要作用，同时也被认为可能是碳平衡中"迷失碳汇"的重要部分[32]，生物炭对全球气候变化同样具有重要的意义[33]。

生物炭具有孔隙度好、比表面积大、吸附能力强的特点，进一步加工成生物活性炭以后可应用于污水处理、水质净化、废气处理等环境领域。工业废水是重要的环境污染源，研究表明，生物活性炭对废水中无机重金属离子具有较好的选择性吸附能力[34]，在净化水质，处理饮用水与微污染水方面有良好的效果。同时，生物炭的改性处理能够有效改良生物炭的相关性质，从而提高其在污染因子中的吸附潜力。Akbari 等[35] 通过酸碱（HCl、NaOH）改性处理，除去生物炭中酸碱可溶性物质，降低其灰分含量，提高了其比表面积，使其对 Cu(Ⅱ) 的吸附活性成倍提高；丁春生等[36] 采用 10% 的氨水溶液改性活性炭颗粒，发现改性炭对苯酚的吸附量比未改性炭提高了 66%；王瑞峰等[37] 通过微波改性、NaOH 改性方法对玉米秸秆炭进行改性处理，结果表明：NaOH 改性后的生物炭对 Cd^{2+} 的吸附效果要优于微波改性处理的和未改性处理的；车晓冬等[38] 利用微波加热硝酸氧化改性稻壳生物炭，发现微波加热硝酸氧化改性能显著提高生物炭对 Pb(Ⅱ) 的吸附量；赵明静等[39] 利用 CaCl$_2$ 溶液浸渍改性处理柳木屑生物炭和花生壳生物炭，结果表明改性后的生物炭芳构化程度提高、极性减小、比表面积增大，且对 Pb(Ⅱ) 有较大的吸附率；Ahmed[40] 综述了改性生物炭改善治理水污染的研究进展，认为与化学改性相比，水蒸气活化不适合提高生物炭的表面功能性，碱处理生物炭具有最高的表面功能，碱改性生物炭和纳米材料浸渍生物炭复合材料都非常有利于增强废水对不同污染物的吸附，酸性处理在生物炭表面上提供了更多的氧化官能团。

在环保领域，生物炭广泛应用于固碳减排、污染治理、水体净化等诸多方面，对适应新时期经济发展模式，促进环境与资源的循环和可持续发展，都具有重要意义。

6.2.2.2　生物炭在农业领域的应用

（1）概况

土壤是生物赖以生存和必不可少的场所，是农林业最基本的生产资料。然而，随着社会经济的发展，土壤不合理利用以及污染等问题越来越凸显出来。土壤不合理施肥、生产力过度消耗等原因导致土壤酸化、碱化、盐渍化等土壤质量退化，如何科学合理、可持续地开发利用土地资源已成为当前急需解决的重大问题。生物炭用于土壤改良，可以有效地改善土壤的理化性质，保持土壤生产力良性循环；用于污染物治理，可实现土壤修复，提高土壤生产性能、作物产量和品质。生物炭的农业应用前景远大，对生物炭的合理、综合、可持续利用，在很大程度上可以解决农业可持续发展、节能减排、环境保护与修复等方面的问题，有助于构建低碳、高效的经济发展模式，对保障国家粮食安全、缓解能源危机等有着重大意义。

生物炭输入农业土壤通常会提高土壤微生物生物量和活性，同时细菌和真菌群落多样性也得到不同程度的提升。这主要归因于生物炭微观多孔结构和高比表面积可直接为微生物的栖息和繁殖提供适宜生境，同时可以作为某些微生物的庇护所以逃避竞争者的捕食。此外，生物炭还可通过吸附养分和改善土壤理化性质间接影响微生物群落结构。例如生物炭能够引起土壤氧化还原电位上升，促进甲烷氧化菌和固氮菌的生长，提高土壤碳氮比，降低土壤有效氮含量从而刺激固氮菌生长[41]。生物质炭化还田以后，其本身实际可供作物利用的养分含量并不多，但它可改变土壤的物理性状和结构，促进土壤生物化学与物理化学的交互作用而提高土壤肥力[42]，间接地提高作物养分利用效率，从而对作物生长起到积极的促进作用[43]，生物炭在土壤中所起到的综合作用，有利于促进作物生长，提高作物产量。同时，生物炭凭借其丰富的微孔结构和较强的吸附力特性，使其成为生产长效缓释肥料的优良基质。生物炭可作为肥料的增效栽体，延缓肥料在土壤中的养分释放，降低养分损失，提高肥料养分利用率，但其自身不能满足作物生长的养分需求。炭基肥是以生物炭为载体的一种新型肥料，目前主要包括功能性生物炭肥（有机无机复合肥）、炭基氨基酸肥料。随着节肥环保、高产优质农业模式的大力推进，炭基肥的研究已经成为植物营养与肥料领域的热点，是实现肥料高效利用、土地生产可持续发展的重要途径。

（2）典型生产炭基肥料企业

目前国内名义上生产炭基肥料的企业有 50 多家，已经开工建设的有近 40 家，未来 3 年企业数量可能跃升至 250～300 家。典型企业代表如下：

① 北京三聚新材料有限公司、南京农业大学、南京三聚生物质新材料科技有限公司联合完成的农作物秸秆炭化还田-土壤改良技术开发与应用项目，是秸秆资源化利用的典型。三聚环保首台 1.5 万吨/年秸秆炭化装置已于 2016 年 6 月投产运行，累计生产炭基肥、土壤改良剂近万吨。主要采用中温慢速热裂解炭化工艺以及万吨级中温慢速热裂解炭化设备和炭化产物分离成套设备，实现了秸秆、秸秆颗粒连续热裂解炭化以及生物质炭和木醋液等产物高效分离和联合利用。该技术实现农作物秸秆的资源化利用，可以将农作物秸秆加工成 25%～30% 可燃气、30%～37% 生物质炭以及 10%～15% 木醋液。建立了农作物秸秆生物质炭结构及其土壤改良功效的关联关系，实现了生物质炭产品的标准化。通过田间试验表明，玉米平均增产 40kg/亩（1 亩 = 666.7m^2，下同）；水稻平均增产 60kg/亩。与普通复合肥相比，炭基复合肥可使作物籽粒粗蛋白提高 15%，有机质增加 20%，氮磷钾无机肥减少使用量 5%～10%，每亩增产 10%，每亩增收 100～200 元。

② 辽宁金合福：公司目前生产的多联产生物质炭化成套设备包括：THL-Ⅰ，日产炭量 1.5t；THL-Ⅱ，日产炭量 3t；THL-Ⅲ，日产炭量 4t。该公司具有秸秆炭化和炭基肥两条生产车间。多联产生物质炭化成套设备可广泛用于炭化各类作物秸秆，主要产品生物炭基肥和生物炭粉，其中生物炭基肥可以延长供肥时间，肥料利用率可提高 30% 以上，作物亩产量提高 8% 以上。

③ 仟亿达集团：主要的生物质气化多联产成套设备有固定床气化炉，适应各类不同形状、组成、流动性、能量密度的生物质，且对生物质含水量要求宽泛，只要含水率 ≤20% 即可。炭基肥产品研发是由天津大学、河北师范大学生命科学学院合作研发炭基有机肥料、炭基生物有机肥、炭基复合肥料、炭基多功能生态肥料、炭基水溶肥料（液体水溶肥料）。

④ 沈阳隆泰生物工程有限公司：主要产品有炭基缓释玉米专用肥、炭基缓释水

稻专用肥、炭基缓释花生专用肥、炭基缓释大豆专用肥等系列专用复合肥。一期工程年产炭基专用肥 10 万吨，公司产品技术依托中国工程院院士陈温福教授领导的沈阳农业大学生物炭工程技术研究中心。

⑤ 浙江布莱蒙农业科技股份有限公司：高效生物质炭化设备，每小时处理水稻秸秆 400～500kg，出炭率高达 30%，开发出用于还田的生物炭制取及燃气余热充分高效回收利用装置，成功制备了以水稻秸秆、竹质加工废弃物和柠条等为原料的各种生物炭。

（3）生物炭基肥制备技术与装备

生物炭基肥生产工艺主要包括掺混法、吸附法、包膜法和混合造粒法等，目前的炭基肥产品中生物炭的添加比例一般在 20%～60% 之间；从炭基肥产品的成型工艺来看，由于物料中添加了生物炭颗粒导致肥料成型相对困难，在生物炭含量较高时需添加少量的黏结剂。目前我国的炭基肥产品大部分是采用混合造粒法制得的，产品水分含量差异较大，团粒法一般在 15%～25% 之间，挤压法在 5%～10% 之间。黏结剂含量团粒法一般在 10% 左右，挤压法在 7% 左右。对炭基肥造粒工艺的选择主要取决于原料组成，一般而言，有机肥含量较高时多选用挤压法造粒方式，而无机肥较多时挤压法、团粒法都可使用。由于团粒法生产的肥料不抗压、返料多、生产成本高，而挤压法生产的肥料投资少、干燥成本低、肥料抗压性好，所以挤压法造粒应该成为目前炭基肥造粒的较优选择，常温下颗粒一次性成型，成品成分均匀、大小一致、表面光洁。

（4）存在的问题

企业面临制炭原料的收集、处理和非集中供应的难点。技术跟不上，用的是较落后的制炭工艺，简易气化炉等，产率低，产品质量稳定性差，不同的企业用不同的制炭技术，再加上使用不同的原料，最终做出的生物质炭性能就不一样。目前生物炭基肥的生产工艺主要是沿用传统有机肥的生产工艺，由于生物炭属于脆性材料黏结性不高，采用现有的有机肥产品生产工艺生产的炭基肥强度不高，返料率较高。秸秆炭基肥施用技术：目前关于生物炭基肥的施用技术主要是实验室和田间试验研究，还未见标准规范的施用技术和方法规范，主要是根据有机肥的施用标准进行使用。

6.2.2.3 生物炭在材料领域的应用

木塑复合材料是将木屑、竹屑、稻壳、麦壳、麦秸、花生壳、大豆壳、甘蔗渣等农林废弃物破碎后，以纤维或粉末的形态作为填料添加到高密度聚乙烯、聚丙烯、聚氯乙烯等热塑性塑料中，利用传统的塑料加工工艺，通过挤出、热压、注塑等加工方法制备的一种新型材料。研究表明，利用生物炭代替生物质制备复合材料其强度要远远高于木塑复合材料[44]。以炭为填料融合塑料制备复合材料最早可追溯到 20 世纪，朱伟民等[45] 以泥炭和塑料为原料制备复合材料，在一定温度和压力下，泥炭和塑料经过复杂的化学工艺形成聚腐植酸乙烯酯，这是一种以塑料为交联剂、以泥炭为主要原料的新型复合材料，称为炭塑复合材料；进入 21 世纪之后，以木炭和竹炭融合制备复合材料开始发展，郑木霞[46] 以竹炭为填料、胶乳海绵为基体，运用间歇加工法制备出竹炭/胶乳海绵复合材料，研究表明：该材料在具有炭吸附性能的同时还兼具胶乳海绵的优良特性。近年来，生物炭作为填料增强聚合物制备高分子复合材料的研究逐渐引起关注，生物炭在材料领域的应用也逐渐广泛。利用生物炭增强聚乙烯、聚丙烯等热塑性聚合物制备复合材料，具有优良的力学性能和导电性能。You 等[47] 以木炭增强超高分子量聚乙烯制备高分子复合材料，其拉伸性能可达到 90MPa，且该复合材料导电性能优良；Das 等[48~50] 采用不同的生物炭与聚丙烯（PP）利用模压法制备生物质热裂解炭/PP 复合材料，研究表明以生物质热裂解炭融合塑料制备 BPC，可以有效提高材料的力学性能和阻燃性能。此外，生物炭增强聚合物复合材料在抗蠕变方面也展现出可观的性能，研究表明，稻壳炭增强高密度聚乙烯所制备的复合材料，具有良好的抗蠕变性能和抗应力松弛能力[51]。

6.2.2.4　生物炭应用存在的问题

制备生物炭的前体材料来源非常多样，包括木屑、树皮、农作物秸秆、甘蔗残渣、油菜籽饼、畜禽粪便、城市污泥、生活垃圾等废弃物。少量研究表明，废物原材料在缺氧热裂解过程中容易产生有机污染物，以松木、高羊茅、牛粪、秸秆、菜籽饼、生活污泥等为前体材料制备的生物炭中便存在一定含量的 PAHs（多环芳烃）[52,53]。木质素、蛋白质、脂肪、纤维素等均能在热裂解过程中通过裂解、缩聚、缩合、脱氢等化学反应途径生成新的 PAHs，经热裂解产生的气体和生物油内也可检测出 PAHs。PAHs 是一类具有"三致"巨大威胁效应的持久性有机污染物，生物炭制备及使用过程中 PAHs 可能会对环境产生二次污染，可通过生物炭还田等途径进入生态循环系统，进而威胁人类的健康，因此需要引起格外重视。另外，河底淤泥与畜禽粪便都含有一定的重金属，经过热裂解可以钝化，但同时也在生物炭中富集导致浓度提升，当生物炭用于修复酸性土壤时，较低的 pH 值会削弱生物炭自身碱性物质对重金属的钝化作用，促进生物炭内源重金属的形态转变和释放，提高重金属在土壤中的溶解度和生物可利用性，进而改变土壤重金属的形态、分布，可能会引起或者加剧土壤重金属污染。然而，目前的研究主要集中于生物炭的性能及其在农业和环境领域中的应用，极少关注生物炭制备过程中 PAHs 的生成情况及重金属含量，更缺乏 PAHs 在生物炭和生物油中的分布及毒性特征方面的研究。

有关于对生物炭的应用将在第 7 章的 7.4 部分做进一步探讨。

6.3　木醋液与焦油的性质及应用

生物质的热裂解炭化过程中伴随产生挥发性组分析出，冷凝收集后获得液体产物，经过一段时间静置分层后，上层为一种赤褐色酸性水溶液，叫作木醋液，下层为黑棕色黏液油状液体，称为焦油。木醋液中含有酸、醇、酚、酮等多种有机物，每热裂解

1t 生物质，通常可生产 250～300m³ 燃气，250～300kg 生物炭，200～250kg 木醋液和 30～50kg 焦油，木醋液的产率可达 25％左右。木醋液在日本也被称为木酢液，被称作是"魔法之水"[54]。木醋液一般在以木质纤维素类生物质为原料进行热裂解炭化的过程中得到，而木醋液中一种特殊的产品是以竹子为原料进行炭化制备得到的，叫作竹醋液。受地域影响，目前我国北方主要以木醋液为主，而南方则以竹醋液为主[55]。

生物质热裂解炭化工艺的另一个重要液体产物是焦油，焦油主要是通过对热裂解炭化液体产物进行分离得到的难溶于水的油状液体，黏度较大，含氧量高，热值比重油低。

6.3.1　木醋液的主要性质

6.3.1.1　木醋液的基本性质

由于木醋液制备的原料、工艺和条件不同，导致木醋液的各方面理化性质也是各不相同，如颜色、气味、pH 值、黏度、密度等（表 6-1）。竹醋液作为木醋液的一种，其出现和应用较早，且原料较为单一，生产工艺也较为成熟，2015 年由国际竹藤中心组织起草的国标《竹醋液》（GB/T 31734—2015）正式颁布实施，是迄今为止唯一一部有关木醋液的国家标准[56]。竹醋液和木醋液的理化指标如表 6-1 所列[56,57]。

表 6-1　竹醋液和木醋液的理化指标

理化指标	竹醋液		木醋液	
	精制竹醋液	蒸馏竹醋液	精制木醋液	蒸馏木醋液
颜色	红棕色或橙黄色澄清液体	浅黄色或无色透明液体	红褐色或褐色透明液体	淡黄色至浅红棕色透明液体
气味	—	—	烟熏味	淡烟熏味
pH 值	2～3	2～3.5	2～3.5	1.5～3
密度/(g/mL)	≥1.01	≥1.008	1.05～1.1	1～1.05
有机酸总含量/%	≥4.0	≥3.0	≥4.0	≥4.0
焦油含量/%	≤1.5	≤0.1	≤1	≤0.5

注：精制竹（木）醋液是通过静置分层去中间层为精制竹（木）醋液，蒸馏竹（木）醋液是通过减压蒸馏技术，除去焦油等高沸点物质后剩余的液体。

一般认为粗木醋液是未经任何处理，装置上直接生产得到的木醋液产品，深褐色或深红棕色液体，含有少量悬浮物和焦油，误食或接触皮肤对人体有一定程度的损害，一般不可做食品或医药用。经过静置或减压蒸馏等分离技术除去焦油、悬浮颗粒以及部分高沸点大分子的组分后，得到颜色、气味较为温和可直接用于食品[58,59]或医药的精木醋液[60]。

6.3.1.2　木醋液的成分

木醋液中含量最多的组分就是水，含水率的测定通过 Karl Fischer 法得到，木醋液的含水率根据原料和生产工艺不同差异很大，从 70％至 95％不等[61]，一般经过精制提纯后的木醋液含水率要比粗木醋液略低一些[62]。粗木醋液中除了水以外的有机组分多达上百种，包括酸、醛、酯、醇、酮、酚等[63]，受原料、温度等因素的影响，所得到的木醋液的组分也千差万别，但乙酸、羟基丙酮、乙酸甲酯、乙酸乙酯、糠醛、苯酚、愈创木酚等属于比较固定的组分，其中以乙酸含量为最高，是木醋液中最主要的成分[64~68]。经过精制提纯后的木醋液去除了焦油和一部分高沸点物质，很多的专家、学者针对不同原料、不同工艺制备的木醋液，通过常压蒸馏或减压蒸馏等技术，分离出不同温度段的木醋液馏分，通过 GC-MS 分析，一般认为 98~103℃的馏分能最大限度地保留木醋液的有效成分并去除大多数的焦油以及苯并芘等杂质。利用 GC-MS 来分析木醋液的有机组分时，通常使用的色谱柱有 RTX-WAX 石英毛细管柱[69,70]、DB-WAX 毛细管柱[64,66]、HP-INNOWAX 毛细管柱[71]、HP-5MS 5％苯基硅氧烷毛细管柱[72]、DB-1701 石英毛细管柱[73] 等。根据仪器和色谱柱型号的不同，选择合适的升温方法，但一般升温速率不宜超过 10℃/min，否则会由于升温过快导致出峰重叠的现象。

6.3.1.3　木醋液的储存和运输

木醋液中含有大量有机酸成分，具有一定的腐蚀性，因此其在储存和运输的过程中不适宜用钢铁材料，而应以有机塑料材料为主。且经研究发现，木醋液在光照或高温下部分组分不稳定，易发生分解，因此木醋液的储存应避免阳光直射和局部高温。粗木醋液具有一定的腐蚀性和毒性，储存和运输时应做好相应防护，张贴危险化学品标志。

6.3.2　木醋液的市场应用

木醋液在日本、韩国、美国等国家已获得广泛应用。如日本根据不同用途采取不同的精制方法得到的木醋液，作为医药原料（皮肤药等）、食品添加剂（熏液[58~60,72] 等）、染料原料（媒染剂原料）、脱臭剂[74,75]（家庭用脱臭剂原料等）、农药原料（农药添加剂）[76]、土壤改良剂（发根促进剂）[76,77] 等，还开辟了饮料添加剂、沐浴添加剂等用途。日本每年大约生产 5 万吨木醋液，其中约有 1/2 应用于农业生产[78]，其作用主要是促进作物生长及控制线虫、病原菌和病毒[79~84]，另 1/2 应用于食品加工、医药保健等方面。在韩国，已把精制木醋液用于医药，并将木醋液提炼加工成为一种叫"森林饮料"的保健品。在美国，木醋液主要应用于花园园艺[85,86] 和林果业等方面。

我国虽然在 20 世纪 90 年代开始了对木醋液在农林上应用的试验与研究[87,88]，开展了一系列用木醋液防治作物、蔬菜和果树病害的室内外实验[89~92]，作为植物生长调节剂促进农业生产[93]，以及蔬菜、水果[84]、肉蛋的保鲜提质实验[94,95] 等，但在应用产品的开发研究方面进程缓慢，具有自主知识产权的产品很少，市场上基本没有商品化产品销售。

有关于对木醋液的应用将在第 7 章的 7.3 部分做进一步探讨。

6.3.3 焦油的主要性质与利用

焦油是生物质热裂解过程中不可避免的副产物之一，黑色黏稠状液体，有刺鼻气味，其生成后随热裂解气析出，200℃以下开始凝结[96]，或收集于第一级冷凝装置内，或随热裂解气进入木醋液（生物油）内，影响木醋液（生物油）的品质，通过静置分层或蒸馏等技术可以将大多数的焦油分离出来。尽管生物质焦油干基的热值可以达到23MJ/kg[97]，但其20%以上的含水率仍然限制了其在燃烧方面的应用。焦油pH值在3左右，具有一定的腐蚀性，且性状较为黏稠，在热裂解或燃烧利用的过程中极易腐蚀或堵塞管道，造成损失。

焦油的成分复杂，除了有机酸、醇、酚、酮、酯等含氧物质以外，还含有大量的多环芳烃，对于其成分的分析仍是以GC-MS为主[98]，部分高沸点的组分难以被检出。根据其组分的沸点不同，可以通过蒸馏法将其划分成不同馏分，对不同馏分分别进行GC-MS分析，可获得其各馏分相应的组分[99~101]。

国内外焦油去除技术主要可分为物理脱除法和热化学脱除法[102]。所谓的物理脱除法并没有真正除去焦油，只是通过物理方法，将焦油从气相转移到了冷凝液相中，避免对装置造成腐蚀或堵塞。热化学方法能有效地去除大部分的焦油，但所需温度较高，一般在1200℃以上[103]，通常采用添加催化剂，降低其反应活化能，使其在700~900℃时催化裂解，脱除大部分的焦油。

生物质焦油的成分复杂，含水率高，黏度较大，因此导致其利用更加困难，通过一系列的处理手段，可以改善焦油的品质，从而使其进一步得以利用，提高生物质能源的综合利用效率。如根据其组分的沸点不同，可通过蒸馏的方式分离出不同馏分，110℃以下的馏分包含大多数的水分和有机酸等，可与木醋液一起回收利用[101,104]；110~190℃馏分的热值较高，含水率、黏度较低，可与柴油乳化用作燃料使用[104~106]；大于190℃的馏分可以进一步加工成胶黏剂[107]、抗氧化剂、生物沥青[108]等。

有关于对焦油/生物油的应用将在第7章的7.1部分做进一步探讨。

参考文献

[1] 丛宏斌，赵立欣，姚宗路，等.我国生物质炭化技术装备研究现状与发展建议 [J].中国农业大学学报，2015，20（02）：21-26.

[2] 石海波，孙姣，陈文义，等.生物质热解炭化反应设备研究进展 [J].化工进展，2012，31（10）：2130-2136，2166.

[3] 孟凡彬，孟军.生物质炭化技术研究进展 [J].生物质化学工程，2016，50（06）：61-66.

[4] 何绪生，耿增超，佘雕，等.生物炭生产与农用的意义及国内外动态 [J].农业工程学报，2011，27（02）：1-7.

[5] Boateng A A, Mullen C A. Fast pyrolysis of biomass thermally pretreated by torrefac-

tion〔J〕. Journal of Analytical and Applied Pyrolysis, 2013, 100: 95-102.

[6]　Ondrej Masek, Peter Brownsort, Ahdrew Cross. Influence of production conditions on the yield and environmental stability of biochar〔J〕. Fuel, 2013, 103: 151-155.

[7]　Karan Homchata, Thawan Sucharitakul, Preecha Khantikomol. The experimental study on pyrolysis of the cassava rhizome in the large scale metal kiln using flue gas〔J〕. Energy Procedia, 2012, 14: 1684-1688.

[8]　Rousseta P, Figueiredo C, Souza M D, et al. Pressure effect on the quality of eucalyptus wood charcoal for the steel industry: A statistical analysis approach〔J〕. Fuel Processing Technology, 2011, 92（10）: 1890-1897.

[9]　陈温福, 张伟明, 孟军. 农用生物炭研究进展与前景〔J〕. 中国农业科学, 2013, 46（16）: 3324-3333.

[10]　王有权, 王虹, 王喜才. 用敞开式快速炭化窑生产炭的工艺〔P〕. 2009-6-17, 中国, CN 100500802 C.

[11]　缪宏, 江城, 梅庆, 等. 废气自循环利用生物质炭化装备设计与性能研究〔J〕. 农业工程学报, 2017, 33（21）: 222-230.

[12]　丛宏斌, 赵立欣, 姚宗路, 等. 内加热连续式生物质炭化设备的研制〔J〕. 太阳能学报, 2014, 35（08）: 1529-1535.

[13]　陈汉平, 陈应泉, 杨海平, 等. 一种竖行式移动床生物质连续热解装备〔P〕. 2012-12, 中国, CN 102816581 B.

[14]　赵立欣, 贾吉秀, 姚宗路, 等. 生物质连续式分段热解炭化设备研究〔J〕. 农业机械学报, 2016, 47（08）: 221-226, 220.

[15]　兰珊. 回转连续式炭化设备关键部件的设计与试验研究〔D〕. 大庆: 黑龙江八一农垦大学, 2018.

[16]　Meyer S, Glaser B, Quicker P. Technical, economical, and climate-related aspects of biochar production technologies: a literature review.〔J〕. Environmental Science & Technology, 2011, 45（22）: 9473-9483.

[17]　Lehmann J, Joseph S. Biochar for Environmental Management: Science and Technology〔M〕. Earthscan: London, Sterling, VA, 2009.

[18]　陈温福, 张伟明, 孟军, 等. 生物炭应用技术研究〔J〕. 中国工程科学, 2011, 13（2）: 83-89.

[19]　Mimmo T, Panzacchi P, Baratieri M, et al. Effect of pyrolysis temperature on micanthus（Miscanthus giganteus）biochar physical, chemical and functional properties〔J〕. Biomass & Bioenergy, 2014, 62: 149-157.

[20]　李力, 陆宇超, 刘娅, 等. 玉米秸秆生物炭对 Cd（Ⅱ）的吸附机理研究〔J〕. 农业环境科学学报, 2012, 31（11）: 2277-2283.

[21]　王彤彤, 马江波, 曲东, 等. 两种木材生物炭对铜离子的吸附特性及其机制〔J〕. 环境科学, 2017, 38（05）: 2161-2171.

[22]　Hongliang Cao, Ya Xin, Qiaoxia Yuan. Prediction of biochar yield from cattle manure pyrolysis via least quares support vector machine intelligent approach〔J〕. Bioresource Technology, 2016, 202: 158-164.

[23]　Deli Zhang, Fang Wang, Xiuli Shen, et al. Comparison study on fuel properties of hydrochars produced from corn stalk and corn stalk digestate〔J〕. Energy, 2018, 165: 527-536.

[24]　Samar Elkhalifa, Tareq Al-Ansari, Hamish R Mackey, et al. Food waste to biochars

through pyrolysis: A review [J] . Resources, Conservation and Recycling, 2019, 144: 310-320.

[25] Didem Özçimen, Ayşegül, Ersoy-Meriçboyu. Characterization of biochar and bio-oil samples obtained from carbonization of various biomass materials [J] . Renewable Energy, 2010: 1319-1324.

[26] Gul S, Whalen J K. Biochemical cycling of nitrogen and phosphorus in biochar-amended soils [J] . Soil Biology & Biochemistry, 2016, 103: 1-15.

[27] 李帅霖. 生物炭对旱作农田土壤生态功能的影响机制研究 [D] . 北京: 中国科学院大学, 2019.

[28] 王雅君, 李丽洁, 邓媛方, 等. 变速升温对玉米秸秆热解产物特性的影响 [J] . 农业机械学报, 2018, 49（04）: 337-342, 350.

[29] Borrego A G, Garavaglia L, Kalkreuth W D. Characteristics of high heating rate biomass chars prepared under N_2 and CO_2 atmospheres [J] . International Journal of Coal Geology, 2009, 77（3-4）: 409-415.

[30] 肖欣. 生物炭的多级结构特征、构效关系及其吸附作用研究 [D] . 杭州: 浙江大学, 2018.

[31] Lehmann J Jr J P D S, Steiner C, et al. Nutrient availability and leaching in an archaeological Anthrosol and a Ferralsol of the Central Amazon basin: fertilizer, manure and charcoal amendments [J] . Plant & Soil, 2003, 249（2）: 343-357.

[32] Schmidt M W I, Noack A G. Black carbon in soils and sediments: Analysis, distribution, implications, and current challenges [J] . Global Biogeochemical Cycles, 2000, 14（3）: 777-793.

[33] Marris E. Putting the carbon back: black is the new green [J] . Nature, 2006, 442（7103）: 624-626.

[34] Tomaszewska M, Mozia S. Removal of organic matter from water by PAC/UF system [J] . Water Research, 2002, 36（16）: 4137.

[35] Akbari M, Hallajisani A, Keshtkar A R, et al. Equilibrium and kinetic study and modeling of Cu（Ⅱ）and Co（Ⅱ）synergistic biosorption from Cu（Ⅱ）-Co（Ⅱ）single and binary mixtures on brown algae C. indica [J] . Journal of Environmental Chemical Engineering, 2015, 3（1）: 140-149.

[36] 丁春生, 沈嘉辰, 缪佳, 等. 改性活性炭吸附饮用水中三氯硝基甲烷的研究 [J] . 中国环境科学, 2013, 33（5）: 821-826.

[37] 王瑞峰, 周亚男, 孟海波, 等. 不同改性生物质热解炭对溶液中 Cd 的吸附研究 [J] . 中国农业科技导报, 2016, 18（6）: 103-111.

[38] 车晓冬, 丁竹红, 胡忻, 等. 微波加热硝酸氧化改性稻壳基生物质炭对 Pb（Ⅱ）和亚甲基蓝的吸附作用 [J] . 农业环境科学学报, 2016, 35（9）: 1773-1780.

[39] 赵明静, 杜霞, 郭萌, 等. $CaCl_2$ 改性生物质热解炭的制备及其对 Pb^{2+} 的吸附作用 [J] . 环境污染与防治, 2016, 38（10）: 84-88.

[40] Ahmed M B, Zhou J L, Ngo H H, et al. Progress in the preparation and application of modified biochar for improved contaminant removal from water and wastewater [J] . Bioresource Technology, 2016, 214: 836-851.

[41] 孙红文, 张彦峰, 张闻. 生物炭与环境 [M] . 北京: 化学工业出版社, 2013.

[42] Steiner C, Glaser B, Geraldes T W, et al. Nitrogen retention and plant uptake on a highly weathered central Amazonian Ferralsol amended with compost and charcoal [J] . Journal of Plant Nutrition and Soil Science, 2008, 171（6）: 893-899.

［43］　Schmidt M W I, Noack A G. Black carbon in soils and sediments: Analysis, distribution, implications, and current challenges ［J］. Global Biogeochemical Cycles, 2000, 14（3）: 777-793.

［44］　张庆法，杨科研，蔡红珍，等. 稻壳/HDPE 复合材料与稻壳炭/HDPE 复合材料性能对比 ［J］. 复合材料学报，2018，35.

［45］　朱伟民，马洪顺. 炭塑复合材料的机械性能试验研究及宏观断口分析讨论 ［J］. 工程与试验，1998（1）: 46-47.

［46］　郑木霞. 竹炭/胶乳海绵复合材料的制备及性能研究 ［D］. 福州：福建师范大学，2008.

［47］　You Z, Li D. The dynamical viscoelasticity and tensile property of new highly filled charcoal powder/ultra-high molecular weight polyethylene composites ［J］. Materials Letters, 2013, 112（12）: 197-199.

［48］　Das O, Sarmah A K, Bhattacharyya D. A novel approach in organic waste utilization through biochar addition in wood/polypropylene composites ［J］. Waste Manag, 2015, 38（1）: 132-140.

［49］　Das O, Bhattacharyya D, Hui D, et al. Mechanical and flammability characterisations of biochar/polypropylene biocomposites ［J］. Composites Part B Engineering, 2016, 106: 120-128.

［50］　Ikram S, Das O, Bhattacharyya D. A parametric study of mechanical and flammability properties of biochar reinforced polypropylene composites ［J］. Composites Part A Applied Science & Manufacturing, 2016, 91: 177-188.

［51］　Zhang Q, Cai H, Ren X, et al. The Dynamic Mechanical Analysis of Highly Filled Rice Husk Biochar/High-Density Polyethylene Composites ［J］. Polymers, 2017, 9（11）: 628.

［52］　罗飞，宋静，陈梦舫. 油菜饼粕生物炭制备过程中多环芳烃的生成、分配及毒性特征 ［J］，农业环境科学学报，2016: 2210-2215.

［53］　陈平，生物炭基肥中多环芳烃检测及其在土壤-作物系统中的迁移规律 ［D］. 上海：上海交通大学，2016.

［54］　陈双贵. 关于竹醋液及其功效开发 ［J］. 环境与可持续发展，2017（1）: 174-176.

［55］　王海英. 木醋液对植物生长调节机理研究 ［D］. 哈尔滨：东北林业大学，2005.

［56］　GB/T 31734—2015. 竹醋液 ［S］.

［57］　Q/TRSW 001—2017. 生物质木醋 ［S］.

［58］　廖承菌，唐世凯，褚素贞，等. 生物质炭辅助烟熏五花肉的初步研究 ［J］. 云南师范大学学报（自然科学版），2013（6）: 45-47.

［59］　崔莹，王海英，段晓玲. 木醋液有机酸类成分的香气研究进展 ［J］. 广州化工，2014，42（6）: 11-12, 30.

［60］　张善玉，金光洙，金在久，等. 精制木醋液的安全性评价 ［J］. 中国野生植物资源，2005（2）: 54-55, 66.

［61］　蒋恩臣，赵晨希，秦丽元，等. 松子壳连续热解制备木醋液试验 ［J］. 农业工程学报，2014，30（5）: 262-269.

［62］　徐社阳，陈就记，曹德榕. 木醋液的成分分析 ［J］. 广州化学，2006，31（3）: 28-31.

［63］　朴哲，闫吉昌，崔香兰，等. 木醋液的精制及有机成分研究 ［J］. 林产化学与工业，2003，23（2）: 17-20.

［64］　尉芹，马希汉，徐明霞. 杨树木醋液的化学成分分析及抑菌试验 ［J］. 林业科学，2008，44（10）: 98-102.

［65］ 王元，翟梅枝，晏婷，等. 不同温度段核桃壳木醋液的组分分析及生物活性研究［J］. 西北植物学报，2011，31（11）：2321-2327.

［66］ 尉芹，马希汉，朱卫红，等. 不同温度段苹果枝木醋液化学组成、抑菌及抗氧化活性比较［J］. 林业科学，2009，45（12）：16-21.

［67］ 夏冰斌，王峰，杨海真. 医疗废物制备木醋液及其成分分析［J］. 环境工程，2015（1）：117-119.

［68］ 郭修晗. 天然产物文术、蜂胶、木醋液挥发性组分分析研究［D］. 大连：大连理工大学，2007.

［69］ 王建刚. 稻壳木醋液化学成分气相色谱质谱分析［J］. 安徽农业科学，2017，45（31）：15-17.

［70］ 陈立波，王建刚. 山核桃壳木醋液化学成分气相色谱质谱分析［J］. 山东化工，2017，46（17）：74-76.

［71］ 侯宝鑫，张守玉，吴巧美，等. 生物质热解制备木醋液及其性质研究［J］. 燃料化学学报，2015，43（12）：1439-1445.

［72］ 雷军锋，牛建平，石起增. 梨木木醋液的有机成分分析［J］. 林业科学，2008，44（8）：155-157.

［73］ 周岭，万传星，蒋恩臣. 棉秆与杂木木醋液成分比较分析［J］. 华南农业大学学报，2009，30（2）：22-25.

［74］ 孙天竹，许英梅，李修齐，等. 木醋液除臭工艺研究［J］. 大连民族大学学报，2017（1）：21-23，31.

［75］ 陈双贵，黄国龙，王家德. 竹醋液在养殖场除臭消毒中的应用研究［J］. 中国环保产业，2017（8）：63-65.

［76］ 姚志斌. 木酢液对不同蔬菜产量和品质影响的研究［D］. 北京：北京林业大学，2012.

［77］ 曲再红. 土壤改良剂与土壤微生物、番茄早疫病及白粉虱相互关系研究［D］. 北京：中国农业大学，2004.

［78］ 连永刚. 木酢液在日本落叶松育苗上的应用［J］. 林业科技，2012，v.37，No.201（2）：37-38.

［79］ 寇成，徐岩岩，于文清，等. 山杏壳木醋液的精制及抑菌活性研究［J］. 林业工程学报，2016（6）：64-69.

［80］ 王海英，曹宏颖. 农林废弃物木醋液抑菌机理进展［J］. 安徽农业科学，2014（3）：741-742，839.

［81］ 田思聪，王海英，周嘉旋，等. 木醋液的抑菌效果比较分析［J］. 广东化工，2018（7）：38，76.

［82］ 尉芹，马希汉，郑滔. 核桃壳木醋液的制取、成分分析及抑菌试验［J］. 农业工程学报，2008（7）：276-279.

［83］ 易允喻，马希汉，赵忠，等. 苦杏壳木醋液最小抑菌浓度及其抑菌活性的稳定性［J］. 西北林学院学报，2014（6）：127-131，135.

［84］ 薛桂新，黄世臣，宋益冬. 木醋液对桃黑根霉抑菌作用和对久保桃保鲜效果的研究［J］. 延边大学农学学报，2013（2）：123-130.

［85］ 田赟. 园林废弃物堆肥化处理及其产品的应用研究［D］. 北京：北京林业大学，2012.

［86］ 张强，孙向阳，任忠秀，等. 调节 C/N 及添加菌剂与木酢液对园林绿化废弃物堆肥效果的影响［J］. 植物营养与肥料学报，2012（4）：990-998.

［87］ 平安. 木醋液在农业上的应用及作用机理研究［D］. 哈尔滨：东北林业大学，2010.

［88］ 张忠河. "固-气-液"联产的生物质能源转换工艺及产物利用的研究［D］. 郑州：河南

农业大学，2011.

[89]　刘勇，何华平，龚林忠，等.桃炭疽病病原鉴定及木醋液防治研究［J］.湖北农业科学，2014（24）：6002-6006.

[90]　张丽萍，史霞，于学军.木醋液防治穿地龙霉菌的试验［J］.黑龙江生态工程职业学院学报，2006（3）：19-20.

[91]　石延茂，董炜博，王辉，等.木酢液防治花生根结线虫病研究简报［J］.莱阳农学院学报，2004，21（2）：173-174.

[92]　李维蛟，李强，胡先奇.木醋液的杀线活性及对根结线虫病的防治效果研究［J］.中国农业科学，2009（11）：4120-4126.

[93]　孔高杰.小麦秸秆木醋液对水稻产量和品质的影响［D］.郑州：河南农业大学，2011.

[94]　付长雪，刘芳芳，都璐珩，等.生物质热解液和壳聚糖复合保鲜剂对辣椒炭疽病菌抑菌作用研究［J］.食品工业科技，2017（13）：286-291.

[95]　薛桂新.木醋液对鲜切麝香百合的保鲜效应［J］.植物生理学通讯，2008（6）：1140-1142.

[96]　鲍振博，靳登超，刘玉乐，等.生物质气化中焦油的产生及处理方法［J］.农机化研究，2011：172-176.

[97]　Bridgwater A V, Bridge S A. A Review of Biomass Pyrolysis and Pyrolysis Technologies ［M］//Commission of the European Communities. Dordrecht: Springer, 1991: 11-42.

[98]　李继红，雷廷宙，宋华民，等.GC/MS法分析生物质焦油的化学组成［J］.河南科学，2005：41-43.

[99]　隋海清，王贤华，邵敬爱，等.木焦油及其馏分有机成分分析［J］.太阳能学报，2014：2204-2209.

[100]　杨玉琼，卢仕远.生物质焦油不同温度段馏分成分GC-MS分析［J］.生物技术进展，2014，4（1）：54-58.

[101]　王素兰，张全国，李继红.生物质焦油及其馏分的成分分析［J］.太阳能学报，2006：647-651.

[102]　龚媛媛，石金明，林敏，等.生物质焦油的特性及其净化研究现状［J］.能源研究与管理，2013：19-24.

[103]　王夺，刘运权.生物质气化技术及焦油裂解催化剂的研究进展［J］.生物质化学工程，2012，42（2）：39-47.

[104]　张全国，徐国强，杨群发，等.生物质焦油热物理特性研究［J］.华中农业大学学报，2001：493-496.

[105]　杨玉琼，卢仕远，杜松，等.生物质焦油成分分析及综合利用研究［J］.广州化工，2014：134-136.

[106]　张寰，刘圣勇，胡建军，等.农用柴油机燃用生物质焦油与柴油混溶油性能实验［J］.农业机械学报，2012，43（增刊）：189，194-197.

[107]　张全国，沈胜强，吴创之，等.生物质焦油型胶粘剂特性的试验研究［J］.农业工程学报，2007：168-172.

[108]　涂成，陈艳巨，曹东伟，等.生物沥青共混石油沥青热储存稳定性研究［J］.公路交通科技（应用技术版），2016（2）：69-71.

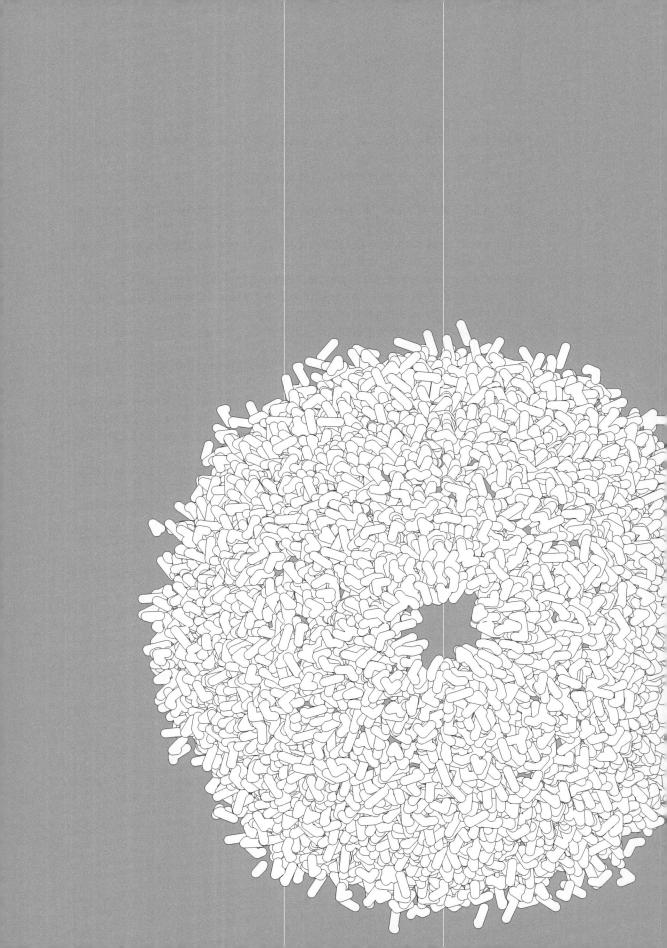

第

7

章

生物质热裂解产物加工与合成燃料技术

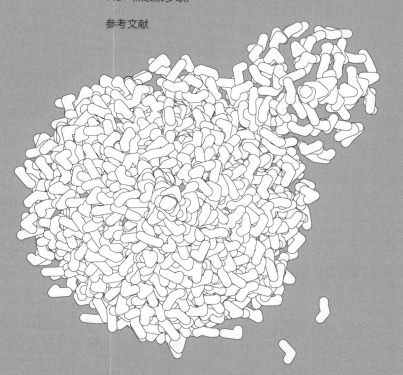

如前几章所述，目前在世界范围内开展了大量的生物质热裂解技术的研究工作。相继研发了流化床反应器、旋转锥壳反应器、真空裂解器等系统，且在世界范围内均有示范工程[1]。受制于生物质资源特点，大规模热裂解处理的对象主要包括锯木屑、树皮、树叶等木质纤维类生物质；在此推动下，在生物质热裂解产物的综合应用方面开展了许多研究[1,2]。

生物质热裂解产物的综合利用技术路线概括如图 7-1 所示。

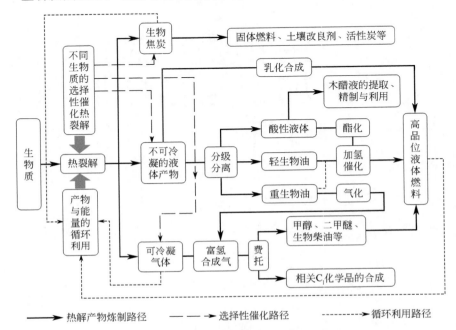

图 7-1　生物质热裂解产物的综合利用技术路线

本章将以此为基础展开对生物质热裂解产物的深加工与利用方面，特别是对于合成燃料方面展开论述。论述的主要内容包括生物油的特性与提质改性、热裂解气的制备与热裂解合成气合成燃料、木醋液的深加工与应用、生物炭的加工与利用，以及热裂解多联产技术。

7.1　生物油的特性与提质改性

生物油是生物质在中等温度（450～550℃）下经快速热裂解和骤速冷凝得到的液体产物。由于是非热力学平衡条件的产物，生物油的储存和热稳定性差、酸度高、热值低、黏度大，其组成和性质与生物质原料及热裂解工艺条件等密切相关。

造成生物油热稳定性差的原因包括：

① 生物油中含有大量的醛、酚、烯醇、酮等化合物，易于发生缩合和聚合等反应；

② 生物油是油水乳化体系，长时间储存、遇热或添加其他组成时，有可能会导致破乳而分相；

③ 生物油的成分十分复杂，含有多达 400 种以上的化合物，构成了一个潜在的复杂化学反应体系。

通过对生物油在温和条件下进行适度的催化加氢有望显著地降低其中的醛、酮、烯等不饱和化合物的含量，抑制缩合、聚合反应的进行，从而有望显著改善生物油的储存和热稳定性[3]，进而为未来开发生物油的进一步提质和分离提取化学品奠定基础。

同时，新鲜生物油中总酸含量通常高达 20%～30%。高含酸量不仅会加速生物油老化变质，而且在使用过程中会对内燃机产生腐蚀。生物油酯化改性是降低其酸度和腐蚀性、提高稳定性的有效途径。

7.1.1　催化加氢提质

由于生物油的热稳定性原因，高温加氢易于引起生物油在加氢过程中的聚合、缩合等副反应，恶化油品，因此催化加氢必须在较低温度下进行[3]。开发出适用于 80℃ 以下生物油加氢的催化剂成为一个关键环节。传统镍基加氢催化剂一般需要在较高温度下使用（如 $Ni/\gamma\text{-}Al_2O_3$ 等）；尽管其具有价廉易得等优点，但无法直接满足生物油催化加氢的要求。

负载型催化剂（如 $NiMoB/\gamma\text{-}Al_2O_3$ 等）具有优良的耐热稳定性。通过掺加 Mo 制备的 $NiMoB/\gamma\text{-}Al_2O_3$ 是一种高活性的加氢催化剂。还原前对催化剂前驱体进行焙烧处理可以提高活性组分在载体表面上的分散性。例如：适宜的焙烧温度为 300℃，$Mo/Ni=1:7$（原子比）时，催化剂的催化活性最高；有利于 Ni^{2+} 还原为单质 Ni。直接用于生物油加氢时，因生物油含水量高和不饱和化合物浓度低，加氢转化率只有 30%～46%；非晶态 $NiMoB/\gamma\text{-}Al_2O_3$ 催化剂在 80℃ 和 3.0MPa 下可以高效催化糠醛、苯甲醛、环己酮等醛酮化合物加氢，转化率接近 100%[4]。

超临界 CO_2 萃取后的生物油，含水量显著降低，且醛酮化合物得到富集。对萃取后生物油在温和条件下加氢处理时，羰基不饱和化合物的转化率可达 80% 以上。加氢过程（采用醇类供氢体）中同时伴有酯化反应，加氢后生物油的 pH 值由 2.5 提高到 4.2，生物油热稳定性得到提高。

7.1.1.1　生物油中主要不饱和化合物的催化加氢

选择糠醛、环己酮、苯甲醛、2-甲氧基苯酚为底物，在 80℃ 下进行了催化加氢试验，结果表明[4]：

NiMoB/γ-Al$_2$O$_3$ 对羰基加氢的催化活性很高，而对苯环上加氢的活性很低。在 80℃和 3.0MPa 下反应 3.0h 后，糠醛的转化率达 99.13%，糠醇是加氢的主要产物，并有部分四氢糠醛生成；环己酮的转化率达 99.02%，环己醇几乎是加氢的唯一产物；苯甲醛的转化率约为 90.29%，产物为苯甲醇和少量环己醇。2-甲氧基苯酚的转化率很低，仅为 9.12%。

7.1.1.2 生物油催化加氢

由于生物油中的成分复杂，难以用色谱法准确测定加氢效果。可以通过采用盐酸羟胺法和溴加成法测定生物油催化前后的羰基 C=O 和 C=C 官能团进行对比研究。在不同反应温度下生物油催化加氢 6.0h 结果表明[4]：

① 催化前 C=O 和 C=C 的含量分别为 0.55% 和 0.48%；生物油经 NiMoB/γ-Al$_2$O$_3$ 催化加氢后都有所降低，而且随着反应温度升高，C=O 和 C=C 的含量明显下降。

② 在 80℃加氢后，生物油中 C=O 的含量由 0.55% 降至 0.38%，转化率为 30.90%；C=C 含量由 0.48% 降至 0.38%，转化率为 20.83%。

③ C=C 催化加氢的活性低于 C=O，可能与生物油中存在的大量成环 C=C 不饱和键有关。

醛类物质比酮类物质相对更容易加氢。在 80℃下加氢后，乙醛、苯甲醛、糠醛和环己酮的转化率相差不大，为 41%～46%；而羟基丙酮的转化率较低，只有 30% 左右。导致生物油中不饱和醛酮转化率较低的原因可能与在生物油中的浓度太低有关。此外，生物油高含水量可能影响了分子氢在液相中的溶解度。

各类羰基化合物加氢后的主要产物是相应的伯醇或仲醇，其热稳定性较高，而且生成的醇化合物可与生物油中的羧酸生成酯。因此，通过适度催化加氢后，再进行酯化处理，有望进一步提高生物油的热值和热稳定性，而且低分子量酯本身都是良好的内燃机燃料[5,6]。

7.1.1.3 生物油超临界 CO$_2$ 除水催化加氢

生物油的加氢过程属液相催化加氢。由于生物油中通常含水量较高，降低了分子氢在液相中的溶解度。研究表明[7]：利用超临界 CO$_2$（ScCO$_2$）萃取后的生物油因不饱和化合物的含量增加及水分的减少，催化加氢活性明显提高，C=O 和 C=C 的转化率迅速提高。

具体来讲：

① ScCO$_2$ 萃取后生物油含水量由 45.90% 降到 0.95%；

② 乙酸含量由 16.83% 降到 5.56%；

③ 各种有机酸总含量从 19.33% 降为 6.64%；

④ 酚类化合物的含量提高了近 19%，占生物油的 32%；

⑤ C=O 含量和 C=C 含量分别提高到 7.0% 和 1.0% 左右。

7.1.1.4 添加氢供体对生物油性质的影响

采用添加氢供体对生物油催化加氢可以显著地提高生物油的稳定性[8,9]。将原生物油和改质油分别加入相同质量的甲醇溶液，并置于水浴加热回流（约 70℃），然后测定生物油黏度变化[10]。表明：新鲜的原油黏度为 61mPa·s，而经过 4.0h 加热回流后，黏度升高至 75mPa·s，直接加氢处理后的生物油黏度仅从 60mPa·s 升高至 64mPa·s。萃取生物油中轻组分含量较高，因而其黏度相对较低，约为 54mPa·s，加热回流 1.0h 后，黏度变为 58mPa·s，4.0h 变为 65mPa·s。萃取生物油加氢后，其黏度变化随着加热时间的延长明显减缓，4.0h 黏度仅为 58mPa·s。

7.1.2　超临界 CO_2 萃取

$ScCO_2$ 萃取可大大降低生物油含水量和含酸量[7]，从而可明显地提高生物油的热值、降低酸度，从而降低其腐蚀性，改善生物油品质。此外，通过选择适宜的吸附剂可选择性地从生物油中提取或富集一些高附加值的化学品。

超临界萃取可以充分地降低生物油中的含水量。经萃取后水分含量明显降低，直接萃取时萃取物中的水分含量最低只有 0.91%，而以活性炭为吸附剂时的含水量最高，约为 28.50%，也比原生物油中的含水量降低了近 1/2[7]。

经不同萃取方法分离后[7]，萃取物中的醇类总量变化不大，可能与原生物油中醇类含量不高有关；生物油中的酮类物质总量从 9.32% 提高至 21.15%～28.49%；酚类物质含量从 11.63% 提高到 24% 以上，最高可达 41.25%；醛类物质从 1.32% 提高到 3.95%～9.70%；酯类也得到了明显程度的富集；而酸类物质的含量明显降低，由原油中的 18.25% 降至 11.98% 以下，以活性炭为吸附剂时最低可达 4.52%。

$ScCO_2$ 萃取过程受到以下因素影响[7]。

7.1.2.1　萃取压力

研究表明：随着压力的升高，生物油萃取率明显升高，萃取生物油中醇类、醛类、酚类、酸类、酮类成分的变化均较小，水分呈略减的趋势，这充分说明萃取的压力只影响超临界 CO_2 萃取能力，而对其所萃取的（水除外）组分基本没有影响，水分随着萃取压力的增大而下降。

7.1.2.2　萃取温度

随着萃取温度的升高，萃取分离出的生物油质量呈现先上升后下降的趋势，萃出的生物油中的醇类、醛类、酚类、酸类等组分的含量亦没有明显的变化，水分和醇类的含量随着萃取温度的升高而升高。

7.1.2.3　CO_2 用量

随 CO_2 用量的增加，萃出组分的水分含量却略有降低。水作为一种极性物质很难被弱极性的 CO_2 萃出，在萃取的初始阶段，萃出的水分较高可能是由于萃取过程中生物油中的某一种或几种组分起到了夹带剂的作用；随着萃取的进行，这些成分

在超临界 CO_2 相中的浓度降低，因而萃取出的水含量也随之降低。与此同时，随 CO_2 用量的增加生物油的萃取得率逐渐增加。

7.1.2.4 萃取后吸附对生物油特性的影响

生物油经 $ScCO_2$ 萃取后 pH 值可从 2.10 提高到 4.1～4.5，热值可从 13.95MJ/kg 提高到 18.59～25.41MJ/kg，而密度可由原来的 1.15g/cm^3 下降为 0.92～0.98g/cm^3，水分可从 55.9％下降为 4.29％～6.64％。

将生物油原样和 $ScCO_2$ 萃出组分在室温下分别放置 6 个月：

① 生物油原样是深棕色不透明的液体，黏度大，在室温下放置一段时间后生物油分为两相，黏度明显增大；

② 超临界 CO_2 萃取出的部分为浅棕色透明的液体，黏度较低，放置一段时间后未观察到分相和黏度明显增加，说明萃取生物油具有良好的储存稳定性。

7.1.2.5 超临界 CO_2 萃取酯化提质

利用超临界 CO_2 条件下耦合反应与萃取效应对生物油酯化提质，能显著提升生物油品质[11～14]。酯化后的生物油，特别是 $ScCO_2$ 酯化萃取物的油品明显改善。研究认为生物油 $ScCO_2$ 萃取酯化提质的适宜工艺为[12]：80℃，28.0MPa，3.0h。在此条件下，总酸的转化率可达 86.78％，酯化后生物油酸度明显降低，pH 值从生物油原样的 3.78 提高到 5.11；密度降低，稳定性和热值明显提高；$ScCO_2$ 萃取物中酯类含量较高，水分明显降低，且多数弱极性有机物得到富集。酯化萃取物在 140℃ 时挥发率达到了近 100％，油品质量得到显著的提升。因此，$ScCO_2$ 萃取与酯化反应耦合为生物油的提质研究提供了新思路[7,11,12]。

乙酸（AC）、丙酸（PA）、丙烯酸（AR）是生物油中主要的有机酸，通常占到生物油中总酸的 80％左右。以对甲苯磺酸（PTS）为催化剂，对三种酸进行 $ScCO_2$-酯化的研究表明：AC、PA、AR 三种酸单独酯化时，AC 的酯化率高于 PA，更高于 AR；而在 $ScCO_2$ 中酯化时，三种酸的酯化比较接近，表明反应体系中可能存在着酯交换机制。

① 无论常压还是 $ScCO_2$ 条件下，AC、PA 和 AR 的转化率均随着乙醇用量的增加而升高。

② $ScCO_2$ 条件下的转化率均高于常压。由于 $ScCO_2$ 的溶解能力随着压力的升高而增大，因而酯化率随着 CO_2 压力的增加而升高。

③ 常压下 AC 和 PA 的转化率非常接近，$ScCO_2$ 下的反应却差别较大。在相同的醇酸摩尔比下 AC 的转化率要比 PA 高得多，这可能是由于 PA 在 $ScCO_2$ 相中的溶解度高于 AC，从而降低了液相中 PA 的浓度，进一步降低了反应的转化率所致。

进一步研究表明：酯化后的生物油中酯类主要有乙酸乙酯、丙酸乙酯和丙烯酸乙酯。$ScCO_2$ 条件下生物油中的乙酸、丙酸、丙烯酸均参与了酯化反应，而常压时只有乙酸和丙酸参与反应。酯化生物油萃取物中酯类、酚类、酮类、醛类的含量均显著高于萃余物中含量，而酸类和水的含量却有所降低。生物油中的弱极性和轻组分主要富集于超临界 CO_2 相。

① 经酯化后生物油中有机酸大部分可被转化为相应的酯。在常压和 $ScCO_2$ 条件下酯化后，羧酸类可从生物油原样的 26.24％分别降为 11.34％和 6.93％；与常压酯化相比，在 $ScCO_2$ 条件下酯化时因生成的酯更易于被萃于 $ScCO_2$ 相中，各种羧酸的转化率得到显著提高。

② 酯类可从 0.00％分别提高到 13.10％（常压酯化）、29.48％（酯化萃取物）和 18.56％（酯化萃余液）。

③ 水分可由原样的 35.90％分别变为 37.50％（常压酯化）、10.89％（酯化萃取物）和 44.48％（酯化萃余液）。

④ 醛类、酚类、酮类等成分基本没有变化，基本不参与反应。

7.1.3　超临界甲醇与酯化提质

7.1.3.1　酸的单独酯化和共同酯化

按醇酸摩尔比为 10∶1 配制酸醇溶液，并加入含量为 0.015％（质量分数）的 PTS 作为催化剂。对比研究甲醇的超临界和常压条件下乙酸和丙烯酸单独酯化转化率，结果表明[10]：生物油中含有多种有机酸，其酯化速率和转化率也会存在差异。进一步对不同酸的酯化反应行为进行了研究（超临界反应的温度为 300℃，压力为 15.0MPa，停留时间为 15.0min；常压反应为 60℃，反应 3.0h），结果显示：丙烯酸与甲醇的酯化反应进行得较慢，丙烯酸与乙酸甲酯之间的酯交换反应可以在超临界条件下很快进行，从而使得产物中的丙烯酸甲酯主要来自酯交换反应途径，表明混酸的酯化体系中存在酯交换作用[10]。

在常压下的乙酸酯化的速率很慢，而在超临界甲醇中丙烯酸的转化率也要显著地高于常压下的转化率。Gibbs 自由焓计算表明，丙烯酸比乙酸酯化时具有更高的平稳转化率。

导致两种酸转化率低的原因主要是受反应动力学控制。丙烯酸分子中 C═C 与羰基之间的共轭效应，一方面使得其具有比乙酸稍强的酸性，这会增强其与醇酯化的能力；但另一方面当以质子酸为催化剂时，同时削弱了羰基正离子的电正性，因而其反应速度较慢。

在超临界条件下乙酸和丙烯酸都表现出更高的转化率的原因，一方面是由于高的反应温度提高了反应速率；另一方面还可能与超临界流体中更弱的氢键作用、高的扩散系数和低的黏度有关。

7.1.3.2　水对酯化的影响

生物油通常含有 20％～45％的水分。尽管水的存在可以降低生物油的黏度，但它会显著地降低生物油的热值。这些水分通常是通过乳化作用存在于生物油中，随着储存期的延长，会导致破乳分相而析出。因此，水分也是导致生物油稳定性差的一个重要原因。生物油的水分通常难以用传统的分离方法（如蒸馏、萃取等）去除，这给生物油的提质带来麻烦。有机酸的酯化是一可逆反应，从热力学平衡的角度看，水分的存在对酯化反应显然是不利的。对超临界甲醇中脂肪酸三甘油酯与甲醇的酯交换反应的研究表明，水分的存在具有双重作用：微量的水分有利于提高反应速率，而过量的水分则会降低脂肪酸甲酯的产率。

采用在酸醇溶液中加入一定量水的方法，分别在超临界和常压条件下研究水分对乙酸和丙烯酸酯化的影响。研究结果表明[9]：无论是在超临界条件下还是在常压条件下，水的存在都会降低乙酸和丙烯酸的转化率。例如，当酸醇溶液添加 10% 的水，无 PTS 催化时，超临界甲醇中乙酸和丙烯酸的转化率分别由 68.94% 和 36.27% 降至 63.42% 和 31.18%，降幅分别为 8.01% 和 14.03%；而常压下，乙酸和丙烯酸的转化率分别由 29.97% 和 2.71% 降至 17.19% 和 0.97%，降幅分别为 40.24% 和 64.21%。类似地，当采用 PTS 为催化剂，添加 10% 的水后，在超临界甲醇中乙酸和丙烯酸转化率的降幅分别为 7.17% 和 13.72%，而在常压下二者的降幅分别为 42.65% 和 64.08%。显然，水分对常压下的酯化反应影响较大，而对超临界条件下的酯化影响较小。这是因为：超临界流体中较弱的氢键作用（相比于液态）也会削弱这种溶剂化作用，从而使得水分对反应速率的影响变小。因此，超临界甲醇中酯化比常压液相酯化更适合于生物油这类含水体系。

根据 Gibbs 焓变估算，在试验所采用的醇酸摩尔比为 10∶1 的条件下，即使加入 10% 的水分，两种酸的平衡转化率也都在 98% 以上。因此，水分的存在很可能是降低了酯化反应的反应速率。常压下以硫酸为催化剂研究水分对乙酸与甲醇酯化的影响时发现，水优先于甲醇与 H^+ 发生溶剂化作用是降低酯化反应速率的主要原因。而在超临界条件下，较高的反应温度会提高反应速率。

7.1.3.3 酮类物质对酯化的影响

生物质在热裂解过程中会产生多种酮类物质，目前生物油中能确定的酮类物质有十余种，不同的酮类物质其性质具有一定的差异。乙酰丙酮和丙酮都是生物油中常见的酮类化合物。因此可以在乙酸和丙烯酸中分别加入一定量的丙酮和乙酰丙酮研究其在酯化过程中的变化及对酯化反应的影响。研究认为：丙酮和乙酰丙酮对乙酸和丙烯酸的酯化反应基本上没有影响。

数据表明[10]：a. 丙酮在酯化过程中基本没有变化；b. 乙酰丙酮自身的转化率较高，停留时间为 15min 时转化率可达到 40% 以上。乙酰丙酮被消耗的主要反应途径可能是：a. 水解生成丙酮和乙酸，进而乙酸与甲醇酯化生成乙酸甲酯；b. 醇解直接生成丙酮和乙酸甲酯。

7.1.3.4 酚类物质对酯化的影响

生物油中的酚类物质主要来源于生物质中的木质素的热裂解，通常有苯酚、$C_1 \sim C_3$ 的烷基或烷氧基取代苯酚等，其总含量在生物油中可达 10% 以上。2-甲氧基苯酚在酯化过程中自身的变化量很小，而且对乙酸的转化率也基本没有影响，但丙烯酸的转化率却有所提高。采用分别在酸醇溶液中添加 2-甲氧基苯酚或对苯二酚的方法，进一步对 2-甲氧基苯酚对丙烯酸酯化的影响进行研究。结果表明，不论在停留时间为 5min 还是在 15min 的情况下，掺入 1％的 2-甲氧基苯酚或对苯二酚后丙烯酸的转化率都有明显的提高，提高幅度约在 20％。同时丙烯酸甲酯的选择性也得到提高，这表明酚类物质的存在不仅对丙烯酸的聚合具有抑制作用，而且可以促进丙烯酸与甲醇的酯化反应[10]。

7.1.3.5　醛类物质对酯化的影响

生物油中含有大量的醛类物质，如甲醛、乙醛、丙烯醛、糠醛等。生物油中醛类物质的存在也是导致生物油稳定性差的重要原因之一。醛类物质的化学性质比较活泼，可参与多种化学反应。例如：与水化合形成水合物，与醇反应生成半缩醛和缩醛，与酚类物质发生酚醛缩合反应等。研究糠醛在酯化过程中的变化和对酸酯化的影响，结果显示[10]：糠醛对乙酸和丙烯酸的转化率影响不大，但糠醛自身的转化率却随反应时间的延长逐渐减少。糠醛在反应开始时在 PTS 和乙酸等质子酸的作用下与甲醇迅速发生缩醛化反应，生成糠醛缩二甲醇和水。由于缩醛化为可逆反应，随着反应时间的延长，酯化反应产生的水逐渐增多，在 PTS 等酸的催化下糠醛缩二甲醇会发生水解反应，重新生成糠醛。

7.1.3.6　混合酯化

采用乙酸（26.0％）、丙烯酸（10.0％）、糠醛（9.0％）、乙酰丙酮（13.0％）、2-甲氧基苯酚（12.0％）和水（30.0％）的混合物作为模拟生物油研究各组分混合酯化。结果表明[10]：酯化反应是受动力学控制的。

① 由于酯交换作用机制，在模拟生物油中丙烯酸的转化率可达 40％～60％。

② 糠醛的转化率有所下降，水对糠醛与甲醇的缩合反应具有一定的抑制作用，并且随着温度的升高，生成的糠醛缩二甲醇会进一步水解；2-甲氧基苯酚性质稳定，在酯化过程中变化很小，这也表明在试验条件下酚醛缩合反应基本上没有进行。

在超临界条件下进行混酸酯化时会存在酯交换作用，进行酯化提质比在常压液相中更具有优势，使得较难酯化的丙烯酸比乙酸易于酯化。乙酰丙酮和糠醛等化合物对酸的酯化基本没有影响，但乙酰丙酮会经水解或醇解作用被转化为丙酮和乙酸甲酯，糠醛会与甲醇形成糠醛缩二甲醇。2-甲氧基苯酚对丙烯酸的酯化具有促进作用，并能起到阻聚作用。水会抑制酸的酯化反应，但这种影响在超临界条件下会弱得多[10]。

7.1.4　生物油/柴油乳化合成燃料

将生物油应用于动力燃料已经开展了很多研究[15~26]。研究表明：生物油是以运动学控制燃烧为主，而不像柴油那样混合控制燃烧[23]。纯生物油无法自行点火，结焦和喷油嘴堵塞为主要问题；生物油和甲醇等混合（生物油72％，甲醇24％，十六烷增强剂4％）后，点火延迟与十六烷参比燃油类似，纯生物油的应用适合于高压缩比低速柴油机；混合甲醇（尤其是十六烷增强剂）后的生物油可以用于高速柴油机。将生物油和柴油乳化后在单缸柴油机上进行试验表明：也存在喷油嘴的积炭与腐蚀的问题[15]。山东理工大学开展了生物油/柴油乳化燃料的制备并成功驱动拖拉机发动机[17,20]。

　　生物油是一种由水相和油相组成的乳化液，其中水相占生物油质量的60％～80％。乳化剂是指具备乳化作用的表面活性剂。一般认为表面活性剂在化学结构上由极性基和非极性基构成。极性基易溶于水具有亲水性质，故叫作亲水基；非极性基易溶于油，故叫作亲油基。在油-水体系中加入乳化剂后，亲水基溶于水中，亲油基溶于油中，这样就在油-水两相之间形成一层致密的界面膜，降低了界面张力，同时对液滴起保护作用。另外，由于吸附和摩擦等作用使得液滴带电，带电液滴在界面的两侧形成双电层结构，由于双电层的排斥作用使得液滴难以聚集，从而提高了乳化液的稳定性。因此，采用单一乳化剂对生物油和柴油的混合液进行乳化，效果往往不好，需要采用由水溶性和油溶性乳化剂组成的复配乳化剂进行乳化才可满足要求。通常采用亲水疏水平衡（HLB）值法筛选和复配乳化剂。因为水包油型（O/W）乳化油的静态及动态腐蚀速率是油包水型（W/O）乳化油的40倍，因而O/W型乳化油不适用于内燃机。

　　在柴油中添加10％的生物油和很少的乳化稳定剂，经过乳化机乳化后可以形成稳定的乳化燃料。发动机燃烧试验表明，发动机运转情况良好。采用复配乳化剂乳化生物油和柴油，研究结果表明[17,18,20]：生物油/柴油乳化混合燃料生产技术可以生产性能稳定的生物油/柴油乳化燃料，乳化燃料中生物油浓度为20％时乳化燃料当量油耗率低于纯柴油，可以直接运用于未经改装的普通柴油机。中国科技大学等单位也进行了类似的研究，表明生物油与柴油可以通过乳化形成较稳定的乳化燃料且可将其用于柴油机。目前山东理工大学已经按照工业化生产的要求，建设生物燃油乳化生产装置及生物燃油乳化示范基地，设计制造了一套加工能力为10t/d及更高的生物燃油乳化燃料生产装置。系统采用计算机程序控制，根据乳化配方工艺要求，定时定量地加入柴油、乳化剂及其他添加剂、生物油等进行乳化、混合及均质，连续生产生物油/柴油乳化燃料。

7.1.4.1　生物燃油乳化工艺

　　生产采用图7-2所示的生产工艺。在进行乳化时，首先将乳化剂与柴油按照预定比例一起加入均质机中，按照预定的转速均质一段时间（10min）；然后，再将生物油按照预定的比例加入均质机中，按照预定的转速再均质一段时间（20min）后停止，制得乳化燃料。

　　非离子型乳化剂在溶液中不带电荷，不会与蛋白质结合，因而毒性低，安全性较好；且非离子型乳化剂可以少量购买，较方便实验室使用。Span系列的乳化剂亲油性好，宜做W/O型乳状液的乳化剂，而Tween系列的乳化剂亲水性好，宜做

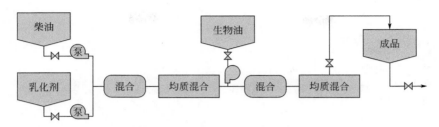

图 7-2　生物燃油乳化燃料加工工艺

O/W 型乳化剂。为了提高乳化效率和乳化液的稳定性，采用复合乳化剂。试验结果表明：Span-80 和 Tween-80 复配乳化剂效果较优，Tween-80 与 Span-80 的体积比为 1：7。乳化剂用量对乳化油的稳定性具有很重要的影响：当乳化剂加入量为 1%～2% 时，乳化液稳定性随着乳化剂量增加而增加，但加入量继续增加时，乳化液的稳定性将基本保持不变。鉴于对经济性因素的综合考虑，体积分数为 2% 的乳化剂用量最优。

7.1.4.2　生物燃油乳化燃料加工生产装置的开发

利用剪切机在电动机的驱动下，高速旋转的转子将物料从容器底部吸入转子区，物料被迫通过精密配合的定子与转子间隙后，从定子孔中甩出。剧烈的机械及液力的剪切作用，将颗粒撕裂和粉碎，与此同时新的物料被吸进转子中心，被推出的物料在容器壁面改变方向，从而完成了一个循环。由于转子高速旋转所产生的高线速度和高频机械效应带来的强劲动能，使物料在定、转子的精密间隙中受到强烈的机械及液力剪切、离心挤压、液层摩擦、高速撞击撕裂和湍流等综合作用下分裂、破碎、分散，从而使不相溶的物料在瞬间均匀精细地充分分散、乳化、均质、溶解。

生物燃油乳化燃料加工装置见图 7-3。该生产装置采用计算机程序控制，根据乳化配方工艺要求，定时定量地加入柴油、乳化剂及其他添加剂、生物油等进行乳化、混合及均质，连续生产生物油/柴油乳化燃料。

以生物油含量为 20%，柴油含量为 78%，乳化剂用量为 2% 的配方为例：

① 开启物料泵 1 和 2 将乳化剂 A（8.75kg）和乳化剂 B（1.25kg）分别泵入罐 1 和罐 2 中。

② 打开电磁阀 3 和 4 将乳化剂 A（8.75kg）、乳化剂 B（1.25kg）加入混合罐 1 中；打开电磁阀 5、物料泵 3 将柴油（390kg）泵入混合罐 1 中。

③ 开启混合罐 1 中的乳化机 1 进行均质混合 10min，然后关闭乳化机 1。

④ 开启电磁阀 6、物料泵 4 将混合罐 1 中的柴油乳化剂混合液（400kg）全部泵入混合罐 2 中；同时开启电磁阀 7 物料泵 5 将生物油（100kg）泵入混合罐 2 中，当物料达到 500kg 时，关闭生物油物料泵 5。

⑤ 开启混合罐 2 中的乳化机 2，进行均质混合 20min，然后关闭乳化机 2。

⑥ 开启电磁阀 8 物料泵 6 将混合罐 2 中的乳化液（500kg）输送到成品罐中，完成生物燃油乳化燃料的生产。

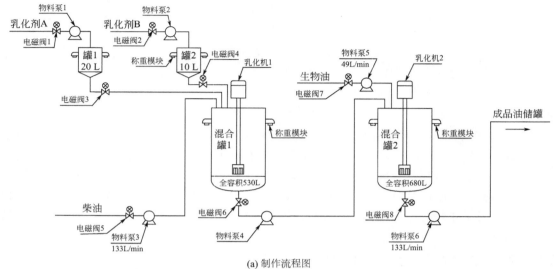

(a) 制作流程图

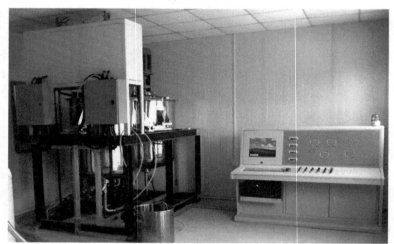

(b) 装置现场图

图 7-3　生物燃油乳化燃料加工生产装置示意

从加料开始，到将第一批 500kg 的成品输送到成品罐，共用时约 48min，生产率为 625kg/h。超过设计要求的 500kg/h 加工能力。乳化剂、生物油的配比及乳化混合时间可调，可适应不同乳化工艺的要求，既可以连续生产也可以单批生产。

7.1.4.3　生物燃油乳化燃料特性

生物燃油乳化燃料的特性与普通柴油相近（表 7-1），可以作为柴油发动机的燃料使用。

表 7-1　生物油、生物燃油乳化燃料及柴油的理化性质

参数	生物油	乳化燃料 （柴油 78％＋生物油 20％＋乳化剂 2％）	0# 柴油
密度/(g/cm³)	1.1618	0.864	0.86
黏度/(mm²/s)	9.8378	4.688	2.9
pH 值	3.2	3.9	6.6
热值/(MJ/kg)	16.2	37.44	42.6
凝点/℃	−22	−7	−7
倾点/℃	−19.31	−6.49	−7

为了观察乳化燃料的稳定时间，将乳化燃料放入烧杯在室温下静置后，定期观测其外观变化。观察结果表明，静置 7d 后，除外观变深外，没有发现明显分层；10d 后发现有少量分层及黑色沉淀，搅拌后分层消失。采用偏光显微镜（放大倍数为 400 倍）拍摄的乳化液颗粒分布显示：随着时间的增加，乳状液液滴数目减小，但液滴变大，说明液体内部发生了聚结、絮凝等变化。7d 后，尽管液滴略有变大，但仍属乳液状，对其燃烧特性不会有太大的影响。

发动机台架实验台用于研究生物燃油乳化燃料的燃烧特性及发动机动力特性。发动机台架由电涡流测功机、发动机控制系统、柴油发动机及试验运行保障设备等组成（图 7-4）。

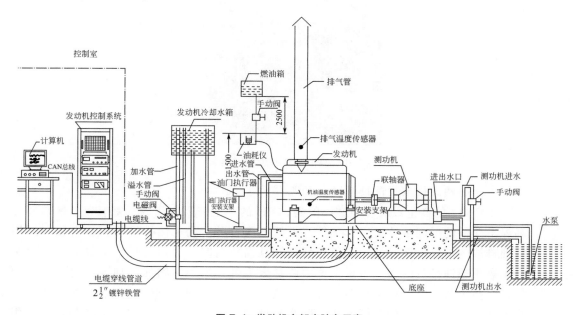

图 7-4　发动机台架实验台示意

对生物油浓度分别为 10％（体积分数，余同）、15％、20％ 和 25％ 的生物油/柴油乳化燃料进行了发动机台架试验，研究柴油机燃用生物油/柴油乳化燃料和纯柴油

的负荷特性及排放特性研究，结果表明[16]：在中高负荷时，生物油浓度为 15％、20％、25％的乳化燃料均有一定的节油效果。其中，生物油浓度为 20％的乳化燃料的当量油耗率最低，节油率峰值接近 10％，稳定时间超过 10d，且乳化燃料的 NO 及碳烟的排放也优于纯柴油的排放。生物质热裂解生物油/柴油乳化燃料的理化特性与柴油接近，运用于未经改装的普通柴油机，可正常启动与运行。

　　乳化燃料的拖拉机测试正常。在泰山-25 农用拖拉机上进行了燃用乳化燃料试验。拖拉机未经改装，仅在油箱外增设了一个乳化燃料量杯，杯中的乳化燃料通过油管上安装的三通直接接入发动机供油系统。试验时，关闭柴油，使用生物油浓度为 20％的乳化燃料驱动发动机，拖拉机启动及运转正常，与燃用纯柴油无差别。图 7-5 为 14d 后拖拉机再次燃用同一批乳化油的照片，除颜色明显变深外，启动运行一切正常。生物油/柴油乳化混合燃料生产技术可以生产性能稳定的生物油/柴油乳化燃料，并可以直接运用于未经改装的普通柴油机，为生物油的应用提供了一条新途径。乳化燃料中生物油浓度为 20％时，乳化燃料当量油耗率低于纯柴油，节油率峰值接近 10％，稳定时间超过 100h。

图 7-5　配制的拖拉机燃用乳化燃料

　　乳化燃油的排放特性具有以下表现[16,18]：

　　① NO_x 的产生没有普通柴油的高。NO 的产生需要有高温、富氧以及氮与氧在高温下滞留的时间足够长三个条件。中低负荷时燃用乳化油排放的 NO 含量与燃用柴油排放的 NO 大体相当，当负荷增加达到高负荷时，燃用乳化油排放的 NO 含量高于燃用柴油排放的 NO 含量，这主要是因为乳化油中生物油的加入使得含氧量增加，在高负荷时，形成了高温、富氧环境，从而更有利于 NO 的生成。当负荷进一步增加时，由于相对供氧量下降、燃烧条件恶化，两者的 NO 排放均增加，而燃用柴油排放的 NO 增加更为迅速，超过燃用乳化油排放的 NO。可能是由于生物油中某些成分蒸发、汽化吸热量增加，降低了燃烧室内的温升速率，从而破坏了高温、富氧环境，使得 NO 含量没有柴油的高。

② HC 的排放明显低于燃用纯柴油。柴油机排放中的 HC 是燃料燃烧后生成的多种烃类化合物的总称，其中含有少量醛类（甲醛和丙烯醛）和芳香烃（最后组成苯并芘）。混合气过稀或缸内温度太低是形成 HC 的主要原因。中高负荷时乳化油的 HC 含量明显低于柴油的 HC 含量，这主要是因为乳化油中的生物油液滴在燃烧中会产生"微爆"现象，从而会加速油气的混合，使得燃烧进行得更加均匀和充分，从而使得燃用乳化油的 HC 排放明显低于燃用纯柴油。

③ CO 排放不会高于纯柴油。燃用乳化油时 CO 的排放随着负荷的变化波动较大，但总的来说小于或等于纯柴油的 CO 排放。这主要是因为乳化油是油包水型的乳状液，这种液滴在燃烧中会产生"微爆"现象，从而会加速油气的混合，使得燃烧进行得更加均匀和充分，使得 CO 排放不会高于纯柴油。

④ 碳烟的排放表现为：中低负荷时乳化油的烟度值比柴油的高，而高负荷时乳化油的烟度值则比柴油的低。碳烟一直是柴油排放的主要污染物之一，特别是在高负荷和加速时碳烟的排放更加严重。根据测试，中低负荷时乳化油的烟度值比柴油的高，而高负荷时乳化油的烟度值则比柴油的低。这主要是因为碳烟排放主要出现在缸内混合气的过浓区域，乳化油中的氧含量较高，减少了混合气的过浓区域，因此有利于降低碳烟的排放。在中低负荷时，缸内的过量空气系数较大，碳烟排放较低，随着发动机负荷的增大，燃料的喷入量增多，易产生碳烟排放的混合气过浓区域增多，所以碳烟排放增加。

但是，由于生物油/柴油乳化混合燃料的黏度较高、pH 值偏低，长期使用乳化燃料会造成喷油嘴的积炭与腐蚀，影响柴油机工作性能。可以通过以下途径进行工艺的进一步优化，促进生物燃油乳化燃料的推广应用：a. 在生物质热裂解装置中强化热裂解气的净化装置，减小生物油中的残炭含量；b. 降低生物油的黏度和酸度，进而降低生物燃油乳化燃料的黏度和酸度。

7.1.5　水蒸气重整制氢

氢气是重要的化工材料，它被广泛用作炼油精制、精细化工的原料，也是冶金行业的还原剂。氢气同时还是非常重要的清洁能源。近年来，随着燃料电池的发展对车载制氢气提出了更高的需求，生物质制氢气受到了广泛的关注。制氢方式有很多，但是目前工业制氢依然是以天然气、轻油和煤炭为主要原料的水蒸气重整制氢。目前生物质制氢尚处于研发阶段，主要包括热化学和生物化学两种方法。热化学方法具有原料适应能力更强、反应更加迅速的特点。热化学方法包括生物质气化制氢和生物油水蒸气重整制氢等。生物油水蒸气重整制氢由于采用生物油作为原料，相对于直接采用生物质的气化技术而言，在原料供应上由于能量密度更高，所以更容易存储和运输；从制取效果上来看产率更高，且更容易进行下一步纯化。因而该技术具有良好的开发利用潜力[27~31]。生物油蒸汽重整得到的气体产物主要是氢气，此外还有一定量的一氧化碳、二氧化碳、甲烷和少量的乙烷、乙烯等[32,33]。

生物油成分极其复杂，为了简化研究的反应体系和更好地揭示反应机理，一般都会采用与生物油相关联的模型化合物进行研究。山东理工大学研究选取生物油中典型组分乙酸、乙二醇、丙酮、羟基丙酮、乙酸乙酯、苯酚等为研究对象，采用响应反应法和吉布斯自由能最小化原理相结合的方法对生物油催化重整制氢过程进行了化学反应热力学分析，获得了影响氢气生成的主要化学反应，研究了反应温度、反应压力、水碳比和吸收剂用量等关键因素对氢气产率和选择性的影响规律[30,31]。

① 反应温度是影响生物油催化气化过程的一个重要因素，氢气和一氧化碳的释放速率越快，达到某一指定浓度时所需的时间越短。随着气化反应的进行，产气中氢气和一氧化碳的体积分数呈现出先迅速增大后缓慢变化的趋势。

② 水碳比的增大对于提高产气中氢气的浓度总是有利的。

③ 提高反应压力会导致产气中氢气浓度降低，但可以提高单位体积内氢气的产量。

④ 吸收剂相对量的增大有利于产气中氢气浓度的升高，但过大，其影响甚微。

催化剂的选取是生物油水蒸气重整制氢气的关键。研究表明金属氧化物载体和活性金属催化下生物油蒸汽重整反应都有可能导致催化剂表面积炭的形成，这些积炭不仅会覆盖催化剂表面的活性位，还会堵塞大量微孔，从而导致催化剂失活和目标产物产率的降低[28,29,34]。因此，在重整制氢过程中尽可能抑制积炭的形成是非常重要的。基于化学反应热力学分析，较高的反应温度和水碳比有利于抑制积炭的形成，而反应条件不同对重整催化剂的影响程度也不尽相同[31]。

① 在不同温度下反应的催化剂，其比表面积和孔容积随着温度的升高逐渐减小，平均孔径逐渐增大，这是因为高温对催化剂的表面破坏较为剧烈，且随着温度的升高，催化重整反应也越来越剧烈，微孔坍塌得越来越明显。不同温度下重整制氢反应后催化剂 C_1 在 600℃、700℃时，乙酸重整生成大量的残炭，而在该温度下水汽变换反应几乎不发生，因残炭没有被消耗而未能显现出纤维状结构。800℃时出现了明显的纤维结构，说明在该温度下开始有较为剧烈的水汽变化反应发生。当温度达到 900℃时，催化剂表面没有纤维结构的炭，而是形成了一些块状、颗粒状的结晶，说明催化剂在该温度下发生了非常剧烈的水汽变换反应，且催化剂出现了一定程度的烧结现象。

② 在不同水碳比下，催化剂表面积炭量呈现出先增加后减少再增加再减少的复杂变化趋势，与其产氢率的结果相一致；在不同水碳比时重整制氢反应后催化剂 C_1 表面存在或多或少的纤维结构炭。

③ 对生物油的不同模化物重整制氢后的催化剂进行表征。研究表明：四种模化物中乙酸表面的积炭情况最严重，生物油次之，乙二醇和苯酚的积炭情况最轻。生物油及不同模化物经重整后催化剂的表面形貌，乙酸、乙二醇和丙酮重整后催化剂表面均存在或多或少的纤维状的残炭，乙酸的积炭量最多，纤维结构最为明显，乙二醇和苯酚的积炭量最少，其中苯酚的表面几乎没有纤维状的结构，而生物油重整制氢后催化剂表面形貌接近于苯酚，并没有太多的纤维状结构，表面含有较多的积炭，且有块状结晶体形成。

7.1.6　生物燃油酚醛树脂胶黏剂

目前木材工业用胶主要以"三醛"胶黏剂为主（脲醛树脂胶黏剂、酚醛树脂胶黏剂、三聚氰胺-甲醛共缩聚树脂胶黏剂）。"三醛"胶黏剂的主要原料来自不可再生的石油，而石油的消耗会威胁胶黏剂产业的可持续发展，同时，胶黏剂中的甲醛、苯酚等有毒有害物质的释放也对人体的健康和环境产生恶劣影响。因此，研究绿色环保型的木材用胶黏剂已成为一种趋势[35]。热裂解油中含有很多酚类、醛类、酮类、不饱和的 C═C 键，以及一些柔性基团。因此，可以代替部分苯酚与甲醛制备热裂解油酚醛树脂胶黏剂，同时热裂解油中的一些成分在一定程度上可能起到对酚醛树脂改性的作用[35~43]。

树脂结构及固化特性是其作为胶黏剂使用的基础和关键。可以利用傅里叶红外、核磁共振、凝胶色谱等分析方法对传统酚醛树脂和生物燃油酚醛树脂的结构进行表征研究；运用 n 级反应模型法计算固化反应的表观活化能、反应级数、指前因子、反应转化率等固化动力学参数，可建立固化动力学模型，更加清楚地掌握树脂的固化特性，为生物燃油酚醛树脂的产业化生产应用提供基础数据与科学依据。

目前已经在国内搭建完成生物油改性酚醛树脂胶黏剂的制备生产线。该系统核心设备为反应釜。与反应釜相连的配套设施包括生物油精制提纯装置、原料自动加料装置、催化剂自动加料装置、惰性气体产生装置、循环冷却塔、成品胶收集桶。在反应釜的外侧设有加热装置，加热装置与温度控制器相连。自动控制系统用于控制整个生产线进行自动生产。

7.1.6.1　生物燃油酚醛树脂结构表征

生物燃油酚醛树脂与传统酚醛树脂具有相似的结构和组成成分。随着生物燃油的加入，使得单位物质的量酚类物质与甲醛反应的数量减少，导致生物燃油酚醛树脂中含有较多醚键结构。

生物燃油酚醛树脂中保留了生物燃油中一些特征基团峰，如羰基、芳香族等，同时也含有传统酚醛树脂中酚羟甲基、亚甲基、酚环上取代碳等绝大部分基团。生物燃油中木质素、单宁等降解产生的羟甲基与甲醛、苯酚结构的活性基团发生了反应，消耗了羟甲基，生成了较多新的共缩聚亚甲基键。

随着生物燃油、苯酚、甲醛三者的共聚反应程度不断增加，树脂的平均分子量逐渐增大，同时分子量分布逐渐均匀。生物燃油酚醛树脂的平均分子量高于传统酚醛树脂，表明苯酚、甲醛、生物燃油三者主要进行的是加成反应，甲醛分子加成到酚环的邻位或者对位，形成一羟甲基酚；随着反应的继续进行，羟甲基酚之间不断聚合，致使分子量不断增加，生物燃油的加入提高了整个树脂体系的聚合度，进而增加了分子量。

7.1.6.2　固化特性分析

凝胶时间是评价热固性树脂胶黏剂固化快慢的常用指标。凝胶时间越短，固化

223

速度越快；凝胶的温度越低，固化温度越低。传统酚醛树脂的凝胶时间较生物燃油酚醛树脂长，主要是由于生物燃油中多元酚化合物含有二元酚类组分及其形成活性结构单元，导致传统酚醛树脂中苯酚结构单元上的活性基团反应活性低于生物燃油树脂。随着生物燃油用量的增加，生物燃油酚醛树脂胶黏剂的凝胶时间逐渐缩短。继续增加生物燃油用量，树脂的凝胶时间则变化很小。这是由于生物燃油替代率的不断增加，导致可与树脂中未反应的活性反应点及游离甲醛反应生成多羟甲基酚类化合物，进一步聚合使得生物燃油酚醛树脂的分子量增大，进而减少了聚合时间，增加了树脂固化后的交联密度，提高了树脂胶接胶合板的胶合强度；当生物燃油加入量达到一定值时，树脂中各聚合物组分基本达到平衡，即使加入再多的生物燃油也不会提高树脂的聚合度及高聚物的含量[38,40,43]。

生物燃油酚醛树脂 DSC 曲线上固化温度在 $130\sim140℃$ 的放热峰，应归属于包括苯酚在内的多元酚羟甲基与空位多元酚酚环上活性氢或另一个多元酚羟甲基发生的缩聚反应，也就是说苯酚结构单元活性基团发生了自身缩聚反应，或与生物燃油中多元酚发生共缩聚反应[35,38,42]。传统酚醛树脂和生物燃油酚醛树脂在 $132\sim147℃$ 均有一个固化反应的放热峰。由于树脂的组分及其化学结构影响着树脂的固化反应特性，因而不同种类树脂的固化放热峰出现在不同温度段位置。传统酚醛树脂固化反应时，在 $145\sim148℃$ 之间出现的放热峰归属于酚羟甲基与空位酚环上活性氢或另一酚羟甲基发生的缩聚反应。生物燃油酚醛树脂的固化温度略低于传统酚醛树脂胶黏剂。随着生物燃油用量从替代率为 30% 提高到 40%，其放热峰逐渐向较低的温度移动，可能是由于生物燃油酚醛树脂中生物燃油越多，其大分子量缩聚物含量越高，当固化反应时这些组分需要的活化能越少，容易发生交联固化，降低了固化温度。

制板试验研究表明[39]：在一定范围内热压压力的改变对胶合板最终的胶合强度几乎不存在影响，但热压温度和热压时间对胶合板胶合强度以及甲醛释放量有较大的影响。当热压温度为 $130℃$ 时，胶合板的胶合强度都未能满足国标Ⅰ类胶合板的要求。随着热压温度从 $130℃$ 升高到 $150℃$，胶合板的胶合强度显著提高。但当热压温度从 $150℃$ 达到 $170℃$ 时，胶合板的胶合强度出现了下降，但仍满足了国标Ⅰ类胶合板的要求。原因可能是由于当热压温度在 $150℃$ 以下时，胶黏剂未立即固化，随着热压时间的延长，胶黏剂逐渐发生固化反应，所以胶合板的力学性能仍然继续增加。但当温度达到 $170℃$ 时，胶黏剂在很短时间就达到了固化，而随着时间的延长，胶黏剂和木材中的纤维素、半纤维素、木质素和其他一些碳水化合物在高温下发生降解。胶合板甲醛释放量随着热压温度的提高和热压时间的延长而逐渐降低，原因主要是由于热压温度的提高和热压时间的延长可促进胶黏剂的充分固化，使胶黏剂中的甲醛充分参与反应或挥发出来，从而降低板材的甲醛释放。研究认为生物燃油酚醛树脂胶合板的最佳制备工艺为：热压压力为 1.1MPa，热压温度为 $150℃$，热压时间为 420s；在此工艺下压制的胶合板胶合强度＞0.7MPa，甲醛释放量达到 E0 级（$\leqslant0.5mg/L$）要求。

7.2　热裂解气制备合成燃料

热裂解得到的合成气是重要的化工原料，可用于制氨及氨衍生品、甲醇及其衍生产品、费托合成产品、氧甲酰化产品以及制氧等工业中，同时还可直接作为燃料使用，具有重要的实用价值[44~48]。利用生物质气化生产合成气，然后用于合成甲醇、二甲醚等液体燃料以及其他附加值高的化学品[49~52]。生物质初级热裂解气体组分中仍含有较多的水蒸气及焦油等。将热裂解气产物最大限度地转化为合成气不仅对生物质转化合成气技术本身有重要价值，而且对于减少温室气体排放和降低焦油对管道的堵塞和腐蚀具有积极作用。

7.2.1　热裂解燃气基本特性

对生物质在自制的下降管热裂解反应器进行热裂解分析，并利用红外燃气分析仪对热裂解气体产物的不可冷凝成分进行了在线分析，结果显示：CO、CH_4、H_2 等可燃气体的成分占 60% 以上，O_2 含量极低，为万分之一单位。气体具有较高的热值，近 $1MJ/m^3$。在系统中，把该部分气体引入热载体加热系统燃烧，为热载体升温提供热量。在研究范围内温度对于两种气体的含量影响不大，可燃气体含量基本在 50% 以上[53]。

7.2.2　热裂解燃气净化

实际得到的粗燃气受到分离技术的限制，还含有焦油蒸气、水蒸气和粉尘等杂质。因此需要做进一步的净化处理。一般初次排出气化炉的燃气温度在 400℃ 甚至更高，因而净化的同时需降温以满足日常使用和存储运输要求。热燃气的焦油和水蒸气会随着温度的降低而产生凝结作用。相对于凝结的焦油，水很容易去除分离，而焦油比较黏稠且很容易与灰分混合形成灰垢。灰垢的产生将给分离设备的维护带来非常不利的影响。因此，科学合理的分离工艺将会非常重要[54,55]。常见的净化设备包括机械式、过滤式、洗涤式、静电式几种。其中机械式和过滤式属于干式净化，用于分离粉尘；洗涤式属于湿式净化，不仅可以清除灰尘和焦油，还可以起到辅助降温的作用；静电式设备主要是可以进一步捕捉燃气中的少量焦油，起到深度净化的作用。通常采用不同的设备组成一个完整的净化系统。一般来讲，合理的流程是在较高温度下先除尘，然后逐步脱出焦油[54,55]。关于这方面，在第 4 章已经专门做过论述。

7.2.3　制备合成气/天然气

　　生物质气化可用来制备合成气，而合成气主要是为进一步费托合成而准备。我国中科院广州能源所、华中科技大学、浙江大学等单位也先后开展了生物质气化技术的研发工作。浙江大学在致力于生物质气化技术研究的基础上，提出了稻麦秆中热值气化技术，将燃料燃烧和气化相结合，可产生供民用的中热值煤气以及可用于还田或制炭的副产品干馏半焦，使燃料热转化产物固体和气体成分得到合理利用，达到了较高的燃料利用率。中科院广州能源所、中南大学等正在合作开发生物质高温空气气化技术[56,57]。

　　热裂解气化技术制备得到的天然气被称为生物质合成天然气。生物质合成天然气的制备过程与制备合成气工艺相似：包括气化、净化与调整、甲烷化、提质等过程，其中生物质气化、甲烷化是核心技术。该技术所需原料适应性广，产气效率高，适于大规模生产。利用生物质气化来合成天然气是一项相对较新的技术，加拿大、美国、德国等也对该项技术进行了论证[58]。

　　在我国开展了将生物质利用水蒸气重整气化制取富氢燃气的研究[59,60]；此外还开展了将生物质在超临界水、熔融金属以及等离子体中气化制取生物燃气的研究[52]。

7.2.4　费托合成（FTS）制备液体燃料

　　制备的合成气经过调整，当达到一定要求后（表 7-2），即可通过费托反应合成（FTS）甲醇、二甲醚等液体燃料（图 7-6）。

表 7-2　费托合成气的杂质水平要求（体积分数）

杂质	去除水平
$H_2S+COS+CS_2$	$<1\times10^{-6}$
NH_3+HCN	$<1\times10^{-6}$
$HCl+HBr+HF$	$<10\times10^{-9}$
碱金属	$<10\times10^{-9}$
固体(烟气、尘土、灰分)	基本完全脱除
有机物(焦油)	低于露点
第二类焦油(杂环化合物)	$<10\times10^{-9}$

　　FTS 的基本原料为合成气，即 CO 和 H_2，合成气来源主要有煤、天然气和生物质。生物质制备合成燃料由早期的"煤制油"——FTS 工艺发展而来。早期的 FTS 基本上是以煤为原料，通过加入气化剂，在高温条件下在气化炉中气化制成合成气（H_2+CO），接着通过催化剂作用将合成气转化成烃类燃料、醇类燃料和化学品的过程。主要工艺有费托（Fischer-Tropsch）工艺和莫比尔（Mobil）工艺。

　　以典型的费托工艺为例，该过程与图 7-6 中发展起来的基于生物质气化与 FTS

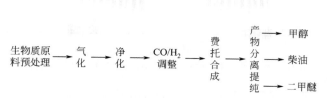

图 7-6 基于生物质气化与费托合成的工艺示意

的工艺非常类似。

简要过程如下：

① 先由煤气化后得到的粗合成气经脱硫、脱氧净化后；

② 根据使用的合成反应器调整合成气的 H_2/CO 比；

③ 在反应器中通过合成气与固体催化剂作用合成出混合烃类和含氧化合物；

④ 最后将得到的合成品经过产品的精制，改制加工成汽柴油、航空煤油等成品。

早期的 FTS 研发历史进展见表 7-3。早在世界第二次大战初期，德国的生产能力已到达每年 66 万吨；第二次世界大战之后由于石油的兴起，FTS 技术一度处于停滞状态[61]。其间，南非由于种族隔离制度而被"禁油"又大力发展此技术。但是随着 20 世纪 70 年代石油危机的出现，FTS 再次受到强烈关注。目前南非建有 3 座煤炭基 FTS 厂。马来西亚（Shell 公司）和新西兰（Mobil 公司）各建有一座天然气基 FTS 厂[62]。国内的潞安、伊泰和神华等煤炭企业也在研发基于年产 10 万吨级工业示范规模的铁基浆态床 FTS 油技术，中石化和潞安研发了基于钴基固定床千吨级规模技术[63]。

表 7-3 早期费托合成（FTS）的历史进展

时间	发展进程	主要研究者
1923 年	发现 CO 和 H_2 在铁类催化剂上可合成以直链烷烃和烯烃为主的化合物，其后命名为费托合成（FTS）	F. Fischer，H. Tropsch
1936 年	常压多级过程开发成功，建成第一座以煤为原料的 FTS 油厂，年产量达到 4000 万升（约 66 万吨）	德国鲁尔化学公司
1937 年	引进德国技术以钴催化剂为核心的 FTS 厂建成投产	日本与中国锦州石油六厂
1944 年	进一步发展中压法过程中采用合成气循环工艺技术	德国
1952 年	年产 5 万吨煤基 FTS 油和化学品工厂建成	苏联
1953 年	年产 4500t 的铁催化剂流化床 FTS 油中试装置建成	中国科学院原大连石油研究所
1955 年	建立以煤为原料的大型 FTS 厂（SASOL-I 厂），采用 Arge 固定床反应器，中压法，沉淀铁催化剂	SASOL 公司
1970 年	提出 FTS 在钴催化剂上最大限度制备重质烃，然后再在加氢裂解与异构化催化剂上转化为油品的概念	荷兰 Shell 公司
1976 年	浆态床反应器技术、MTG 工艺和 ZSM-5 催化剂开发成功	美国 Mobil 公司
1980 年	SASOL-II 建成投产，采用中压法、循环流化床、熔融铁催化剂	SASOL，Kellogg CFB

续表

时间	发展进程	主要研究者
1982 年	SASOL-Ⅲ进一步升级投产,中压法、循环流化床、熔融铁催化剂	SASOL 公司
1982 年	开发 MFT 工艺将传统的 FTS 与沸石相结合的固定床两段工艺	中国科学院山西煤炭化学研究所
1985 年	新型钴基催化剂和重质烃转化催化剂开发成功	荷兰 Shell 公司
1993 年	采用 SMDS 工艺在马来西亚的 Bintulu 建成以天然气为原料,年产 50 万吨液体燃料工厂,副产品包括中间馏分油和石蜡	荷兰 Shell 公司
1994 年	采用 MFT 工艺开发 Fe/Mn 超细催化剂,研发年产 2000t 规模的量产	中国科学院山西煤炭化学研究所

当前 FTS 工艺根据反应放热程度可分高温 FTS 和低温 FTS 两类[62]。目前开发出的反应器有四种已经实现商业化,包括列管式固定床反应器(TFB)、循环流化床反应器(CFB)、固定流化床反应器(FFB)和浆态床反应器(SBCR)。高温 FTS 工艺采用 CFB、FFB,使用 Fe 基催化剂,在温度 300～350℃生产汽油和直链低分子烯烃。低温 FTS 主要使用 TFB、SBCR,并采用 Fe 基或 Co 基催化剂,温度在 200～240℃,主要生产高分子直链石蜡烃。

FTS 涉及的主要反应如下[64]。

① 烃类生成反应

$$n CO + 2n H_2 \longrightarrow \text{─}\!\!\left[CH_2 \right]\!\!\text{─}_n + n H_2O$$

② 水汽变换反应

$$CO + H_2O \longrightarrow H_2 + CO_2$$

副反应主要如下[65]。

① 甲烷生成反应

$$CO + 3H_2 \longrightarrow CH_4 + H_2O$$
$$2CO + 2H_2 \longrightarrow CH_4 + CO_2$$
$$CO_2 + 4H_2 \longrightarrow CH_4 + 2H_2O$$

② 醇类生成反应

$$n CO + 2n H_2 \longrightarrow C_n H_{2n+1}OH + (n-1)H_2O$$
$$3n CO + (n+1)H_2O \longrightarrow C_n H_{2n+1}OH + 2n CO_2$$

③ 醛类生成反应

$$(n+1)CO + (2n+1)H_2 \longrightarrow C_n H_{2n+1}CHO + n H_2O$$
$$(2n+1)CO + (n+1)H_2 \longrightarrow C_n H_{2n+1}CHO + n CO_2$$

④ 生成碳的反应

$$2CO \longrightarrow C + CO_2$$
$$CO + H_2 \longrightarrow C + H_2O$$

催化剂的反应如下[65]。

① 催化剂的氧化还原反应（M 为催化剂金属成分）

$$yH_2O + xM \longrightarrow M_xO_y + yH_2$$

$$yCO_2 + xM \longrightarrow M_xO_y + yCO$$

② 催化剂本体碳化物生成反应

$$yC + xM \longrightarrow M_xC_y$$

FTS 反应过程比较复杂，产品碳数分布宽，合成的机理目前依然存在争论。以下是几种经典的 FTS 机理。

（1）表面碳化物机理

表面碳化物机理首先由 Fischer 和 Tropsch 提出[66]，这也是最早提出的理论。他们认为：当 CO 和 H_2 同时和催化剂接触时，CO 首先在催化剂表面离解形成金属碳化物；后者经还原形成亚甲基（—CH_2—）中间体，然后聚合生成烯烃、烷烃产物。该理论可以很好地描述直链烃类产物的生成，但不能合理解释支链或含氧化合物的生成，同时也不能解释由 CO 生成表面碳化物的速率明显低于液态烃的生成速率这个现象。

（2）表面烯醇中间体缩聚机理

由于早期碳化物机理的不足，Anderson 等提出了表面烯醇中间体缩聚机理[67]。该理论认为：H_2 与 CO 同时在催化剂表面发生化学吸附，反应生成表面烯醇络合物甲醛；链的引发由在两个表面烯醇络合物 HCOH 之间脱水而形成 C—C 键，然后氢化。其中一个碳原子从催化剂表面释放，形成 C_2 络合物；之后再次脱水、氢化后在链末端的羟基基团上，链继续增长。未氢化的中间物脱附生成醛，并继续反应生成醇、羧酸或酯；烃可以通过醇脱水或通过吸附络合物的断裂生成。该机理的最大缺陷是甲醛等中间体的生成，不能实验测定而只是间接推测得到的结论[68]。

（3）CO 插入机理

随后受均相有机金属催化剂作用机理的影响，CO 插入机理被提出[68]。Pichler 等提出 FTS 也可能从 CO 在金属-氢键中插入开始链引发。该理论假定在 CO 加氢形成甲酰基后，能进一步加氢生成桥式氧化亚甲基物种，然后进一步加氢和脱水生成碳烯和甲基；经过 CO 在金属-氢键、金属-烷基键中反复的插入和加氢，形成 C—C 键，完成链的增长。该机理能详细地解释直链产物的形成，但在解释产生的直链烃产物中的少量支链烃时，只能根据产生直链烃和支链烃的相对速率来确定。而这目前是无法测定的，且该理论也并未在 FTS 条件下获得任何直接的证明[68]。后来，Henrici-Olive 等在羰基插入机理中进一步提出在金属-氢键中插入的 CO 可通过 H_2 的连续氧化加成反应还原成产物，但这和早期的羰基插入机理存在同样的缺陷[68]。

（4）碳烯插入机理

在探讨 FTS 反应机理时，以金属有机化合物均相催化反应机理为依据的 CO 非离解吸附和插入的理论，在 1978 年以前占有统治地位[69]。但随着可以由表面分析手段测得对 FTS 具有高催化活性的 Fe、Co、Ni、Ru 等催化剂都具有使 CO 离解的能力，而活性不高的 Pd、Pt、Rh 等催化剂又难于使 CO 离解的信息后，碳化物理论又重新活跃了起来。目前逐渐形成了现在已得到普遍接受的现代碳化物机理——碳烯插入机理[70,71]。但是该理论不能较好地解释以下几个现象：

① 合成产物中 C_2 物种偏离 Anderson-Schulz-Flory（ASF）分布规律；

② 形成少量的异构产物的机理。

Turner 等对该机理进行了补充，提出了碳烯插入-烯基中间体机理[72]：碳烯插入后在金属表面形成了金属-烯基中间体，而不是早期碳烯插入机理认为的金属-烷基中间体。

在复杂的 FTS 反应体系中可能不存在单一的反应机理，而是几种反应机理共同作用，其中某种反应机理在反应中起着主要作用。以前对 FTS 反应机理的探索都是从催化剂表面或反应的宏观体现进行，不能深入到催化剂活性中心的本质中。这主要是受到当时研究手段的限制所致。随着表面科学技术的进步，将来或许可以从催化剂活性中心上洞察 FTS 反应行为机理的本质。

近年来，相关机构利用生物质气化展开 FTS 研究。美国环保署和加州大学合作进行研究，将生物质和氢气转化为合成气，从而合成醇醚燃料，并建立了中试规模的示范工厂。德国太阳能和氢能研究中心与意大利环境研究所合作，对不同的生物质合成工艺进行研究和技术经济评价，目的是探索最优化的生物质合成醇醚燃料的技术路线[49]。目前利用生物质气化实现 FTS 燃料的年产能已经达到了十万吨级，但主要还是海外企业和机构来实现（表 7-4）。在我国，湖北阳光凯迪新能源集团有限公司正计划投产万吨级生物质气化 FTS 燃油示范项目。

表 7-4 生物质气化费托合成燃油示范及工业装置项目

企业或者机构	原料	年产能
Solenna fuels, USA & British Aieways	木质纤维素	5×10^5 t
Joint investment from Axens, CEA, Ifpen, Thyssen Krupp Uhde, Sofiproteol, and Total	木质纤维素	1000t
Choren Industries, Germany	木质纤维素	2.3×10^4 t
Rentech Inc., USA	木质纤维素	7×10^4 t

7.3 木醋液的深加工

木醋液是一种对木质纤维素热裂解后得到的水溶性液体的统称，是一种组分复杂、功能多样和相对稳定的混合物质[73,74]。木醋液是以乙酸为主要成分的 pH＝3 的酸性液体，与食醋的成分和色调极为相似，各自按不同的方法精制而成[75,76]。木醋液不含国家禁止使用的有毒农药的成分（如八氯二丙醚、甲胺磷、甲基对硫磷、对硫磷、久效磷、磷胺、甲拌磷、甲基异柳磷、特丁硫磷、三氯杀螨醇、氰戊菊酯等）。木醋液中含有众多的微量物质和活性因子，如下[77~83]。

① 矿物质：K，Ca，Mg，Zn，Ge，Mn，Fe 等。

② 维生素 B_1 和 B_2。

③ 酸类：甲酸、乙酸、丙酸、丁酸、异丁酸、戊酸。

④ 酚类：愈创木酚、对甲酚、间甲酚、2-甲氧基-4-甲酚、邻甲酚、乙基愈创木酚。

⑤ 醛类：2-呋喃醛、糖醛、四羟糖醛。

⑥ 醇类：甲醇、乙醇等。

至今已知的实用功能包括强力杀菌、消炎、驱虫、杀病毒、活化细胞、软化角质等[73,84~88]。近年来，其功能才渐渐被人们发掘，并被广泛使用在各行各业上，使用范围遍及日常生活环境[89~91]、农业[91~99]（改善养殖环境[100]）、畜牧业[101~112]、水产业[113,114]、工业[115~119]、食品加工业[79,114,120,121]、医药[104,114,120~124]、美容业[121,125] 等。

7.3.1 木醋液的制备和提纯工艺

7.3.1.1 制备工艺

传统的木醋液制备工艺是以木材低温干馏为基础，通过收集冷凝液得到木醋液[84]。但传统工艺以木炭为主，木醋液的产量较低，生产规模较小，且对原料有一定的限制要求。随着热裂解技术的逐渐成熟和推广，通过在无氧的环境下进行生物质的热裂解炭化，可以灵活控制反应条件，实现热裂解炭或木醋液产量的最大化，且随着流化床反应器等技术的应用[73,86]，使得规模化生产木醋液成为现实。

7.3.1.2 精制提纯工艺

通过热裂解炭化工艺直接制得的赤褐色粗木醋液中含有少量的焦油、灰分等，通过一系列的精制提纯方法[75,110,124,126~128] 可将其除去，获得较为纯净的浅黄或淡红色精制木醋液。常用的精制提纯方法如下[127]。

① 静置分层：操作最简单，但耗时较长且分离不够彻底。

② 活性炭吸附：其多孔结构能够吸附大多数的焦油等大分子杂质，但其吸附能力有限，多次吸附可以提高吸附效果。

③ 常压/减压蒸馏：依据组分的沸点不同进行分离，可以较为有效地把高沸点的组分和焦油等分离出去，但操作过程相对复杂，条件控制较为严格。

④ 超低温冷冻解冻法：虽然也能较好地分离沸点不同的组分，但需要消耗大量的能量来对木醋液降温。

⑤ 有机溶剂萃取：是最有效、快捷的从木醋液中提取有效成分的办法，但会引

入另外一种萃取剂，很难去除干净，而萃取剂通常具有一定的毒性，对木醋液的安全性造成了影响。

⑥ 膜分离技术：是提纯成本最高的方法，但该技术采用常温处理，能较好地保存木醋液组分的完整性。

在实际的生产应用中，根据产品的用途可以选用不同的精制提纯方式，而为了达到更好的提纯效果，往往需要将多种方法联合使用，如蒸馏吸附法、吸附萃取法等，可以大幅提高提纯效率。

7.3.2 木醋液的用途

7.3.2.1 农业中的应用

木醋液使用于农业上，依浓度的不同而用途不同。

（1）高浓度

① 木醋液具有杀菌、治虫、抗病[122,129,130]，提高水和土壤有益微生物活性、促进作物生长等[102,131] 作用。

② 可制作良质的有机肥[101,102,111,112,132,133]。喷洒于落叶、树枝、稻草或牛、猪、鸡等堆肥上，可制作极酸而不臭，且良质的有机肥[112]；同时比一般制作堆肥省去 1/2 时间，达到加速堆肥发酵的目的。

（2）低浓度

① 木醋液的魅力在于"纯天然有机"：虽然不是农药，亦不是化学药物，但是可以达到传统化学农药的基本功效[121]。

② 能促进土壤中的微生物活化，改善土壤环境[92,131]；可有效繁殖土壤中的微生物，促进植物的成长，提高生产量及果实的甜度。

③ 可作为绿色无公害农药、微肥使用，提高农作物的产量和品质；与化学农药、化肥混合使用，可提高农药、化肥的效能，并能降解农药残留[74,104,122]。

④ 可作为土壤改良剂、植物生长调节剂、农药增效剂、杀虫剂[123]。

⑤ 能增进作物根部与叶片的活力，减缓老化，降低果实酸度，提高果实产量，延长果实储藏时间，提高风味[133,134]。可防治土壤与叶片上一些病虫害，促进土壤有益微生物的繁殖。

⑥ 木醋液可解决设施栽培中的连作障碍问题和土壤消毒[94,135,136]：a.抑制土壤线虫等有害微生物生长、促进有益微生物繁殖、抑制土壤病虫害的发生；b.激活土壤中被固化了的营养成分，使土壤的肥料有效化，利用效率提高，提高作物移栽成活率；c.调节土壤 pH 值；d.添加炭粉可以增进地力、吸附有害物质，可以有效地解决连作障碍。

7.3.2.2 生活环境中的应用

① 可改善被重金属污染的土地：依据日本北海道工业大学渡边博士的研究报

告：木醋液具有强烈的还原作用，可将有毒的 Cr^{6+} 还原成无毒的 Cr^{3+}，而且对其他有毒重金属亦有同等的还原作用；也可用于制皮革、电镀厂等被重金属污染土地的还原，相比使用强酸还原有毒重金属可避免造成二次污染[120,128]。

　　② 可作纯天然除臭剂、防霉剂：稀释 10～300 倍后可对硫化物等恶臭进行中和及包裹，用于宠物屋、垃圾桶、厕所、鞋柜等通风不良的空间达到有效去除异味、臭味的目的[90,112]；喷洒于浴厕墙壁上，可防止霉菌滋生，进一步达到除臭及防止蚊虫、苍蝇滋生的目的[74,90]。

　　③ 可制成环保型冰雪融化剂[89,91,137]：在隆冬季节对公路、高速路、飞机场、体育场等公共场所消冰融雪、保障安全有着非常良好的作用。

7.3.2.3　畜牧业中的应用

　　将精制木醋液按比例添加到饲料中，增加乳酸菌的繁殖，增进家畜的食欲，促进动物的消化吸收与生长发育[104]。

　　① 添加至牛、猪、鸡或其他畜产人工饲料中，则畜养的家畜肉质会更鲜美，同时可减少涩味[103,105～107]。

　　② 添加至饲养产卵鸡的饲料中，可增加免疫力，促进生长，甚至可减免疫苗、抗生素、维生素等的使用[110]。生产出的鸡蛋较无腥味，经济价值更高，同时可降低鸡粪的臭味，鸡舍亦不需消毒，一举数得[109]。

　　③ 添加到离乳小猪或未离乳小猪的人工饲料或水中，可有效改善小猪的泻痢状况，同时可增加免疫力，提高生长系数[103]。

7.3.2.4　食品保健中的应用

　　木醋液因具防止酸化的功能，日本政府认定木醋液为天然 A 级防腐剂。在日本已渐渐被使用在肉类、火腿、香肠、调味酱、柴鱼干、熏制品等加工食品上，取代一般化学防腐剂[120,128]。

　　添加木醋液的食品饮料，具有很强的抗酸化作用，其 SOD 活性值很高，可去除体内的活性酸素[79]。对于过度疲劳、吸烟、过饱应激反应等产生的活性酸素，有很好的清除作用；并使添加木醋液的食品获得保健和预防疾病的作用。

7.3.2.5　医药中的应用

　　木醋液中的乙酸可软化皮肤表面角质层，酯类有较强的渗透能力，可将营养成分补充到皮肤深处；醇类物质能清洁皮肤，有杀菌、消毒、保养皮肤的作用。对于因细菌性引起的湿疹、疥癣、痱子、香港脚、皮肤痒、灰指甲、青春痘及干燥性皮肤炎等具有缓和、改善的效果[73,75,85,86,88,120,126,128,138,139]。

　　木醋液饮料具有强化肠胃、活化细胞机能，去除身体脂肪，对预防老化、肝病、皮肤疾病、糖尿病等均有良好效果[78]。

7.3.2.6　美容中的应用

　　精馏木醋液具有强力的杀菌、杀病毒、渗透、还原、抑制及活化细胞、软化角质的功能[73,75,85,86,88,120,126,128,138,139]。具体来讲：

① 通过软化角质，刺激胶原蛋白的生成，又含丰富的碳素粒子，可使皮肤滑嫩并富弹性。

② 可抑制发囊生成的油分，避免异常掉发，同时具有强力的杀菌、渗透等功能，因此可去除毛囊菌，防止头皮屑之生成。

③ 活化发囊，可育发、抑制白发、减少头发分叉及断裂，长期使用白发会显得较不明显或变褐色，发量亦会增加。

④ 少量添加到洗发水或沐浴乳中，可减轻头皮痒、滋润头部皮肤。

7.4 生物炭的加工

热裂解固体产物为黑色粉状、可燃，通常称为生物炭。其粒径范围分布较广，从微米至毫米级均可分布[140]。生物炭主要组成是碳、氢、氧、氮和灰分；其中含有大量的高分子、高密度的碳水化合物，灰分的含量与生产生物炭的原料来源和种类有直接关系[141,142]。根据生物炭的工业分析和密度分析：相对于生物质原料，榆木、松木等生物炭含有较多的固定碳和碳元素[139]。因此生物炭也可以作为替代燃料使用[143~145]。

因为生物炭灰分中含钾、钙等碱性阳离子，生物炭呈碱性；因此添加到土壤中可以中和土壤中的氢离子，提高土壤的 pH 值。一般家禽类生物炭灰分含量高，裂解温度越高生成的生物炭灰分含量越高，因此针对土壤的条件，可以为其设计制造专门的生物炭来进行改良[142]。

生物炭是炭基材料[146~153]的基底，可在此基础上进一步改性利用。生物炭所具备的结构为芳香环结构，自然界中很难被降解。因此，可以长期储藏在土壤中，增加土壤的碳储存[154]，减少温室气体的排放[155~159]。同时因其具备较高的比表面积，可进一步活化制取活性炭，用来修复受污染的水体[160]和土壤环境[161]。

7.4.1 直接燃烧

生物炭做燃料，像烧烤用炭、取暖用炭等与木炭相比有其绝对的价格优势；并且由于我国实行比较严格的森林保护政策，木炭的生产量很小，远远不能满足市场的需求。而用农林废弃生物质资源生产生物炭[162,163]，具有燃烧时间长、热值高、不冒烟、不发爆、环保等多种优点，可以满足市场的需求，所以生物炭燃料有良好的市场前景[145]。

7.4.2　土壤改良剂

生物炭多孔，容重小，比表面积大，吸水、吸气能力强，带负电荷多，能形成电磁场；生物炭具有高度的芳香化、物理的热稳定性和生物化学抗分解性[140~142,145,164,165]。利用生物炭的这些特点，配制新型的炭基肥料[162]，在农业上应用比传统的肥料效果更好。

7.4.2.1　生物炭对土壤特性的影响

添加生物炭可明显增加土壤的持水量，可以使土壤保墒能力提高；生物炭的添加增加了土壤的 pH 值，对于酸性较大的红壤，可以结合石灰一起施用，改善土壤的团粒结构，既可以提高土壤的 pH 值，又可以降低土壤容重，防止石灰造成的土壤板结；添加木屑炭可以降低其容重，使其更有利于作物根系的生长[145,164,166]。

7.4.2.2　生物炭对土壤养分的改善

生物炭可以增加土壤碳、氮、磷的含量。主要原因为[167]：一方面生物炭中含有少量的氮；另一方面是生物质炭施入土壤后，改善了土壤的通气状况，使得土壤中氧气充足，抑制了微生物的反硝化作用，从而减少了 NO_x 的形成和排放。

生物炭可增加土壤中可浸提的钾、钙、钠、镁等无机营养元素的含量，主要原因[164]：一方面是由于生物炭本身含有灰分，包含部分营养；另一方面是生物炭属于多孔性材料，其本身可以吸附土壤中的一些营养元素。而添加生物炭可以显著降低铝对植物体的毒害[161,168,169]，因为生物炭的碱性可以被生物炭吸附，同时生物炭中的钙可以减轻铝毒作用；添加生物炭降低铅含量原因[161,168,169]是由于生物炭表面的官能团与其结合，同时生物炭中的磷可能与铅作用生成沉淀，减少可浸提铅的含量。

7.4.2.3　生物炭施播机及运转性能

生物炭密度小，不利于大规模的机械化田间施播。为解决这个问题进行了生物炭施播机的研制[170]：

① 地轮转动带动搅拌轮转动，解决了生物炭质轻、流动性差的难题；

② 设计了不同的齿轮和链轮，可以通过调节不同的齿轮、链轮改变传动比，从而实现生物炭施播量的调节。

该装置主要包括机架、输送带、地轮、施肥量调控板、搅拌器、肥箱等。工作时，机具由拖拉机牵引，地轮作为输送带动力传动源，带动输送带运转，肥箱在输送带上方，生物炭随输送带运转撒施在地上。地轮与牵引车前进速度同步，确保肥料撒施均匀，施播量由肥量调控板控制；然后采用旋耕机将生物炭与土壤混合。

7.5 热裂解多联产

热裂解产物多联产的生物质能源利用方式（图 7-7）就是在传统的生物质炭化基础上，对产生的热裂解混合气体进行了冷却、分离、过滤、净化等处理，得到生物油、木醋液和生物燃气三种新产品[171,172]，即生物质"固-气-液"联产。

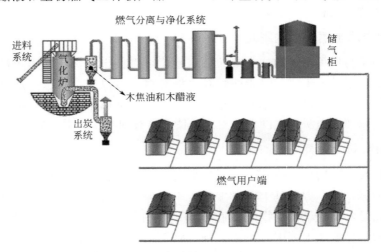

图 7-7 生物质热裂解多联产技术示意

其机理的核心是生物质热裂解，根据生物质热裂解过程的温度变化和生成产物的情况等，可将生物质热裂解过程分为干燥、预炭化、炭化和煅烧四个阶段，其中温度直接影响该过程中产物的分布[172~175]。

（1）干燥阶段

温度在 120～150℃，热裂解速度非常缓慢，主要是生物质中所含水分依靠外部供给的热量进行蒸发，生物质的化学组成几乎没有变化。

（2）预炭化阶段

温度在 150～275℃，生物质的热裂解反应比较明显，化学组成开始发生变化，生物质中比较不稳定的组分（如半纤维素）分解成二氧化碳、一氧化碳和少量乙酸等物质。上述两个阶段都要求外界供给热量来保证裂解温度的上升，所以又称为吸热裂解阶段。

（3）炭化阶段

温度在 275～475℃，生物质在此温度段急剧地进行热裂解，生成大量的裂解产物。生成的液体产物中含有乙酸、甲醇和生物油。生成的气体产物中二氧化碳逐渐减少，而甲烷、乙烯等可燃性气体逐渐增多。这一反应阶段放出大量的反应热，所以又称为放热反应阶段。

（4）煅烧阶段

温度上升到 450～500℃，这个阶段仍依靠外部供给热量进行炭的煅烧，排出残留在生物炭中的挥发物质，提高生物炭中的固定碳含量，此时，生成的液体产物已经很少。

利用生物质热裂解技术和热裂解气体回收分离技术将生物质能源在一条生产线上同时转化为生物炭、生物燃气、生物油和木醋液四种产品。如本章所述，以上四种产品都可全部回收利用，无废弃物排放，实现了清洁高效开发利用生物质能源的目的。

生物炭几乎是纯碳，富含微孔，不但可以补充土壤的有机物含量，还可以有效地保存水分和养料，提高土壤肥力，还可以减少二氧化碳等温室气体的排放，有助于减缓全球变暖，全世界范围内引发了对生物炭的广泛兴趣。

生物燃气经过净化处理后燃烧热值高，清洁无污染，既可用于农户炊事用气，也可作为发电以及工业锅炉用气。

生物油呈黑色半流体状、有烟味、有腐蚀性，是一种含烃类、酸类、酚类的有机化合物。热值高，雾化后燃烧特性好，可成为燃油设备的绿色替代燃料；加工后可获得杂酚油、抗聚剂、浮选起泡剂、生物沥青等产品，也可用于医药、合成橡胶、冶金、消毒剂及防腐剂等方面。

木醋液的主要成分是有机酸和酚类等物质。在高浓度下具有较强的杀菌、抗菌的功能，在低浓度下能抑制杂菌的繁殖，具有防菌、防虫的功效。

热裂解多联产技术提高了生物质利用率，基本不产生二次污染，发展前景非常良好[176]。

参考文献

[1]　Bridgwater A V. Review of fast pyrolysis of biomass and product upgrading [J]. Biomass and Bioenergy, 2012, 38: 68-94.

[2]　陆强，朱锡锋，李全新，等. 生物质快速热解制备液体燃料 [J]. 化学进展，2007（Z2）：1064-1071.

[3]　魏宏鸽，仲兆平. 生物油催化加氢提质的研究进展 [J]. 能源研究与利用，2009（03）：1-4.

[4]　崔洪友，魏书芹，王景华，等. NiMoB/γ-Al₂O₃ 催化生物油加氢提质 [J]. 可再生能源，2011，29（02）：43-48.

[5]　朱富楠. 生物油催化加氢提质研究 [D]. 广州：华南理工大学，2015.

[6]　揭业斐. 生物油催化加氢制航空燃料基础研究 [D]. 沈阳：沈阳航空航天大学，2016.

[7]　崔洪友，王景华，魏书芹，等. 超临界 CO₂ 萃取分离生物油 [J]. 山东理工大学学报（自然科学版），2010，24（06）：1-5.

[8]　崔洪友，马成亮，李志合，等. 生物油中反应性化合物对羧酸在超临界甲醇中酯化的影响 [J]. 燃料化学学报，2011，39（05）：347-354.

［9］ 张明，巩玉红，崔洪友，等.葡萄糖在超（近）临界水/甲醇中的稳定性研究［J］.可再生能源，2007（02）：13-16.

［10］ 崔洪友，马成亮，李志合，等.生物油中反应性化合物对羧酸在超临界甲醇中酯化的影响［J］.燃料化学学报，2011，39（05）：347-354.

［11］ 崔洪友，王涛，戴猷元.超临界 CO_2 萃取反应合成碳酸二甲酯［J］.过程工程学报，2006（04）：531-538.

［12］ 崔洪友，王景华，魏书芹，等.生物油超临界 CO_2 酯化反应研究［J］.燃料化学学报，2010，38（06）：673-678.

［13］ 秦菲，崔洪友，王传波，等.萃取耦合化学转化法提质生物油油溶相的研究［J］.燃料化学学报，2014，42（07）：805-812.

［14］ 崔洪友，王景华，魏书芹，等.生物油超临界 CO_2 酯化反应研究［J］.燃料化学学报，2010，38（06）：673-678.

［15］ 徐玉福，周丽丽，胡献国.生物油/柴油均相体系的制备及其腐蚀特性［J］.农业工程学报，2011（09）：271-275.

［16］ 李永军，于济业，柏雪源，等.柴油机燃烧生物油/柴油乳化燃料的负荷特性［J］.农业机械学报，2010（S1）：145-148.

［17］ 张喜梅，王丽红，柏雪源.生物油/柴油乳化燃料的稳定性及理化性质［J］.太阳能学报，2011（04）：463-467.

［18］ 柏雪源，吴娟，王丽红，等.生物质热解生物油/柴油乳化燃料的制备与试验［J］.农业机械学报，2009（09）：112-115.

［19］ 吴娟，柏雪源.生物质油/柴油乳化燃料的研究进展［J］.科技信息（科学教研），2007（24）：325-326.

［20］ 王丽红，吴娟，易维明，等.玉米秸秆粉热解生物油的分析及乳化［J］.农业工程学报，2009（10）：204-209.

［21］ Ikura M, Stanciulescu M, Hogan E. Emulsification of pyrolysis derived bio-oil in diesel fuel［J］. Biomass and Bioenergy, 2003, 24（3）: 221-232.

［22］ Chiaramonti D, Bonini M, Fratini E, et al. Development of emulsions from biomass pyrolysis liquid and diesel and their use in engines—Part 1: Emulsion production［J］.Biomass and Bioenergy, 2003, 25（1）: 85-99.

［23］ Chiaramonti D, Bonini M, Fratini E, et al. Development of emulsions from biomass pyrolysis liquid and diesel and their use in engines—Part 2: Tests in diesel engines［J］. Biomass and Bioenergy, 2003, 25（1）: 101-111.

［24］ 黄勇成.生物柴油-生物油乳化油的燃烧排放特性［J］.工程热物理学报，2011，32（8）：1418-1420.

［25］ 徐国辉，王相宇，郭祚刚，等.生物油/柴油乳化实验研究［J］.能源工程，2012（04）：36-39.

［26］ 许细薇，李治宇，庄文俞，等.生物油及其重质组分乳化提质研究［J］.农业机械学报，2017（05）：1-8.

［27］ 安森萌，付鹏，易维明.乙酸水蒸气重整制氢反应的热力学分析［J］.太阳能学报，2013，34（09）：1526-1530.

［28］ Italiano C, Bizkarra K, Barrio V L, et al. Renewable hydrogen production via steam reforming of simulated bio-oil over Ni-based catalysts［J］. International Journal of Hydrogen Energy, 2019.

［29］ Seyedeyn Azad F, Abedi J, Salehi E, et al. Production of hydrogen via steam reforming of bio-oil over Ni-based catalysts: Effect of support [J]. Chemical Engineering Journal, 2012, 180: 145-150.

[30] Fu P, Yi W, Li Z, et al. Comparative analysis on sorption enhanced steam reforming and conventional steam reforming of hydroxyacetone for hydrogen production: Thermodynamic modeling [J]. International Journal of Hydrogen Energy, 2013, 38 (27): 11893-11901.

[31] Fu P, Yi W, Li Z, et al. Investigation on hydrogen production by catalytic steam reforming of maize stalk fast pyrolysis bio-oil [J]. International Journal of Hydrogen Energy, 2014, 39 (26): 13962-13971.

[32] 龙旭, 张光辉, 孟庆, 等. 水蒸气重整制氢技术研究进展 [J]. 科技展望, 2015 (32): 42.

[33] 孙道安, 李春迎, 张伟, 等. 典型碳氢化合物水蒸气重整制氢研究进展 [J]. 化工进展, 2012 (04): 801-806.

[34] 毛丽萍, 吕功煊. Ni/Al₂O₃ 和 Fe/Al₂O₃ 催化剂催化乙醇水蒸气重整制氢的对比研究 [J]. 分子催化, 2007 (04): 365-367.

[35] 许守强, 常建民, 夏碧华, 等. 四种原料生物油-酚醛树脂胶粘剂特性研究 [J]. 中国胶粘剂, 2010 (07): 5-8.

[36] 常建民, 李晓娟, 许守强, 等. 落叶松生物油/酚醛树脂胶粘剂制备刨花板的工艺研究 [J]. 中国胶粘剂, 2010 (04): 1-4.

[37] 崔勇, 常建民, 王文亮. 玻璃纤维增强塑料用热解油-酚醛树脂的合成工艺 [J]. 林业工程学报, 2017 (06): 67-73.

[38] 伊江平, 李本, 王宇飞, 等. 可发性生物油-酚醛树脂制备工艺研究 [J]. 热固性树脂, 2013 (04): 29-33.

[39] 许守强, 常建民, 夏碧华, 等. 主要工艺参数对生物油-酚醛树脂胶粘剂制备刨花板性能的影响 [J]. 林业机械与木工设备, 2010 (09): 31-36.

[40] 张琪, 常建民, 许守强, 等. 木焦油改性生物油-酚醛树脂胶粘剂的工艺条件研究 [J]. 中国胶粘剂, 2012 (06): 19-22.

[41] 夏碧华, 常建民, 张继宗. 生物油-酚醛树脂改性淀粉胶粘剂的研究 [J]. 中国胶粘剂, 2010 (11): 28-31.

[42] 高雪景, 常建民, 许守强, 等. 酚醛树脂用生物油反应活性的测试与分析 [J]. 中国胶粘剂, 2012 (05): 5-8.

[43] 张继宗, 伊江平, 姚思旭, 等. 高替代率竹焦油酚醛树脂的合成工艺研究 [J]. 中国胶粘剂, 2012 (05): 1-4.

[44] 刘耀鑫. 循环流化床热电气多联产试验及理论研究 [D]. 杭州: 浙江大学, 2005.

[45] 蔡海燕. 生物质水蒸气催化气化制备合成气研究 [D]. 武汉: 华中科技大学, 2013.

[46] 成功. 生物质催化气化定向制备合成气过程与机理研究 [D]. 武汉: 华中科技大学, 2012.

[47] 陈青. 生物质高温气流床气化合成气制备及优化研究 [D]. 杭州: 浙江大学, 2012.

[48] 杨建成. 秸秆快速热解制备生物质油气及生物气甲烷化研究 [D]. 北京: 北京化工大学, 2016.

[49] 涂军令, 定明月, 李宇萍, 等. 生物质到生物燃料——费托合成催化剂的研究进展 [J]. 新能源进展, 2014, 2 (02): 94-103.

[50] 陶炜, 肖军, 杨凯. 生物质气化费托合成制航煤生命周期评价 [J]. 中国环境科学, 2018, 38 (01): 383-391.

239

［51］ 杨凯，陶炜，肖军.生物质气化费托合成航空煤油的生命周期分析［J］.发电设备，2018，32（04）：246-252.

［52］ 王兆祥.生物油重整制氢/富氢合成气以及费托液体燃料的合成［D］.合肥：中国科学技术大学，2007.

［53］ 李宁，王祥，柏雪源，等.热烟气气氛下生物质在流化床反应器中快速热解制取生物油（英文）［J］.生物工程学报，2015，31（10）：1501-1511.

［54］ 兰珊，赵立欣，姚宗路，等.外加热式生物质连续热解设备燃气净化系统的研究［J］.现代化工，2018，38（05）：173-176.

［55］ 丛宏斌，姚宗路，赵立欣，等.自燃连续式生物质热解炭气油联产系统燃气净化分离技术工艺研究［J］.可再生能源，2015，33（09）：1393-1397.

［56］ 王俊宏.生物质热解气化产物应用研究现状与前景［J］.广州化工，2013（18）：7-9.

［57］ 范洪刚，袁浩然，林镇荣，等.可燃固体废弃物热解气化技术及工程化模拟研究进展［J］.新能源进展，2017（03）：204-211.

［58］ 许涛.生物质热转化制备可燃气的实验研究［D］.武汉：华中科技大学，2012.

［59］ 李文妮.生物质高温水蒸气气化制氢的实验研究［D］.北京：清华大学，2013.

［60］ 胡金勇.稻草水蒸气催化重整制富氢合成气催化剂制备和性能研究［D］.北京：北京化工大学，2012.

［61］ Khodakov A Y, Chu W, Fongarland P. Advances in the Development of Novel Cobalt Fischer-Tropsch Catalysts for Synthesis of Long-Chain Hydrocarbons and Clean Fuels［J］. Chem. Rev. , 2007（107）: 1692-1744.

［62］ Dry M E. The Fischer-Tropsch process: 1950-2000［J］. Catalysis Today, 2002（71）: 227-241.

［63］ 孙予罕，陈建刚，王俊刚，等.费托合成钴基催化剂的研究进展［J］.催化学报，2010（31）：8.

［64］ 贺永德.现代煤化工技术手册［M］.北京：化学工业出版社，2011.

［65］ 高普生，张德祥.煤液化技术［M］.北京：化学工业出版社，2004.

［66］ Fischer F, Tropsch H. Synthesis of petroleum at atmospheric pressure from gasification products of coal［J］. Brennstoff-Chemie, 1926（7）: 97-104.

［67］ Storch H H, Goulombic N, Anderson R B. The Fischer-Tropsch and related synthese［M］. New York: Wiley, 1951.

［68］ Davis B H. Fischer-Tropsch synthesis: current mechanism and futuristic needs［J］. Fuel Processing Technology, 2001（71）: 151-166.

［69］ Joyner R W. Mechanism of hydrocarbon synthesis from carbon monoxide and hydrogen［J］. Journal of Catalysis, 1977, 50（1）: 176-180.

［70］ Brady Ⅲ R C, Pettit R. Mechanism of the Fischer-Tropsch reaction. The chain propagation step［J］. Journal of the American Chemical Society, 1981, 103（5）: 1287-1289.

［71］ Biloen P, Sachtler W H M. Mechanism of hydrocarbon synthesis over Fischer-Tropsch catalysts［J］. Advances in Catalysis, 1981, 30: 165-216.

［72］ Turner M L, Long H C, Shenton A. The alkenyl mechanism for Fischer-Tropsch surface methylene polymerisation; the reactions of C_2 probes with CO-H_2 over rhodium catalysts［J］. Chemistry（A European Journal）, 1995, 1: 145-152.

［73］ 卢辛成，蒋剑春，孙康，等.木醋液的制备、精制与应用研究进展［J］.林产化学与工业，2017（03）：21-30.

[74]　尉芹,马希汉,郑滔.核桃壳木醋液的制取、成分分析及抑菌试验［J］.农业工程学报,2008(07):276-279.

[75]　曹宏颖,王海英.木醋液的制备及精制研究进展［J］.广东化工,2014(04):37-38.

[76]　朴哲,闫吉昌,崔香兰,等.木醋液的精制及有机成分研究［J］.林产化学与工业,2003(02):17-20.

[77]　肖水水,董秀萍,李江阔,等.不同精制程度枣核木醋液挥发性成分分析［J］.食品工业,2016(06):264-268.

[78]　石起增,雷军锋,吴泽辉.苹果木木醋液的有机成份分析［J］.分析试验室,2008(10):70-72.

[79]　陈萍,朱洪吉,王建刚.气相色谱质谱法测定木醋液饮料中化学成分［J］.食品研究与开发,2016(15):183-185.

[80]　周岭,李凤娟,蒋恩臣.基于 TG-FTIR 棉秆热解过程木醋液成分分析［J］.可再生能源,2012(11):74-77.

[81]　王海英,李玉生,杨国亭,等.柞木木醋液有机成分分析［J］.东北林业大学学报,2005(03):110-112.

[82]　王海英,杨国亭.三种木醋液基本参数和组分分析［J］.国土与自然资源研究,2005(04):91-92.

[83]　徐社阳,陈就记,曹德榕.木醋液的成分分析［J］.广州化学,2006(03):28-31.

[84]　钱慧娟.木醋液的制造及其应用［J］.世界林业研究,1994(02):59-63.

[85]　柏美娟,孔祥峰,印遇龙.木醋液研究进展［J］.饲料工业,2008(16):63-64.

[86]　刘长风,李敏,高品一,等.木醋液的来源、成分及其应用研究进展［J］.中国农学通报,2016(01):28-32.

[87]　吴昊,韩晓颖.木醋液的性质及应用研究进展.2010 中国环境科学学会学术年会,2010.

[88]　王海英,杨国亭,周丹.木醋液研究现状及其综合利用［J］.东北林业大学学报,2004(05):55-57.

[89]　丁玮,薛中福,许英梅,等.木醋液制融雪剂的自动化装置设计及脱色研究［J］.辽宁化工,2014(06):661-663.

[90]　孙天竹,许英梅,李修齐,等.木醋液除臭工艺研究［J］.大连民族大学学报,2017(01):21-23.

[91]　郭雅妮,丁玮,薛中福,等.木醋液制环保型融雪剂技术与应用研究［J］.辽宁化工,2014(08):1019-1020.

[92]　曾婕,海梅荣,王晓会,等.木醋液对植烟土壤微生物多样性的影响［J］.土壤通报,2015(01):93-98.

[93]　周岭,蒋恩臣,罗健.锯末木醋液对玉米种子萌发及幼苗影响的研究［J］.玉米科学,2008(05):58-60.

[94]　周红娟,耿玉清,丛日春,等.木醋液对盐碱土化学性质、酶活性及相关性的影响［J］.土壤通报,2016(01):105-111.

[95]　赵朋成.生物炭与木醋液对盐碱土关键化学障碍因子的影响［D］.哈尔滨:东北农业大学,2017.

[96]　郭霞,张凯,胡梦坤.木醋液在农业方面的应用研究［J］.农业科技与装备,2017(11):66-67.

[97]　潘永亮,杜金芳,孙鑫河.木醋液在农业生产上的应用与发展［J］.现代化农业,1999(02):8-9.

[98]　史咏竹,杜相革.木醋液在农业生产上的研究新进展［J］.中国农学通报,2003

（03）：108-109.

[99] 平安，杨国亭，于学军. 木醋液在农业上的应用研究进展 [J]. 中国农学通报，2009（19）：244-247.

[100] 李斌. 木醋液在日本农林业上的应用 [J]. 林业科技开发，1993（03）：23-24.

[101] 周岭，刘飞，李风娟，等. 基于自由空域木醋液对牛粪堆肥过程温室气体排放的时空特性的研究 [J]. 塔里木大学学报，2016（04）：60-69.

[102] 孙岩. 生物炭和木醋液对鸡粪堆肥中养分与微生物量碳、氮的影响 [D]. 哈尔滨：东北农业大学，2017.

[103] 王巍. 日粮中添加木醋液对育肥猪生产性能的影响 [D]. 延吉：延边大学，2010.

[104] 王琦，戴志江，王廷斌，等. 木醋液在畜牧兽医生产上的应用 [J]. 养殖技术顾问，2014（06）：71-94.

[105] 周海萍. 复方中药制剂与木醋液对育肥猪生长及肉质影响的比较研究 [D]. 延边大学，2009.

[106] 张敏，周海萍，张宗伟，等. 中药与木醋液复合制剂对育肥猪胴体肉品质的影响 [J]. 饲料工业，2012（S1）：44-45.

[107] 张君正，王巍，张敏. 木醋液对育肥猪肉质性状的影响 [J]. 黑龙江畜牧兽医，2010（07）：95-97.

[108] 王贵林，瀛文风，周国彬，等. 木醋液作为鸡饲料添加剂的应用试验 [J]. 贵州环保科技，1998（01）：29-33.

[109] 付海冬，李瑜，张亚男. 木醋液作产蛋鸡饲料添加剂研究 [J]. 现代农业科技，2010（09）：322-327.

[110] 欧荣娣，张彬. 木醋液的精制方法及其在家禽生产中的应用 [J]. 湖南饲料，2013（05）：20-22.

[111] 秦翠兰，王磊元，刘飞，等. 木醋液添加牛粪堆肥过程容重时空层次变化及水分时空变化的灰色关联分析 [J]. 江苏农业科学，2016（04）：482-485.

[112] 颜海龙，李红瞻，王有良，等. 苹果木醋液对畜禽粪便的臭气降解试验 [J]. 中国牛业科学，2013（06）：32-34.

[113] 肖水水，张鹏，李江阔，等. 不同浓度食用级木醋液对鲜活海参保鲜效果的研究 [J]. 食品科技，2016（05）：35-40.

[114] 肖水水. 食用级木醋液在海参保鲜中的应用研究 [D]. 大连：大连工业大学，2016.

[115] 冯晨，王海英，杨国亭，等. 木醋液多酚研究进展 [J]. 广州化工，2014（24）：10-12.

[116] Xu X, Sun Y, Li Z, et al. Hydrogen from pyroligneous acid via modified bimetal Al-SBA-15 catalysts [J]. Applied Catalysis A: General, 2017, 547（Supplement C）: 75-85.

[117] Mansur D, Yoshikawa T, Norinaga K, et al. Production of ketones from pyroligneous acid of woody biomass pyrolysis over an iron-oxide catalyst [J]. Fuel, 2013, 103（Supplement C）: 130-134.

[118] Honnery D, Ghojel J, Stamatov V. Performance of a DI diesel engine fuelled by blends of diesel and kiln-produced pyroligneous tar [J]. Biomass and Bioenergy, 2008, 32（4）: 358-365.

[119] Ninomiya Y, Zhang L, Nagashima T, et al. Combustion and De-SOx behavior of high-sulfur coals added with calcium acetate produced from biomass pyroligneous acid [J]. Fuel, 2004, 83（16）: 2123-2131.

[120] 高尚愚，钱慧娟. 日本的木醋液精制和应用研究 [J]. 林产化工通讯，1994（06）：

36-37.

[121] 崔莹，王海英，段晓玲. 木醋液有机酸类成分的香气研究进展 [J]. 广州化工，2014
       （06）：11-12.

[122] 王海英，曹宏颖. 农林废弃物木醋液抑菌机理进展 [J]. 安徽农业科学，2014（03）：
       741-742.

[123] 崔义，王海英，方娇阳，等. 木醋液及其复配精油的杀虫活性分析 [J]. 广东化工，
       2016（06）：24-25.

[124] 张善玉，金光洙，金在久，等. 精制木醋液的安全性评价 [J]. 中国野生植物资源，
       2005（02）：54-55.

[125] 纪蒙，王海英，施月园，等. 木醋液与桑叶提取物的抗氧化活性进展 [J]. 广州化工，
       2016（18）：10-11.

[126] 周岭，蒋恩臣，李伯松. 木醋液精制工艺的研究现状. 2007 年中国农业工程学会学术年
       会，2007 [C].

[127] 吴哲洙，王思宏，崔香兰，等. 木醋液精制方法的探讨 [J]. 延边大学学报（自然科学
       版），2003（03）：203-207.

[128] 钱慧娟. 日本木醋液的精制和应用 [J]. 国外林业，1993（04）：44-47.

[129] 韩如月，杨帆，李睿瑞，等. 木醋液及其与恶霉灵复配对 13 种植物病原真菌的抑制效
       果 [J]. 农产品加工，2018（11）：47-50.

[130] 田思聪，王海英，周嘉旋，等. 木醋液的抑菌效果比较分析 [J]. 广东化工，2018
       （07）：38-76.

[131] 程虎，王紫泉，周琨，等. 木醋液对碱性土壤微生物数量及酶活性的影响 [J]. 中国环
       境科学，2017（02）：696-701.

[132] 李文哲，朱巧银，范金霞，等. 不同氮源及木醋液对沼渣堆肥的影响 [J]. 环境工程学
       报，2016（10）：5861-5866.

[133] 王磊元. 木醋液对牛粪堆肥过程传热传质影响的试验研究 [D]. 塔里木大学，2015.

[134] Mungkunkamchao T, Kesmala T, Pimratch S, et al. Wood vinegar and fermented
       bioextracts: Natural products to enhance growth and yield of tomato（Solanum ly-
       copersicum L.）[J]. Scientia Horticulturae, 2013, 154（Supplement C）：66-72.

[135] 孙金龙. 木醋液对盐碱土水盐运移的影响及应用研究 [D]. 阿拉尔：塔里木大
       学，2016.

[136] 胡春花，达布希拉图，武闻权，等. 木醋液及炭醋肥对设施土壤微生物数量及相关性的
       影响 [J]. 土壤通报，2012（04）：815-820.

[137] 许英梅，张秋民，姜慧明，等. 由木醋液制醋酸钙镁盐类环保型融雪剂研究 [J]. 大连
       理工大学学报，2007（04）：494-496.

[138] 徐晴晴，李晓庆，孟雨田，等. 木醋液应用研究进展 [J]. 黑龙江生态工程职业学院学
       报，2017（02）：21-23.

[139] 王玉，王小东，黄慧. 木醋液的研究进展 [J]. 安徽林业科技，2015（05）：12-15.

[140] 钟晓晓，王涛，原文丽，等. 生物炭的制备、改性及其环境效应研究进展 [J]. 湖南师
       范大学自然科学学报，2017（05）：44-50.

[141] 徐佳，刘荣厚. 不同慢速热裂解工艺条件下棉花秸秆生物炭的理化特性分析 [J]. 上海
       交通大学学报（农业科学版），2017（02）：19-24.

[142] 袁帅，赵立欣，孟海波，等. 生物炭主要类型、理化性质及其研究展望 [J]. 植物营养
       与肥料学报，2016（05）：1402-1417.

[143] 王璐，赵保卫，许仁智，等. 生物炭的基本特性及其应用领域的研究进展 [J]. 广东化

工，2016（07）：93-94.

[144]　范方宇，邢献军，施苏薇，等.水热生物炭燃烧特性与动力学分析［J］.农业工程学报，2016（15）：219-224.

[145]　何选明，冯东征，敖福禄，等.生物炭的特性及其应用研究进展［J］.燃料与化工，2015（04）：1-3.

[146]　王耀，梅向阳，段正洋，等.生物炭及其复合材料吸附重金属离子的研究进展［J］.材料导报，2017（19）：135-143.

[147]　张帆，殷实，冷富荣，等.基于生物炭载体催化剂的生物油重整制氢研究［J］.工程热物理学报，2016（05）：1123-1128.

[148]　刘远洲，覃爱苗，孙建武，等.生物炭在储能材料及器件中的研究进展［J］.功能材料，2017（03）：3050-3056.

[149]　吴明山，马建锋，杨淑敏，等.磁性生物炭复合材料研究进展［J］.功能材料，2016（07）：7028-7033.

[150]　周子军，杜昌文，申亚珍，等.生物炭改性聚丙烯酸酯包膜控释肥料的研制［J］.功能材料，2013（09）：1305-1308.

[151]　戴子若.生物炭复合材料处理水体重金属的研究进展［J］.河北林业科技，2018（01）：61-65.

[152]　魏春辉，任奕林，刘峰，等.生物炭及生物炭基肥在农业中的应用研究进展［J］.河南农业科学，2016（03）：14-19.

[153]　任宏洋，马伶俐，王兵，等.生物炭基固定化菌剂对石油类污染物的高效降解［J］.环境工程学报，2017（11）：6177-6183.

[154]　姜志翔，郑浩，李锋民，等.生物炭碳封存技术研究进展［J］.环境科学，2013（08）：3327-3333.

[155]　杨士红，刘晓静，罗童元，等.生物炭施用对节水灌溉稻田温室气体排放影响研究进展［J］.江苏农业科学，2016（10）：5-9.

[156]　李飞跃，梁媛，汪建飞，等.生物炭固碳减排作用的研究进展［J］.核农学报，2013（05）：681-686.

[157]　李飞跃，汪建飞.生物炭对土壤 N_2O 排放特征影响的研究进展［J］.土壤通报，2013（04）：1005-1009.

[158]　颜永毫，王丹丹，郑纪勇.生物炭对土壤 N_2O 和 CH_4 排放影响的研究进展［J］.中国农学通报，2013（08）：140-146.

[159]　张鹏.生物炭的稳定性及其对土壤温室气体排放影响的研究进展［J］.安徽农业科学，2013（19）：8418-8420.

[160]　吴芩.生物炭用于水处理的研究进展综述［J］.明胶科学与技术，2015（01）：11-16.

[161]　金梁，魏丹，李玉梅，等.生物炭对有机无机污染物的修复作用与机理研究进展［J］.土壤通报，2016（02）：505-510.

[162]　原鲁明，赵立欣，沈玉君，等.我国生物炭基肥生产工艺与设备研究进展［J］.中国农业科技导报，2015（04）：107-113.

[163]　袁艳文，田宜水，赵立欣，等.卧式连续生物炭炭化设备研制［J］.农业工程学报，2014（13）：203-210.

[164]　李金文，顾凯，唐朝生，等.生物炭对土体物理化学性质影响的研究进展［J］.浙江大学学报（工学版），2018（01）：192-206.

[165]　高凯芳，简敏菲，余厚平，等.裂解温度对稻秆与稻壳制备生物炭表面官能团的影响［J］.环境化学，2016（08）：1663-1669.

［166］　武玉，徐刚，吕迎春，等.生物炭对土壤理化性质影响的研究进展［J］.地球科学进展，2014（01）：68-79.

［167］　徐刚，张友，武玉，等.生物炭对土壤中氮磷有效性影响的研究进展［J］.中国科学：生命科学，2016（09）：1085-1090.

［168］　唐行灿，张民.生物炭修复污染土壤的研究进展［J］.环境科学导刊，2014（01）：17-26.

［169］　李力，刘娅，陆宇超，等.生物炭的环境效应及其应用的研究进展［J］.环境化学，2011（08）：1411-1421.

［170］　刘荣厚，徐佳，王燕，等.一种带式抛撒生物炭施播机：CN104855027A［P］.2015.08.26.

［171］　何咏涛.利用农林废弃物联产生物油和生物炭［D］.杭州：浙江工业大学，2012.

［172］　陈汉平，隋海清，王贤华，等.废轮胎热解多联产过程中温度对产物品质的影响［J］.中国电机工程学报，2012（23）：119-125.

［173］　陈应泉，王贤华，李开志，等.温度对棉秆热解多联产过程中产物特性的影响［J］.中国电机工程学报，2012（17）：117-124.

［174］　胡强，陈应泉，杨海平，等.温度对烟杆热解炭、气、油联产特性的影响［J］.中国电机工程学报，2013（26）：54-59.

［175］　陈伟，杨海平，刘标，等.温度对竹屑热解多联产产物特性的影响［J］.农业工程学报，2014（22）：245-252.

［176］　霍丽丽，赵立欣，姚宗路，等.秸秆热解炭化多联产技术应用模式及效益分析［J］.农业工程学报，2017（03）：227-232.

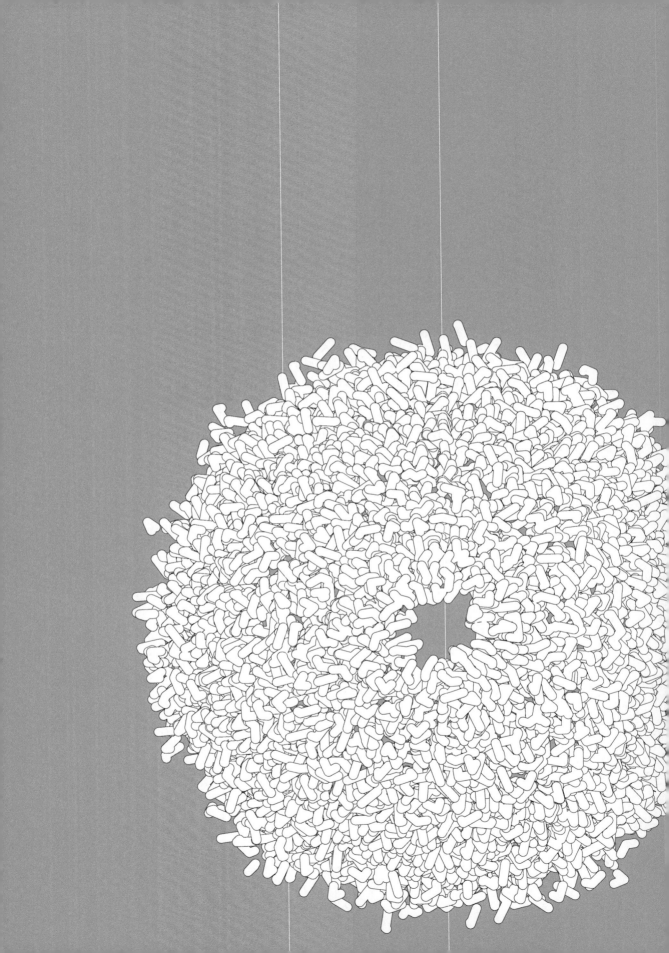

第

8

章

热裂解及合成燃料的
产业化分析

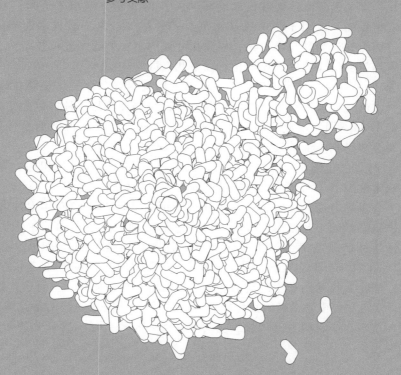

热裂解属于传统的煤化工技术，它是一种已有上百年历史但发展较为缓慢的老工艺。过去的利用技术程度不高、经济价值也没有得到发挥。随着相关技术的提高，生物质热裂解技术依托传统煤化工技术现在有望向大型化、一体化、多联产的产业化方向发展[1]。

8.1 热裂解产业的发展：从化石燃料到生物质

能源是整个世界经济发展的基本动力、人类赖以生存的基础。随着经济和社会的发展，化石燃料加剧消耗。据相关研究数据预测，进入 2050 年化石燃料出现减产和枯竭都将是不可避免的趋势。而在几种可再生能源中，生物质能源无疑是替代化石燃料最具有潜力、最现实的可替代选项[2]。

化石能源从本质上来说，也是来源于生物体，不同之处在于它是远古生物经过亿万年地球化学作用而形成。化石能源的能量来源基础是远古生命体。我们对生物质能源的开发在一定程度上是在学习和模拟化石资源的形成。另外，我们发展生物质能源的技术很大程度上是基于对煤化工技术的学习。煤化工技术包括煤热裂解与煤液化、煤气化。煤热裂解技术最早产生于 19 世纪，起源于德国，发明之初主要用于制取煤焦油，也用于生产炼铁用焦炭和燃料气，由于该技术的能源转化率很高，一直被国内外认为是与煤气化、煤液化并列的第三种煤炭转化技术[1]。

煤热裂解与煤液化、煤气化有以下几点区别[3]。

① 工艺不同：煤液化是将煤在高温下加氢裂解；煤气化是煤在高温条件下，以氧气、水蒸气或氢气作气化剂的一种反应；煤热裂解是一种加热蒸发的过程。

② 产品不同：煤液化得到的是柴油、汽油；煤气化得到的是气体，例如煤气；煤热裂解能得到焦油、煤气和兰炭 3 种产品。

③ 与煤气化相比，煤热裂解产出的煤气量少；与煤液化相比，煤热裂解得到的燃料油密度高、十六烷值低，质量不如煤液化的好。

当今世界最为关注的是石油以及用于可以替代石油的液体生物燃料。目前可以生产生物燃料的工艺技术路线有多种。它们分别适合于不同的生物质原料，这些技术的最终目标都是将生物质转化为与化石燃料相类似的产品[2]。目前被列入标准（ASTM D7566）的主要技术[4] 是"天然油脂加氢法"技术和"生物质（气化-费托合成）液化"技术用于生产动力燃料（如航空生物燃料[5]）。对于生物质热裂解技术而言，实现制备生物燃料的技术路线可以完全耦合提到的这两条技术路线（图 8-1）。这两种技术在一定程度上具有工艺共同性[2]：都需要加氢脱氧处理和异构化/选择性加氢裂化。

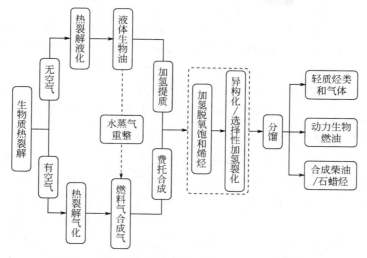

图 8-1　生物质热裂解生产生物燃料的两种工艺示意

本章将依据这两条技术的产业化展开讨论。

8.2 热裂解直接制备燃料的产业化进展

8.2.1 热裂解油产业历史

　　生物质热裂解技术的发展在一定程度上受到煤热裂解技术的启发。煤热裂解技术在 19 世纪就已出现，但受技术所限生产的产品比较简单。当时主要用于制取灯油和蜡。19 世纪末，因电灯的发明，煤热裂解趋于衰落。第二次世界大战期间，德国出于战争目的，建立了大型煤热裂解厂。以褐煤为原料生产煤焦油，再高压加氢制取汽油和柴油；战后由于大量廉价石油的开采，煤热裂解再次陷于停滞状态。

　　煤热裂解在我国的历史也很久远。早在 1865 年 9 月，英商就在我国上海的苏州河畔建成了中国第一座煤气厂。建设的水平式煤热裂解炉，向公共租界供应煤气。此后，繁华的外滩、南京路一带开始启用煤气路灯，取代了早期的煤油灯。直到 20世纪 50 年代，我国很多城市用的煤气还是通过煤热裂解产生。20 世纪 50 年代，我国开始进行煤热裂解工艺的进一步开发和研究，主要是为了将其产业化，用于发展煤化工，洁净高效综合利用煤炭；研究取得了一些进展，特别是在生产兰炭方面。

由于过去的利用技术程度并不高，煤热裂解的经济价值没有得到最大限度的发挥，所以该技术在我国处于受冷落的状态。

如今，煤热裂解因适用低质煤突然受到了重新追捧。热裂解后的低温焦油可以加氢生产汽油、柴油；随着国际原油价格的节节攀升，油荒再现，热裂解及后续的焦油加氢生产燃料油引起了业界关注[1]。此外，煤热裂解后能产生兰炭、煤气、焦油，一种能源变成了三种能源，很适合往下游发展产业链。生物质相比低质煤而言具有某些相似性，生物质完全可以借鉴煤热裂解产业的发展思路[6]。

8.2.1.1　生物质热裂解产业化

从 20 世纪 90 年代起，快速热裂解出现了固定床、流化床、旋转锥、涡旋反应器、烧蚀反应器、等离子液化等一大批转化技术。国外很多家公司或科研机构对生物质快速热裂解技术进行了开发[7]。其中具有代表性的有加拿大达茂公司和荷兰 BTG 公司。加拿大达茂公司通过购买加拿大资源转换国际公司的热裂解专利技术，采用鼓泡式流化床反应器，成功地进行了工程放大。除了拥有 2 套日处理能力分别为 2t 和 15t 的中试装置外，还于 2002 年先后在加拿大建立了日处理能力分别为 10t、200t 生物质的生物油生产工厂。所得生物油除供应下游应用技术开发外，其余全部用于燃烧发电。荷兰的 BTG 公司在生物质热裂解液化方面也取得了很好的进展。他们使用独特的旋转锥反应器，将生物质原料和不断循环的固体热载体快速混合并发生热裂解反应。该工艺无需载气，有效地减少了后续冷凝器中的负荷。目前该装置最大处理能力可达 10t/d。该公司已在马来西亚建设了一套每天可处理 50t 棕榈壳的流化床生物质热裂解液化示范装置，2005 年 6 月投料试产。

我国热裂解热化技术研究起步较晚[8]。沈阳农业大学于 20 世纪 90 年代中期在联合国粮农组织协助下从荷兰 BTG 公司引进旋转锥技术设备，以松木屑为原料开展热裂解液化试验。中国科学技术大学生物质洁净能源实验室于 2006 年成功研制了每小时可处理 120kg 物料的自热式流化床热裂解液化装置，并用多种农作物秸秆进行了试验，生物质油收率最高达 60%。2007 年该技术被转让至安徽易能生物能源有限公司。中科院过程工程研究所在 20 世纪 90 年代也开展了生物质热裂解液化技术研究，目前建设了每小时处理能力为 50kg 的扩大装置。华中科技大学煤燃烧国家重点实验室测试了 10kg/h 规模的移动液化概念装置。山东理工大学曾采用等离子加热对生物质热裂解进行了试验，开发了离心分离陶瓷球热载体加热下降管生物质热裂解液化中试系统。东北林业大学曾仿制荷兰旋转锥技术。目前采用热裂解制备生物油已经进入了产业化进展。表 8-1 进一步列出了目前国内相关企业生物质热裂解直接制备液体燃料的产业化状态。由表 8-1 可知，这些企业主要依托相关高校技术的研发技术合作或转让，基本上实现了搭建多套具有年处理能力达到万吨级生物质的工业化装置。以下对上述公司的运营状况予以简单说明：

广州迪森热能技术股份有限公司本身就是一家锅炉供热公司，它利用自身供热技术的优势将已经建好的热裂解装置生产的生物油用于锅炉供热；但是将生物油燃烧供热并没有成为其运营的主要业务。

表 8-1　生物质热裂解直接制备液体燃料的国内产业化情况

企业	研发/生产状况
广州迪森热能技术股份有限公司	于 2007 年建成一套 3000t/a 的生产装置,之后又建设一套 20000t/a 的生产装置。目前热裂解油主要作为锅炉供热燃料
安徽易能生物能源有限公司	中国科学技术大学的一项热裂解中试技术转让建设的 3 套年产万吨的装置
安徽金秸能生物科技公司	中国科学技术大学的一项热裂解中试技术转让,联合溧阳市国强镀锌实业公司开发的 20000t/a 处理量秸秆生产线
山东易能生物能源有限公司	与安徽易能技术合作,建设一套年产万吨的生产装置
山东泰然生物工程有限公司	项目总投资 5 亿元,生物质秸秆热裂解项目年产 33 万吨生物燃料,并开发了木醋液周边产品
陕西甫星昊生物能源股份有限公司	受到国家项目经费的资助并通过中试验收,拟建设万吨级装置,但暂时没有公开报道规模化生产
淮北中润生物能源技术开发公司	该公司投资近 2 亿元,但未见规模化生产报道,且暂时不对外合作

山东泰然生物工程有限公司在投入了巨大的资金后运营状况并不好。公司目前依靠总公司在板材市场的活力,处理生产过程残留的大量木屑。但是目前生产出来的产品中生物炭的销售状况较好,而主要产品生物油却只能用于自身锅炉供热而很难打开市场。目前公司将木醋液进一步开发成叶面肥、杀虫剂等产品来维持公司的运营。

淮北中润生物能源技术开发公司和陕西甫星昊生物能源股份有限公司在参与项目前期建设期间见诸报端的信息较多。后期开展规模化生产的跟进报道并未可知。

依托中国科学技术大学的一项热裂解中试技术转让,先后在安徽、山东等地建厂生产。其中,安徽易能是最早进行产业化的高新技术企业[9]。公司于 2006 年成立后联合中科大、合肥工业大学等在国内率先开展产业化。公司先后研制了每小时处理量达到 1t 的 YNP-500 型、全国首套年产万吨级的 YNP-1000A 型试产装置。并在山东胜利油田安装和调试首台商业化设备 YNP-1000B,并由此开始在全国布点推广。在开发设备的同时还积极推广生物油作为液体燃料取代重油、煤焦油等化石燃料在锅炉、窑炉上的应用。目前对金属冶炼炉、非金属冶炼炉的试烧结果表明:生物油燃烧温度可达到 1500℃,不仅可以完全满足生产需求,同时还可以降低燃烧成本[9]。

8.2.1.2　废弃化石基产品热裂解产业化

从制备生物油原料选择的角度上,似乎企业对废弃塑料、废轮胎获得的产业化关注热情比生物质更高。

(1) 废塑料热裂解油化技术

关于塑料生产的传统模式从生产到使用结束是一个不可逆的过程,塑料最终走向被当作垃圾处理的命运。但是废塑料热裂解油化工艺则可以实现"新塑料—废塑料—塑料油—新塑料"的资源闭环。废塑料热裂解油化技术的产油率可高达 80%,且固体废渣还能进行无害化处理,整个过程不产生二噁英,且无二次污染。这一技术为大量的塑料垃圾无害化处置提供了一个很好的出口，既可以节约日益稀缺的化石资源，也是循环经济运行的一个好样板。

在这一领域内各国科技角逐十分激烈。发达国家的废塑料热裂解油化工艺技术较为成熟，如日本三菱重工、川崎重工等代表型大企业，美国的全球资源公司 Envion 公司，加拿大的 JBI 公司，英国的 SITA 公司，意大利的 Fissore Aagency 公司等均已实现对废塑料热裂解油技术的产业化应用。我国自 20 世纪 90 年代就已开启对废塑料热裂解油技术的开发，但长期苦于技术落后及小规模等因素，一直未能形成产业化。直到"十一五"国家科技专项列入"城乡生活垃圾中废塑料高效稳定裂解技术的研究"，以及在随后高校与环保科技公司的联合攻关之下，这一技术终于迎来转机。根据发布的《2019 年中国再生塑料行业发展现状》，中石化等国内企业对该项技术的关注度空前提高。废塑料热裂解油化有望迎来工业化生产。

虽然废塑料热裂解油化技术令人看好，但是从设备、原料、效益等多角度来看，这项技术还不能达到广泛应用的层面。主要原因在于：

① 成型的废塑料热裂解油化技术需要大量的设备投入，对于乐于投资的小型企业而言需要较长时间才能收益，而乐于投入的大企业却相对较少；

② 日常生活产出的垃圾的再利用，第一优选是经多次回收再生之后，无法再利用的低残值废塑料，最适合进行热裂解油转化，因而并不能大面积取代传统塑料回收模式；

③ 从经济效益层面上看，原料的获取和处理成本、产能大小、工厂运营费用、产出物的回收利润等一系列因素也制约着这一技术的发展。

废塑料热裂解油化技术工业化过程中需要政府提供资金和政策支持，并引导市场资本积极参与；一边向上游废物和下游原料延伸，一边向能源、化工等多领域方向延伸，打开不同产业之间的资源共享窗口，为废物交换提供便利。

（2）废旧轮胎热裂解产业化

随着汽车产业的迅猛发展，废旧轮胎的产生量不断增加。预计 2020 年废旧轮胎产生量有望超过 2000 万吨，折合天然橡胶资源约 700 万吨，相当于我国近 9 年的天然橡胶产量。生产 1t 低端轮胎约需 3～4t 石油，生产 1t 高端轮胎约需 8t 石油。按平均 1t 轮胎需要 6t 石油计算，生产 2000 万吨轮胎需要 12000 万吨石油，相当于大庆油田 3 年、胜利油田 4 年的开采量；这对于我国这样一个近 75% 以上的天然橡胶、60% 的石油和 40% 以上的合成橡胶需要进口的国家，其战略意义非同一般。在我国，天然橡胶的进口依存度已经高于石油、铁矿和粮食等。橡胶已成为我国重要战略资源。大力发展轮胎综合利用意义重大而深远。

我国《废旧轮胎综合利用指导意见》指出：在废旧轮胎综合利用方面，我国已初步形成旧轮胎翻新再制造、废轮胎生产再生橡胶、橡胶粉和热裂解四大业务板块。热裂解因实现了轮胎资源的 100% 循环利用，被称为轮胎生命的"终极关怀"。通过热裂解可产生约 45% 的燃料油、35% 的炭黑、10% 的钢丝，还有约 10% 的不可冷凝可燃气，作为热裂解热源循环利用。燃烧后的烟气，经过烟气净化系统的清洁化处理，达标排放，消除了二次污染，实现了对大气环境的有效保护。

8.2.2　国内外咨询机构的关注度

就目前国内主要市场调研机构的反映情况来看，中国生物油市场目前尚处于萌芽阶段，各大咨询机构都没有对生物油进行过多的关注（表 8-2）。从表 8-2 中的七大咨询公司反馈的关注情况来看，对生物能源行业有关注的仅有阳民管理公司和赛迪顾问，且都没有生物油的市场情况和信息。

表 8-2　我国主要市场调查机构对生物油的市场关注状况

机构名称	机构简介	对生物油的关注
新华信	知名市场咨询公司	暂无
中诚信	信息咨询公司	暂无
博大创信	信息咨询公司	暂无
中国投资咨询网	报告销售网站	暂无
中华商务网	国内最大的信息咨询公司之一	暂无
阳民管理公司	战略咨询公司	对生物质能源有专项研究报告，但未涉及生物油
赛迪顾问	知名市场咨询公司	对生物能源有关注，但没有生物油相关信息

出现这种情况主要是因为能进入产业化的几个为数不多的企业（表 8-1）后期的生产状态普遍不是很理想。生产出来的生物油由于暂时很难获得市场的认可，存在着销售不畅、利润低的问题。同时，生物油的利用并没有如预期的那样加入内燃机用作动力燃料，而只能进行简单的锅炉燃烧应用。目前的企业都面临着运行困难的局面，同时也说明推进生物油进入实用阶段依然还存在着不小的差距。

8.2.3　热裂解产业化发展新趋势

我国的煤热裂解都以小型企业为主，焦油和焦炉气的综合利用率较差，环境污染严重，这也是之前煤热裂解技术没大规模发展起来的原因之一。目前我国的煤热裂解仅停留在兰炭-焦油-煤气的生产阶段，兰炭、焦油只是作为初级产品简单出售，煤气被放空或直接燃烧了。这样的后果是生产方式粗放，能源转化效率低。企业只有采用煤热裂解的热、电、气、油、化学品等多联产系统，提高兰炭、煤气、焦油的深加工利用率，才可以真正做到煤的清洁、高效、环保利用，走出热裂解利用的新路子。据了解，利用褐煤发展煤热裂解、走规模化之路，在国际上也有先例。国外主要褐煤加工技术有德国的低温热裂解工艺，前苏联的褐煤固体热载体热裂解工艺，美国的温和气化技术，日本的煤炭快速热裂解技术，还有加拿大的阿特伯干馏技术等。

而近几年国内煤热裂解新工艺的开发，也给煤热裂解的规模化、多联产提供了技术上的条件[10]。例如，大连理工大学近年一直在开发固体热载体干馏新技术，已完成多种油页岩、褐煤的实验室实验。中科院高技术研究与发展局组织专家对"煤热解拔头关键技术及工艺中试研究"项目进行了验收。"褐煤清洁高效综合利用热溶催化新工艺的开发"成果通过了由广东省科技厅组织的科技成果鉴定，该技术由肇庆市顺鑫煤化工科技有限公司研发。目前，一些企业已经开始了这方面的实践：

① 内蒙古建丰煤化工有限公司正在建设的380万吨/年煤热解项目采用了国内研发的固体热载体热裂解技术。该项目每年生成的4.56亿立方米煤气被用于生产液化天然气，还建设了50万吨/年煤焦油加氢、190万吨/年粉焦装置作为16亿立方米/年合成气项目的原料。而内蒙古准格尔旗新建的1600万吨煤热解项目，还配套建设了煤气回收产甲醇制烯烃、60万吨/年聚丙烯、60万吨/年聚乙烯、2个300MW综合利用发电装置。

② 内蒙古自治区呼伦贝尔工业园区建设有华电的2个600万吨/年褐煤热解多联产项目的热裂解能力为1200万吨，年产高热值型煤600万吨、柴油10.24万吨、石脑油2.24万吨、液化天然气11.92万立方米、改制沥青7.29万吨、蒸汽84.19万吨，同时还副产硫黄、液氨等化工产品。该项目采用了具有国内自有知识产权、国家"863"计划资金支持的循环流化床多联产技术，还有褐煤干燥成型技术以及焦油加氢技术。内蒙古电力有限公司年处理1200万吨褐煤低温热解项目，也是采用国内技术，其联产产品包括柴油、汽油、液化天然气、粗苯、硫黄、液氨等。

合理利用热裂解产生的焦炭、不可凝结气体以及焦油产物，提高整个系统热效率或许是产业化发展的另一方向：a. 浙江大学开发的整合式热裂解分级制取液体燃料装置就充分利用了焦炭和尾气产物，用以提供热裂解的能量以及用于物料的烘干等处理过程；b. 荷兰 Pyrovac 国际有限公司开发的热裂解与燃烧联合循环工艺（IPCC），采用 IPCC 来燃烧与其合作的 Prosystem 能源公司真空热裂解生物质获得的产物，与直接燃烧生物质相比，平均每吨生物质可以增加18%～30%的电力输出。这种趋势也迅速获得国内企业的响应和初步成功，本章8.4.1部分将进行案例分析——武汉光谷蓝焰新能源股份有限公司（简称光谷蓝焰）与华中科技大学合作推出的生物质热裂解炭气油热联产联供技术就获得初步的成功。

8.3 热裂解合成燃料的产业化进展

8.3.1 热裂解合成气及其应用状态

热裂解合成燃料主要包括合成甲烷等轻质烃类的合成燃气和醇醚类、柴油等合成的液体燃料。生物质气化粗合成气中 H_2/CO 比一般在 0.3～2。通过改变合成气 H_2/CO 从而可以控制产物的组成主要为燃气还是液体燃料。一般通过一步或多步水汽变换反应（WGS）来实现提高 H_2/CO 比[11]。

8.3.1.1　气化合成生物燃气

目前国内生物质气化的应用状况（表 8-3）主要表现为合成燃气，并主要用于集中供气以及将合成天然气用于燃烧供热和发电。生物质通过热化学转化方式制备合成燃气技术包括气化、净化与调整、甲烷化、提质等工艺过程，其中生物质气化、甲烷化是核心技术。因后续工艺中甲烷化催化剂对气体中污染物尤其是硫化物高度敏感，在气体调整后进入甲烷化反应器前需进行深度净化。一般采用 ZnO 或 CuO 床层去除残余硫化物。双床流化床被认为更适于制备合成燃气。目前双流化床气化反应器主要有 3 种：Silvagas 气化器、FICFB 气化器和 MILENA 气化器。其中仅有 FICFB 气化技术和 MILENA 技术面向制备合成燃气，即考虑了合成气的甲烷化过程。

表 8-3　国内生物质气化的应用状况

研究单位	气化炉类型	应用	规模
山东百川同创能源有限公司	下吸式、循环流化床	气热电联产	10MW
中科院广州能源所	上吸式	供热	1080～2630MJ/h
中国农业机械化研究院	下吸式	供热	500～650MJ/h
中国农业机械化研究院	下吸式	户用气化	8～10m³/h
山东省科学院能源研究所	下吸式	集中供气	100～500 户
大连市环科设计研究院	干馏热裂解气化炉	集中供气	1000 户
上海万强科技开发有限公司	干馏热裂解气化炉	城市生活垃圾处理	40t/d
中国林业科学研究院	锥形流化床气化炉	供电、供气、供热	3MW
辽宁省能源研究所	下吸式固定床气化炉	发电	0.05MW
中科院广州能源所	流化床气化炉	发电	4MW

甲烷化技术在国外发展已经成熟[12]，能够提供成套技术的主要有德国的 Lurgi 公司、丹麦的 Haldor Topsoe 公司、英国的 Davy 公司以及美国的巨点能源公司等，基本采用固定床甲烷化技术。其中 Lurgi 工艺和 Tremptm 工艺较为成熟，均属于绝热循环稀释甲烷化技术。在国内，中科院广州能源研究所承担的科技部国际科技合作项目"生物质气化合成燃料关键技术及示范项目"通过了专家组验收，这标志着我国在生物质气化合成燃料关键技术方面取得重大进展。该项目于 2008 年正式启动，该所通过引进消化意大利先进的生物质富氧气化技术，完成了生物质气化系统和燃气净化系统的优化设计，建成了生物质气化合成燃料中试示范系统。研制出 $300m^3/h$ 的生物质气化调变系统。

8.3.1.2　气化合成液体燃料

生物质气化合成液体燃料技术，是指通过热化学方法将生物质气化产生粗燃气，再经燃气净化、组分调变获得高质量的合成气，进而增压后采用催化技术合成液体燃料和化学品的一整套集成技术，产品主要包括烃类燃料（如汽油、柴油等）和含氧化合物液体燃料（如低碳混合醇和二甲醚等）。由于该技术具有原料适应性广、产品纯度和洁净度高、燃烧后无 SO_x 和低 NO_x 排放的特点，在发动机燃料和民用燃料方面[5,13]存在巨大的市场需求，前景十分可观。特别是在我国大力发展可再生能源、逐步降低对传统化石能源依赖的背景下，研究将来源丰富的秸秆等生物质资源气化合成液体燃料的高效洁净利用技术显得尤为重要。该技术的示范推广，将为我国农村城镇化建设提供能源保障，也会对农民增收与经济发展、发展农村能源产业、改善农民生活水平和新农村建设、大幅度减少 CO_2 排放等发挥重要作用。生物质受收集运输限制，原料供应规模不宜过大，合成燃料系统的规模一般不大于 1 万吨，大规模的煤气化合成工艺难以完全适用；同时生物质合成气富含 CO_2，所以生物质气化合成燃料技术亟需突破低成本合成气制备、合成工艺及催化剂改良、系统优化集成等核心技术。技术的关键是获得高品质的合成燃料气。

生物质气化合成燃料的应用目前还主要集中于国外（表 8-4）。具有代表性的是德国 Choren 公司于 20 世纪 90 年代末期建成的 Carbo-V 气化工艺合成燃料油的示范系统，他们采用热裂解和气流床结合的方式生产出高品质的合成气。另外，美国的可再生能源国家实验室（NREL）研究了以纯氧为介质的加压流化床气化来提供乙醇合成气；日本国家畜牧和草地科学研究所发展了以纯氧和水蒸气为介质的流化床气化器，并用于合成甲醇。欧盟的 CHRISGAS 项目采用纯氧和水蒸气为介质的流化床气化器用于合成甲醇、二甲醚、柴油等液体燃料；在我国，山东省科学院能源研究所与中科院广州能源所合作，于 2008 年建立了一套年产 100t 二甲醚的中试装置。用富氧介质的两步气化技术获得了很好的合成原料气，制成了二甲醚[11]。

表 8-4　国外生物质气化合成燃料的应用状况

国家	气化炉类型	原料	规模/(t/d)	应用
美国 Silvagas	双流化床气化炉	木材	540	热电联产和合成柴油
美国 Range Fuels	气流床气化炉	林业废弃物、木材	125	乙醇和混合醇
美国 Pearson	气流床气化炉	废木料、锯末、稻秆等	43	乙醇和混合醇
德国 Choren	气流床气化炉	能源作物、木材	198	合成柴油
芬兰 VIT	循环流化床	林业废弃物和副产物	60	合成柴油
德国 Uhde	循环流化床	市政固体垃圾	15	燃料油
美国 In En Tec	等离子体气化炉	轮胎、炉渣、医疗废物	218	热电联产氢气、甲醇和乙醇

8.3.2　技术经济性分析

目前，对于生物质合成燃料的效率多从能量利用效率、环境友好程度及经济性角度进行综合分析,能量效率分析被广泛用于评价能源与化学系统中[14,15]。利用 Aspen Plus 软件分析规模为 1GW 的气流床、循环流化床及双流化床制备生物合成燃气的效率,结果表明以产出气体的低位热值计,生物燃气制备过程中气流床总效率为 54%,循环流化床总效率为 58%,双流化床总效率为 66.8%[16]。针对荷兰 Friesland 省的生物质利用现状对几种生物质利用技术的效率进行比较研究表明:制备生物合成燃气效率为 50%~58%、制氢为 45%~52%、合成甲醇为 36%~45%、费托合成为 34%~42%、热电联产最低为 28%~34%[17]。整个过程能量损失最多的为热裂解气化制备合成气过程。农林废弃物制备生物合成燃气效率最高,达到 53%~58%;其次为污泥 47%~57%;再次为生活垃圾,为 42%~46%[18]。合理评价热裂解气化合成燃料的可行性不仅要考察其技术可行性,也应当考虑经济、环境等因素。以瑞士 Baden 运行数据为基础对生物合成燃气进行生命周期评价:从木材干燥到提质整个过程中总能量效率为 58%,其中包括产生物合成燃气效率 39% 和产热效率 19%;从环境与转化效率角度,生物合成燃气用作车用燃料是非常适合未来需要的[19]。

目前还没有商业化规模的生物合成燃气工厂,采用 CO_2 捕获技术将其作为副产品出售给石油工业,可适当提高生物质制备生物合成燃气的经济可行性。生物合成燃气规模越小运行成本越高。对于不同能源需求区域具有较高的灵活性,但因其工艺复杂,成本较高;只有规模达到 20MW 以上,该技术才具有经济可行性,但此时原料的稳定供应成为很大挑战[20];而 Zhang 等认为生物合成燃气合成规模应达到 100MW 以上[21]。

8.4   产业化应用的思考

8.4.1   热裂解多联产的成功案例分析

武汉光谷蓝焰新能源股份有限公司(简称光谷蓝焰)成立于 2005 年,注册资本 3.9 亿元,是国内从事清洁能源开发利用和污水治理的大型环保新能源企业。2013 年建成实现工业化应用的鄂州生物质热裂解多联产示范工程,获得了中共中央总书记、国家主席习近平的亲临考察与肯定。

图 8-2 为该公司对生物质热裂解炭气油联产联供技术的介绍。

8.4.1.1   光谷蓝焰生物质热裂解联产联供技术简介

光谷蓝焰的生物质热裂解炭气油联产联供技术,是光谷蓝焰于 2008 年起与华中科

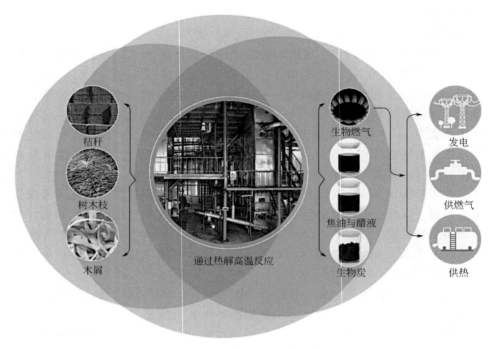

图 8-2　光谷蓝焰公司的生物质热解炭气油联产联供技术示意

技大学煤燃烧国家重点实验室合作，以秸秆等农林剩余物为原料，独创、全球领先的生物质热解工艺，为用户提供高品质炭、气、油联产和气、电、热联供的高尖技术和生产模式。

以下分别对生物质热裂解联产联供深加工产品进行介绍。

（1）生物质成型燃料

该公司将秸秆、稻壳、木屑等农林废弃物经过粉碎使其长度达到 50mm 以下，含水率控制在 10%～25% 范围内，经过压辊挤出。固体颗粒燃料的截面尺寸为 30～40mm、长度为 10～100mm，含水率不能超过 14%。目前产品主要用途：为生物质热裂解工程、生物质锅炉提供燃料，用于城镇、工业园区的供热与供蒸汽，适合农村、城镇、单位和家庭，用于炊事、取暖、洗浴，用于生物质发电的燃料。

（2）生物质燃气

该公司的生物质燃气主要成分包括甲烷、乙烷、丙烯、一氧化碳、氢气等，各种杂质指标优于城市煤气。其中可燃成分以甲烷、氢气为主，与城市人工煤气的成分相近，低位热值约为 12～17MJ/m³。产品主要作为居民生活燃气。同时，因燃气中不含硫化氢、氨和萘，特别适合用于电子、玻璃制品的热加工燃料。

（3）生物质炭

该公司的生物质炭产品主要成分是由芳香烃、单质碳或具有石墨结构的碳组成，热值约 27.21～33.49MJ/kg，灰分含量在 6% 以内，孔隙占木炭体积 7% 以上，相对密度一般为 1.3～1.4。具有吸附性能、催化性能和物理、化学上的稳定性，拥有较大的空隙度和表面积，吸附力、抗氧化力和抗生物分解能力强。主要用于燃料直接燃烧、制作活性炭用于净化空气、加工成吸附炭用于水处理及去除土壤重金属、制作炭杯炭碗等，也可用作保健品、干燥剂、纺织品、医药、化工产品的原料等。

（4）生物质焦油

该公司的生物质焦油主要成分是木杂酚油，含有 C、H、O、N、S 及少量金属元素，含有酚类、呋喃类、酸类、酮类、醇类等物质，是生物质原料经热裂解后生成的棕黑色、黏稠液体产物，pH 值较低，呈酸性，黏度较高，密度为 $1.2g/cm^3$。主要用作杂酚油、抗聚剂、浮选的起泡剂；用作木沥青、医药、合成橡胶和冶金的原料；用于浸渍船用电缆、橡胶工业的增塑剂、制嵌缝胶及园艺喷剂；用于浮选法精选矿物、制杀虫剂、溶剂及燃料；用作消毒剂及防腐剂；用作冰箱、冷库、冷藏车的绝缘、绝热体；用作黏结剂、橡胶软化剂、水泥预制隔离剂、黑色印刷油墨、沥青漆等。

（5）生物质醋液

该公司的生物质木醋液主要成分是乙酸、酚类和水，含有 K、Ca、Mg、Zn、Ge、Mn、Fe 等矿物质以及维生素 B_1 和 B_2。pH 值为 $3\sim4$，密度（25℃）为 $1.019\sim1.030g/cm^3$。主要用作植物生长促进剂，直接施于土壤；用作微肥喷施于叶面；配制活性肥；作为农药增效剂；用作肥料增效剂；用作食用菌生长促进剂；用作饲料添加剂；用作水质净化剂；还可进一步用于美容保健、医药卫生和食品加工。

8.4.1.2　目前建成相关示范工程简介

（1）鄂州生物质热解炭气油联产联供示范工程

该项目列为国家发改委战略性新兴产业（新能源）项目，2013 年通过湖北省能源局核准，省政府重点建设项目，位于鄂州市长港镇。项目投资 2.1 亿元，占地 96 亩。建成达产后，年处理农林废弃物 11 万吨，年产生物质燃气 1100 万立方米，供周边 6000 户的生活用气，余气可配套 3MW 发电并网。对工业用户配套 5 万吨成型燃料，项目减排二氧化碳 14 万吨，二氧化硫 1200t。年销售 1.1 亿元，利润 2100 万元。该技术由公司与华中科技大学共同研发，拥有自主知识产权，获得四项发明专利。适用于全国各类工业园区、城镇化建设的能源供应，市场化程度高，效益好，可快速复制推广。

（2）团风生物质热解联产联供分布式能源站工程

该项目 2013 年通过湖北省能源局备案，省政府重点建设项目，位于团风县城北工业园。项目投资 2.4 亿元，占地 199 亩。建成达产后，年处理农林废弃物 9 万吨，年产燃气 1095 万立方米，供应周边工业园区及企业清洁用能。对工业用户配套 4 万吨成型燃料。项目建成热解关键设备生产线，年产设备 20 台套。项目减排二氧化碳 12 万吨，二氧化硫 1100t。公司另获批在团风建设 LNG 加气站 1 座，将项目所产燃气供应车辆使用。

（3）罗田生物质热解联产联供及成型燃料生产基地

该项目 2014 年通过湖北省能源局备案，位于罗田县经济开发区。项目投资 1.1

亿元，占地 62 亩。建成达产后，年处理农林废弃物 9 万吨，年产燃气 1095 万立方米，供应周边工业园区及企业清洁用能。对工业用户配套 4 万吨成型燃料，项目减排二氧化碳 12 万吨，二氧化硫 1100t。

（4）房县生物质热解联产联供及成型燃料生产基地

该项目 2013 年通过湖北省能源局备案，位于房县军店镇双柏村。项目投资 1.1 亿元，占地 40 亩。建成达产后，年处理农林废弃物 9 万吨，年产燃气 1095 万立方米，供应周边工业园区及企业清洁用能。对工业用户配套 4 万吨成型燃料，项目减排二氧化碳 12 万吨，二氧化硫 1100t。

（5）通山竹料热解联产及成型燃料生产项目基地

该项目 2013 年通过湖北省能源局备案，位于通山县黄沙铺镇。申报投资 1.2 亿元，实际投资 7000 万元，占地 50 亩。建成达产后，年处理竹废料 9 万吨，年产燃气 1095 万立方米，供应周边工业园区及企业清洁用能。对工业用户配套 4 万吨成型燃料，项目减排二氧化碳 12 万吨，二氧化硫 1100t。

8.4.1.3 光谷蓝焰成功运营经验分析

（1）原料保障体系的建设

1）基地与平台建设

① 源头基地建设：通过在稻壳集散地（包括中粮集团各粮库）、木材加工厂集散地、竹制品加工集散地、城市建筑模板集聚地和规模化秸秆种植地建立源头收购基地，以基地为据点，组织专业队伍在规划区域内进行各类燃料（包括垃圾、工业废弃物）收集。

② 加工基地建设：a. 与社会成型燃料加工企业进行合作，利用其现有的打包、压块以及颗粒加工设备，建立成型燃料产品深加工平台；b. 收购规模大、技术先进的颗粒厂；c. 自投资金建设成型燃料加工基地，稳定调节市场以及起示范的作用。

③ 信息交易平台建设：对源头燃料收购和深加工进行全国规划，建立蓝焰的物流平台及信息化管理平台，稳步推进成型燃料的商业运营。

④ 国际市场拓展：生物质燃料市场的开拓面向国际化，重点拓展生物质资源丰富的国家，如俄罗斯、芬兰、马来西亚和印度尼西亚。

2）原料收集模式

① 农业秸秆收集：建立"蓝焰＋政府＋专业合作社"的运营模式，蓝焰公司负责互联网平台的建设工作，承担着主体收购及销售的任务；农村专业合作社负责燃料的收集、打包、加工成型及运输；政府通过在生物质燃料收储运的各个环节提供政策支持，保证整个体系的高效运营。

② 农林废弃物订单合作：与农林加工企业签订燃料收购协议，将农林加工企业的剩余物进行收购及深加工处理。

③ 山林资源合伙经营：与各级林业部门合作，共同开发灌木、竹子等山林资源。

（2）公司的运营模式分析

公司所运营的项目主要采用"建设—拥有—运营"模式建设运营，双方签订清洁能源供应协议后，由光谷蓝焰提供生物质清洁能源应用的综合解决方案，负责冷气、热水、蒸汽、电力单供或联供的投资建设、运营管理及维修服务，用能企业按照协议价格和流量支付蒸汽、热力或电力的使用费，让客户零投资、零责任、零风险、零管理，轻松实现节能减排目标。

　　公司的主要运营模式如图 8-3 所示。公司扎根湖北，项目已分布湖南、江西、安徽、江苏、上海、福建、吉林、黑龙江、山东、河北等地，配套实施全国各级工业园区的供燃气、蒸汽、冷气、热能服务，为中国经济转型升级、绿色增长，以及城镇化、新农村建设贡献力量。目前其主要业务逐步扩展到包括建设冷热电分布式能源站、生物质清洁供热、生物质成型燃料、沼气技术与工程及污水处理等技术的研发、设计施工、投资建设、运营管理、设备制造与销售。建立国家级生物质燃气高效制备与综合利用技术研发中心，遵循"构思一代、研发一代、储备一代、应用一代"的技术理念，聚集国内外环保新能源领域各类专家，打造国家一流的技术核心团队服务于环保新能源产业。荣获联合国工业发展组织"全球可再生能源领域蓝天奖"。

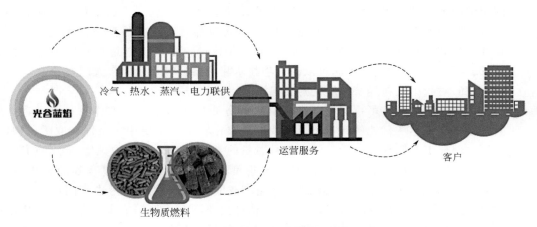

图 8-3　光谷蓝焰公司的主要运营模式示意

8.4.2　发展热裂解产业的思考

　　在当今能源危机和环境污染的国际大环境下，利用秸秆等纤维素物质转化为液体燃料成为全世界研究的热点。生物质热裂解技术的出现，为分散化、能量密度很低的生物质能规模化利用提供了一种可能。生物质热裂解技术从全球范围讲，已经走向工业规模示范阶段。生物质热裂解液化技术应运而生，但在发展过程中却曲折坎坷。一方是急需的能源物质，另一方是与化石燃料的竞争存在的品质缺点，生物质热裂解液化产业化是机遇和挑战并存。

8.4.2.1　产业化应用意义重大

　　生物质热裂解液化技术可以利用秸秆生产燃料油，被国际上誉为"第二代生物燃料"，对我国三农、能源、环保具有重大的意义。考虑到资源与环境的承受能力，人类对化石能源的依赖不可持续。目前，也有一些生物质能源企业已在获取可观利润[9,22]。

(1) 对环保的意义

生物质热裂解液化技术的产业化对环保具有重大意义，主要表现为 CO_2 零排放，二氧化硫、氮等低排放，以及生产过程中不会产生废水、废气、废渣。生物质热裂解液化产生的生物油在燃烧过程中属于 CO_2 动态零排放，即燃烧释放的 CO_2 经过植物光合作用后被植物吸收，因此没有像化石燃料燃烧使用那样把地底下固定碳以 CO_2 气态形式释放到了大气层，从而增加了温室效应气体的排放，造成全球升温的后果。从生态循环角度而言，每利用 1.5t 秸秆可以替代 1t 煤炭使用，就可以减少 1.5t CO_2 的排放，因此利用 3 亿吨秸秆就可以减少 3 亿吨 CO_2 排放，这个数据相当于我国 2001 年 CO_2 总排放量的 36%。而且生物质热裂解副产物炭粉中含有固定碳，作为有机肥料埋入地底下，由于固定碳很难分解，因此就相当于把大气中的 CO_2 以固定碳的形式埋入了地底下，从而降低了大气中的 CO_2 含量。这不仅对我国，乃至全世界减少温室气体排放、改善现有的温室效应都具有重大的意义。不仅如此，生物油还具有含硫量低（约为轻柴油含硫量的 1/4）、生产工艺过程环保节能、没有"三废"的产生等优点，因此可以说这项技术将会给环境带来非常大的益处。

(2) 对我国农村经济发展的意义

生物质能源具有可再生性、数量巨大和分布广等特点。仅农作物秸秆一项，中国每年就有多达 7 亿吨的产量，目前我国的农作物秸秆主要用于烹饪、取暖、饲料、还田、部分工业原料等用途，约占秸秆总量的 40% 以内，随着农民生活水平的改善，越来越多的农民已不再利用秸秆进行烹饪和取暖，但因为没有更有效的利用方式，许多地方的秸秆在收割之后被直接焚烧，造成了空气的严重污染。因此，生物质（秸秆等）热裂解液化技术可以成功解决秸秆出路问题。根据成本核算，一个生物质热裂解液化站点年处理量为 2 万吨原料，需建设在秸秆收集半径 10km 的位置，其运输成本、储存成本得到很大的节省，而中国的农作物秸秆按 40% 总量被利用，就有 3 亿吨秸秆总量，需要 1.5 万套热裂解设备，按照每套设备配备 20 名工人，再加上配套的秸秆收集人员以及物流、运输人员，这项产业能够提供 40 万人的就业岗位，并且秸秆原料收集按 300 元/吨价格计算，每年就有 900 亿元资金流入农村，这对刺激我国农村经济发展，解决困扰中国多年的"三农"问题起到重要作用。

(3) 产业对我国及世界能源的影响

中国原油进口量在 2005 年就超过了消耗总量的 50%，按照国际惯例，这标志我国能源进入了红色警报阶段，这对我国贸易、外交、国防等将造成深远的影响。利用可再生能源如太阳能、水能、风能、生物质能可以缓解因石油枯竭引发的能源危机、改善国家能源结构、保障国家能源安全。其中生物质能是唯一可以转化为液体形态的可再生能源，这就决定了生物燃料是替代石油的唯一选择[23]。而生物质热裂解液化技术能直接把秸秆裂解成燃料油，具有成本低、原料范围广等优点，将对我国能源政策带来巨大的意义。从一个年产万吨生物油的生物质热裂解站点来看，利用生物油取代重油或原油燃烧，其中使用 2t 生物油可以替代 1t 重油，因此一个站点每年可以替代 5000t 重油，如果全国范围有 1.5 万套设备，每年可以替代重油达 7500 万吨重油；而且调整农作物结构后可以提高秸秆产量，增加秸秆利用量，从而增加我国自给能源占有率，从而可以大大缓解我国能源危机，甚至可以解除我国能源的红色警报。

8.4.2.2　产业化急需解决的重大问题

2010 年 12 月财政部、国家税务总局出台规定，明确对利用废弃动植物油脂生产的纯生物柴油免征消费税。据测算，每吨生物柴油可因此降低生产成本约 900 元，但业内反应平淡。许多企业表示，以地沟油造柴油成本高、原料少、利润较少。目前许多企业都把地沟油制成化工原料，每吨销售收入可超出柴油 1000 元以上。在生物燃油的销路方面，实行的《B5 柴油》（GB 25199—2017）提出：可以以 2%～5% 的生物柴油与 95%～98% 的石油柴油调合成燃料，进入成品油销售领域。但业内人士普遍反映：由于柴油产量不高且混合等配套措施不完善等原因，这一政策根本不能对生物柴油的发展起到较大的促进作用。所以，仅靠补贴赚钱是有限的，企业有资源和市场风险，很难做大[10]。

生物质热裂解液化的产业链包括原料收集、粉碎、热裂解处理设备、生物油运输和使用，并且生物油使用后排放气体和热裂解副产物炭粉都被原材料吸收，因此这是一个具有保持生态平衡、环保的产业链。但这也是一个新兴的产业，整个产业链的建立将是一个漫长的过程。生物油的使用，用户不仅仅关心生物油本身的燃料特性，而且生物油的供应保障，用户的接受程度等都需要时间的考验。要形成真正的产业化，尚有如下问题需要得到解决。

（1）原料问题

生物质原料分布分散，能量密度低，季节性较强，原料种类多而杂，因此如何组织好原料的收储运模式，确立合理的收集半径，使收集成本与装置的单位处理量投资有机结合起来，降低加工成本，是急需解决的问题之一。一台年产万吨生物油的热裂解液化设备，每年需要原材料 2 万吨，这个数量对于一个堆积密度非常小的秸秆来说，需要建立相关的收集和储存设备就非常庞大。并且秸秆原材料具有季节性特点，因此收集时间非常集中，如何在短时间收集如此大数量的秸秆，这本身就是一种考验，并与国家相关的政策扶植密切相关。

在山东、湖北、河南等地，部分五年内纷纷上马的以秸秆、甜高粱、木薯等为原料的生物质能生产企业，仍未摆脱原料供应不足的困境；有的项目甚至暂时停产或半途而废。在山东淄博，2006 年就已奠基的一个秸秆制柴油项目依然还没有正常运转。同样的情况在山东的聊城、泰安、青岛等地屡见不鲜。大部分生物能源企业都表示：目前公司运营状况不佳，有的停产有的仍勉强支撑，在 2007 年后黯然走向了低谷，至今仍没有"苏醒"的迹象。

原材料价格上涨还源自行业间对原料的竞争。如棉籽油的副产品酸化油既可以用来制柴油，也能用来做肥皂，还可以加工成化工产品，相对来说，制油反而成了最不经济的产业路线。生物质发电同样遇到类似的情况。位于山东冠县的国电聊城生物质发电有限公司 2009 年 3 月投产后，一直遇到原材料不足的困扰：原本预计充足的秸秆，并没能如所设想的不限量供应。劳动力成本上升、油价上涨等原因，使材料的归集成本上升[22]。

（2）技术问题

发展新能源产业，国家的补贴政策重要，但是应立足于补技术研发环节，而非直接补在生产环节。生物质快速热裂解技术尽管已经走向工业规模示范阶段，但由于原油下游利用和经济效益等问题的困扰，尚有很多问题有待完善。原料处理、过程控制和原料适应性等问题上仍然存在很大改进空间。到目前为止，行业内还不能够拿出成熟的、完整的全流程工艺包。因此，技术成熟度也是困扰产业化的瓶颈。还比如更细节的技术问题如秸秆粉碎设备：能达到粒径 3mm 左右（被验证产油效率最高的原料粒径）且生产能力每小时超过 1t 的设备在国内市场很难找到。目前的技术无论原料作物品种、生产设备，还是生产工艺都要进行技术提升。生物能源发展遇阻的深层次原因是其生物能源利用仍没有找到合适的路径，产品价值与成本相比，仍未达到产业化的要求。目前秸秆向油转化的工艺仍有许多待改进之处。现在许多秸秆制油的成本很高，热裂解、提纯等都要消耗大量能量，并且催化剂成本和效率都不成熟，技术瓶颈是最大障碍。

（3）产品出路

后续产品的开发和合理应用将是决定该项技术是否具有生命力的关键。生物质热裂解液化的主要产品是生物油，目前受技术的制约，生物油仅仅作为一种初级的液体燃料取代一些化石燃料使用在锅炉和窑炉上，但这是生物油暂时的使用途径。生物油包含各种含氧有机物，是将来的一个巨大的原料库。随着热裂解技术的发展，生物油的品质将会得到很大提高，并且生物油的大规模使用也会带来内燃机的改革，终有一日生物油的提取物将会取代化石燃料使用在内燃机上，并且给我们日常的衣食住行提供原材料。目前各种新能源层出不穷，生物质热裂解技术能否实现产业化的关键是生物油的最终用途，因此热裂解新技术突破的时间决定这个产业的命运，这需要产学研结合，共同来推进这个美好事业的前进。从目前的情况来看，生物油在研加工技术主要有燃烧技术、油处理重整技术、气化技术（包括与煤或天然气共气化、多级气化等）、催化加氢技术、提取精细化学品技术等，但除了燃烧技术正式在工业规模下做过试验之外，其余仍然未走出实验室。燃烧技术由于原油供应的局限性等，也没有真正完整的工业化成功经验（燃烧器的适应性问题等）。

参考文献

[1] 许光文，等.解耦热化学转化基础与技术 [M].北京：科学出版社，2016.
[2] 胡徐腾，等.液体生物燃料：从化石到生物质 [M].北京：化学工业出版社，2013.

［3］　高晋生，张德祥. 煤液化技术［M］. 北京：化学工业出版社，2005.

［4］　ASTMD7566. Standard Specification for Aviation Turbine Fuel Containing Synthesized Hydrocarbons［S］. West Conshohocken, PA: ASTM International, 2018.

［5］　马隆龙，等. 生物航空燃料［M］. 北京：科学出版社，2017.

［6］　闵恩泽，张利雄. 生物质炼油化工产业分析报告［M］. 北京：科学出版社，2013.

［7］　Brown R C. Thermochemical Processing of Biomass Conversion into Fuels, Chemicals and Power［M］. WestSussex, UK: A John Wiley & Sons, Ltd., Publication, 2011.

［8］　朱锡锋，等. 生物油制备技术与应用［M］. 北京：化学工业出版社，2013.

［9］　陈水渺. 生物质热解液化产业化的介绍和分析［C］: 第三届中国生物产业大会——非粮生物能源发展论坛，长春：2009.

［10］　王峰. 生物质快速热解技术的发展现状及未来产业化急需解决的问题［J］. 大众科技，2008（06）: 133-134.

［11］　孙立，张晓东. 生物质热解气化原理与技术［M］. 北京：化学工业出版社，2013.

［12］　武宏香，赵增立，王小波，等. 生物质气化制备合成天然气技术的研究进展［J］. 化工进展，2013，32（01）: 83-90.

［13］　陈振斌，等. 车用生物质燃料［M］. 北京：化学工业出版社，2012.

［14］　Saidur R, Boroumandjazi G, Mekhilef S, et al. A review on exergy analysis of biomass based fuels［J］. Renewable and Sustainable Energy Reviews, 2012, 16（2）: 1217-1222.

［15］　Cohce M K, Dincer I, Rosen M A. Energy and exergy analyses of a biomass-based hydrogen production system［J］. Bioresource Technology, 2011, 102（18）: 8466-8474.

［16］　van der Meijden C M, Veringa H J, Rabou L P L M. The production of synthetic natural gas（SNG）: A comparison of three wood gasification systems for energy balance and overall efficiency［J］. Biomass and Bioenergy, 2010, 34（3）: 302-311.

［17］　Sues A, Juraščík M, Ptasinski K. Exergetic evaluation of 5 biowastes-to-biofuels routes via gasification［J］. Energy, 2010, 35（2）: 996-1007.

［18］　Vitasari C R, Jurascik M, Ptasinski K J. Exergy analysis of biomass-to-synthetic natural gas（SNG）process via indirect gasification of various biomass feedstock［J］. Energy, 2011, 36（6）: 3825-3837.

［19］　Steubing B, Zah R, Ludwig C. Life cycle assessment of SNG from wood for heating, electricity, and transportation［J］. Biomass and Bioenergy, 2011, 35（7）: 2950-2960.

［20］　Wirth S, Markard J. Context matters: How existing sectors and competing technologies affect the prospects of the Swiss Bio-SNG innovation system［J］. Technological Forecasting and Social Change, 2011, 78（4）: 635-649.

［21］　Zhang W. Automotive fuels from biomass via gasification［J］. Fuel Processing Technology, 2010, 91（8）: 866-876.

［22］　吕福明，袁军宝. 油价高企生物能源产业或迎来新机遇［N］. 经济参考报，2011-03-21（能源）.

［23］　石元春. 决胜生物质［M］. 北京：中国农业大学出版社，2011.

附录

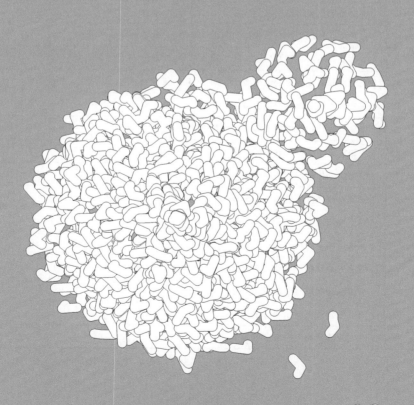

附录 **1** 部分生物质能标准一览表

附表 1 生物质及其木质纤维素类生物质成分测定相关中国标准

标准编号	标准名称
GB/T 30366—2013	生物质术语
NB/T 34057.1—2017	木质纤维素类生物质原料化学成分的测定　第 1 部分:标准样品的制备
NB/T 34057.2—2017	木质纤维素类生物质原料化学成分的测定　第 2 部分:标准样品的纯化
NB/T 34057.3—2017	木质纤维素类生物质原料化学成分的测定　第 3 部分:水分的测定
NB/T 34057.5—2017	木质纤维素类生物质原料化学成分的测定　第 5 部分:纤维素、半纤维素、果胶和木质素的测定
NB/T 34057.6—2017	木质纤维素类生物质原料化学成分的测定　第 6 部分:灰分的测定

附表 2 固体生物质及固体燃料测定相关中国标准

标准编号	标准名称
NY/T 1881.1—2010	生物质固体成型燃料试验方法　第 1 部分:通则
NY/T 1881.2—2010	生物质固体成型燃料试验方法　第 2 部分:全水分
NY/T 1881.3—2010	生物质固体成型燃料试验方法　第 3 部分:一般分析样品水分
NY/T 1881.4—2010	生物质固体成型燃料试验方法　第 4 部分:挥发分
NY/T 1881.5—2010	生物质固体成型燃料试验方法　第 5 部分:灰分
NY/T 1881.6—2010	生物质固体成型燃料试验方法　第 6 部分:堆积密度
NY/T 1881.7—2010	生物质固体成型燃料试验方法　第 7 部分:密度
NY/T 1881.8—2010	生物质固体成型燃料试验方法　第 8 部分:机械耐久性
NB/T 34025—2015	生物质固体燃料结渣性试验方法
NY/T 2909—2016	生物质固体成型燃料质量分级
GB/T 21923—2008	固体生物质燃料检验通则
GB/T 28730—2012	固体生物质燃料样品制备方法
GB/T 28731—2012	固体生物质燃料工业分析方法
GB/T 28732—2012	固体生物质燃料全硫测定方法
GB/T 28733—2012	固体生物质燃料全水分测定方法
GB/T 28734—2012	固体生物质燃料中碳氢测定方法

续表

标准编号	标准名称
GB/T 30725—2014	固体生物质燃料灰成分测定方法
GB/T 30726—2014	固体生物质燃料灰熔融性测定方法
GB/T 30727—2014	固体生物质燃料发热量测定方法
GB/T 30728—2014	固体生物质燃料中氮的测定方法
GB/T 30729—2014	固体生物质燃料中氯的测定方法

附表 3　生物质理化特性测定相关国外标准（AOAC）

标准编号	标准名称
AOAC 945.16 Official Method	Oil in Cereal Adjuncts Petroleum Ether Extraction Method First Action 1945 Final Action
AOAC 990.03 Official Method	Protein (Crude)in Animal Feed Combustion Method First Action 1990 Final Action 2002
AOAC 942.05 Official Method	Ash of Animal Feed First Action 1942 Final Action
AOAC 984.13 Official Method	Protein (Crude)in Animal Feed and Pet Food Copper Catalyst Kjeldahl Method First Action 1984 Final Action 1994
AOAC 2001.11 Official Method	Protein (Crude)in Animal feed,forage (Plant Tissue),Grain,and Oilseeds
AOAC 954.02 Official Method	Fat (Crude)or Ether Extract in Pet Food Gravimetric Method First Action 1954 Final Action 1977
AOAC 963.15 Official Method	Fat in Cacao Products Soxhlet Extraction Method First Action 1963 Final Action 1973
AOAC 922.06 Official Method	Fat in Flour Acid Hydrolysis Method First Action 1922 Final Action
AOAC 2003.05 Official Method	Crude Fat in Feeds,Cereal Grains,and Forages,Randall/ Soxtec/ Diethylether Extraction-Submersion Method First Action 2003 Final Action 2006
AOAC 923.03 Official Method	Ash of Flour Direct Method First Action 1923 Final Action
AOAC 930.05 Official Method	Ash of Plants First Action 1930 Final Action 1965
AOAC 942.05 Official Method	Ash of Animal Feed First Action 1942 Final Action 1943
AOAC 920.36 Official Method	Loss on Drying(Moisture)in Animal Feed Drying Without Heat Over Sulfuric Acid First Action 1920 Final Action
AOAC 925.19 Official Method	Loss on Drying(Moisture) in Tea First Action 1925 Final Action
AOAC 934.01 Official Method	Loss on Drying(Moisture)at 95-100℃ for Feeds Dry Matter on Oven Drying at 95-100℃ for Feeds First Action 1934 Final Action
AOAC 930.15 Official Method	Loss on Drying (Moisture)for Feeds (at 135℃ for 2 Hours) Dry Matter on Oven Drying for Feeds (at 135℃ for 2 Hours) First Action 1930 Final Action
AOAC 977.10 Official Method	Moisture in Cacao Products Karl Fischer Method First Action 1977 Final Action 1979
AOAC 997.06 Official Method	Protein (Crude)in Wheat Whole Grain Analysis Near-Infrared Spectroscopic Method First Action 1997
AOAC 996.06 Official Method	Fat (Total,Saturated,and Unsaturated)in Foods Hydrolytic Extraction Gas Chromatographic Method First Action 1996 Revised 2001

附录2 生物质术语（GB/T 30366—2013）

1 范围

本标准界定了生物质一般概念、生物质来源、生物质转化和加工、生物质利用等相关的术语。

本标准适用于生物质及其相关领域的标准化文件和技术文件，用于定义通用的术语。

2 术语和定义

下例术语和定义适用于本文件。

2.1 一般概念

2.1.1

生物质 biomass

一切直接或间接利用绿色植物光合作用形成的有机物质，包含除化石燃料外的植物、动物和微生物以及由这些生命体排泄与代谢所产生的有机物质等。可分为农业生物质、林业生物质、城市固体废弃物、动物废弃物等。

2.1.2

农业生物质 agricultural biomass

农业生产和加工过程中产生的以及海洋中生长的生物质。主要包括农产品、农业剩余物（如玉米秸、高粱秸、麦秸、稻草、豆秸、棉秆和稻壳等）、畜禽粪便、能源植物和海藻、海草等水生植物等。

2.1.3

林业生物质 forestry biomass

林业生产和加工过程中产生的生物质。主要包括林产品（如木材、竹材、藤材等）、林业剩余物（如枝丫、锯末、木屑、梢头、板皮和截头、果壳和果核等采伐剩余物和加工剩余物、造纸废弃物以及废弃木材）、能源林等。

2.1.4

城市固体废弃物 municipal solid waste；MSW

城镇消费者消费后产生的固体、半固体废弃物。主要包括餐饮消费废弃物、垃圾、畜禽粪便、食品加工废弃物以及建筑与装修、拆迁产生的废弃木材等。

2.1.5

初级生物质 primary biomass

直接由光合作用产生的生物质，如森林中获得的木材、竹材、藤材及其采伐剩余物，农作物、豆科植物、多年生草类等植物材料，或海草、海藻类等水生物质。

2.1.6

次级生物质　secondary biomass

以初级生物质为原料，加工目标产品过程中产生的副产品和剩余物，如锯末、秸秆、制浆黑液、禽畜粪便等。

2.1.7

三级生物质　tertiary biomass

消费后产生的剩余物或废弃物。如餐饮消费废弃的动植油，建筑和拆迁产生的木构件、木碎片等废弃木材，以及废弃包装、城市固体废弃物和填埋区产生的沼气等。

2.1.8

温室气体　greenhouse gases；GHG

在地球大气中，能让太阳短波辐射自由通过，同时吸收地面和空气放出的长波辐射（红外线），从而造成近地层增温的微量气体。包括二氧化碳（CO_2）、氧化亚氮（N_2O）、甲烷（CH_4）、臭氧（O_3）和氯氟烃（CFC）、氢氟化碳（HFCs）、全氟化碳（PFCs）、氯氟烃（CFC）等30余种。

2.1.9

可再生能源　renewable energy

在自然界中可以不断再生并可持续地得到补充或重复利用的能源。如太阳能、风能、水能、生物质能、潮汐能等。

2.1.10

化石燃料　fossil fuel

古代生物遗体在特定地质条件下形成的、可作燃料和化工原料的沉积矿产。又称化石能源。包括煤、油页岩、石油、天然气等。

2.1.11

颗粒密度　particle density

单位体积（包括颗粒中的孔隙）生物质中所含颗粒的质量

2.1.12

实质密度　solid density

生物质的固相密度，每单位体积（不包括其中的孔隙）生物质中固体物质的质量。又称理论密度。

2.1.13

体积密度　bulk density

生物质在自然状态或规定条件下，包括生物质体积内所有孔隙在内，单位体积所具有的质量。又称堆积密度。

2.1.14

含水率　moisture content；MC

生物质材料样品中水的质量占生物质材料质量的百分比。

2.1.15

元素分析　elemental analysis；ultimate analysis

测定生物质原料与产品中元素的组成和其含量的分析方法，包括元素定性分析和定量分析。

2.1.16

组分分析　proximate analysis

工业分析

将生物质原料与产品中的有关组分一起测定的分析方法。有关组分中的每种组分则并不进行分别测定。如食物的组分分析包括测定水分、蛋白质、脂肪、糖类和灰分（矿物盐）等。

2.1.17

灰熔融性测定　ash fusion test

用于检测灰分的软化和熔化行为的方法。

2.1.18

灰分熔化的软化温度　softening ash fusion temperature

在灰熔融性测定中，灰锥弯曲至锥尖触及托板或灰锥变成球形时的温度。

[GB/T 21923—2008，定义3.2.118]

2.1.19

灰分熔化的初始变形温度　initial deformation ash fusion temperature

在灰熔融性测定中，灰锥尖端或棱开始变圆或弯曲时的温度。

[GB/T 21923—2008，定义3.2.117]

2.1.20

灰分熔化的流变温度　fluid ash fusion temperature

在灰熔融性测定中，灰锥融化展开成高度小于1.6mm的薄层时的温度。

注：改写GB/T 21923—2008，定义3.2.120。

2.1.21

挥发物　volatiles

生物质在加热（如热裂解）或常温状态下挥发出来的有机或无机物质，如水蒸气、甲醛、二甲苯、多酚等。

2.1.22

灰渣　slag

生物质熔化后产生的灰分。

2.1.23

固定碳　fixed carbon

从测定挥发物后的固体生物质燃料残渣中减去灰分后的残留物。其含量通常为100减去水分、灰分和挥发物含量得出的数值。

注：改写 GB/T 21923—2008，定义3.2.97。

2.1.24

生物质热值　biomass heating value

一定体积或一定质量的生物质完全燃烧后放出的热量。

2.1.25

绝干物质　bone dry material

在规定条件下含水率为0的生物质。

2.1.26

烘干物质　oven dry material

生物质在103～130℃条件下加热24～72h后，质量恒定不变的绝干物质。

2.2　生物质来源

2.2.1

封环生物质　closed-loop biomass

为提高生物质能源和生物质产品使用价值并可持续性生产或种植的初级生物质，包括农作物（如玉米、小麦和甜高粱）、木本植物（如树木、灌木）、藤本植物（如棕榈藤）和禾本植物（如柳枝稷、芦苇）等。

2.2.2

开环生物质　open-loop biomass

非栽培或种植方式获得的可用于制造生物质产品和生物质能源的生物质，如农业剩余物、森林采伐剩余物和畜禽粪便。

2.2.3

能源植物　energy plant

主要为生产能源而种植的栽培植物，包括粮食能源作物和非粮食能源作物，如玉米、甘蔗、甜高粱、木薯、能源杨树、麻风树、柳枝稷等。

注：改写 GB/T 21923—2008，定义3.2.25。

2.2.4

剩余物　residue

生物质生产或加工成其他产品时产生的残余物。包括农业剩余物、林业剩余物和城市固体废弃物。

2.2.5

农业剩余物　agricultural residue

农作物生产与加工过程中产生的茎、秆、叶和壳等副产品和废弃物。

2.2.6

林业剩余物　forestry residue

林业生产与加工过程中产生的剩余物，包括森林采伐剩余物、造材剩余物和加工剩余物。

2.2.7

采伐剩余物　logging residues；logging slash

在森林主伐、中幼林抚育间伐、低产林改造、山场造材等采伐作业过程中产生的枝丫、梢头、灌木、树桩（伐根）、枯倒木、遗弃材及截头等木质物质。

2.2.8

加工剩余物　mill residue

将木材、竹材、藤材等生物质原料加工成木、竹、藤制品、纸张或生物质能源等过程中产生的边角料、树皮和残渣等。

2.2.9

生物固体废弃物　biosolids

污水处理和动物肥料厌氧分解产生的营养丰富的固体有机物质，包括有机固体废弃物和餐厨垃圾。

2.2.10

制浆黑液　black liquor

化学制浆过程中产生的黑色溶液。

2.2.11

木质素　lignin

存在于植物生物质细胞壁中的一种芳香族无定形高聚物，其基本结构单元是苯基丙烷，为木质化细胞壁的主要组成之一。又称木素。

注：改写 LY/T 1788—2008，定义 3.2.5.8。

2.2.12

纤维素　cellulose

构成植物细胞壁物质的主要多糖，由植物光合作用产生的葡萄糖在酶催化下以 β-1,4-糖苷键连接而成。

［LY/T 1788—2008，定义 3.5.5］

2.2.13

半纤维素　hemicellulose

植物生物质细胞壁多糖中非纤维素多糖的总称，是由两种以上的糖基以苷键结合而成的多糖。

注：改写 LY/T 1788—2008，定义 3.5.7。

2.3　生物质转化和加工

2.3.1

　　生物炼制　biorefinery

　　以生物质为原料，采用生物、化学和机械技术将生物质转化为各种化学品、燃料和生物基材料的过程。

2.3.2

　　生物质转化　biomass conversion

　　生物质转化为生物质能源或生物质产品的过程。

2.3.3

　　生物化学转化　biochemical conversion

　　通过耗氧或者厌氧处理将生物质转化成燃料和化学品的过程。

2.3.4

　　热化学转化　thermochemical conversion

　　通过高温热解等手段将生物质转化为液态或气态的过程。

2.3.5

　　发酵　fermentation

　　碳水化合物在微生物作用下转化成燃料和化工制品（如酒精、有机酸或甲烷等）的过程。

2.3.6

　　气化　gasification

　　将固体生物质转化成气体生物质的热化学过程。

2.3.7

　　液化　liquefaction

　　将固体生物质转化成液体生物质的化学或热处理过程。

2.3.8

　　酯交换　transesterification

　　生物质化合物通过酯的置换而产生新酯键形成新化合物的过程。

2.3.9

　　糖平台技术　sugar platform

　　将生物质原料中的糖分采用生物化学转化技术转化为可用于生产乙醇和其他有价值燃料和化学品的转化方法。

2.3.10

　　水解　hydrolysis

　　生物质与水作用生成两个或多个较简单化合物的化学过程，涉及生物质的化学键断裂和氢离子及水的羟基离子的增加。

2.3.11

高温裂解　pyrolysis

绝氧或缺氧状态下，生物质经过高温处理（大于 200℃）产生的热分解，最终产物含有固态、液态和气态物质。

2.3.12

炭化　carbonization

干馏

在隔绝空气条件下将生物质加热分解为气体、液体和固体产物的过程。

2.3.13

燃烧　combustion

生物质原料在氧作用下发生氧化，产生光和热的过程，主要产生热能、二氧化碳、水和灰分。

2.3.14

混合燃烧　co-firing

使用两种或两种以上的燃料进行的混合燃烧过程。一般指煤和生物质的混合燃烧。

2.3.15

反应器　bioreactor

用于进行生物质反应的容器总称。

2.3.16

联合气化　co-gasification

采用煤和生物质来共同生产合成气体的气化过程。

2.3.17

联合液化　co-liquefaction

采用煤和生物质来共同生产液体燃料的直接液化过程。

2.3.18

致密化　densification

增加生物质体积密度或能量密度的处理过程。

2.3.19

分离　fractionation

采用物理力学或化学技术将生物质原料切分成解剖分子或分解为化学组分的方法。

2.3.20

水热炭化　hydrothermal carbonization

生物质在高温高压水汽条件下的热解过程。

2.3.21

预处理　pretreatment

为减小生物质转化的抗性而对生物质进行的生物、化学、物理和物理-化学处理。

2.3.22

湿存 wet storage

在厌氧条件下贮存高含水率生物质的方法

2.4 生物质利用

2.4.1

生物基产品 biobased product；bioproduct

以生物质为主要原料生产的产品，如燃料、食物、饲料、化工产品或工业材料。

2.4.2

生物质能 bioenergy；biomass energy

太阳能以化学能形式贮存在生物质中的能量形式，是以生物质为载体的能量。它直接或间接地来源于绿色植物的光合作用，可转化为常规的固态、液态和气态燃料，是一种可再生能源。

2.4.3

生物质燃料 biofuels

生物燃料

以生物质为原料加工、制造或转化而成的固体、液体或气体燃料，如生物质颗粒燃料、酒精、生物柴油、甲醇和生物质燃气等。

2.4.4

生物柴油 biodiesel

以动、植物油脂与醇为原料，通过酯交换工艺制成的可代替石化柴油的再生性柴油燃料。

2.4.5

生物质酒精 bioethanol

以生物质为原料制造的酒精，包括粮食酒精和纤维素酒精。

2.4.6

沼气 biogas

生物质在一定温度、湿度、酸碱度和厌氧条件下，经厌氧沼气微生物发酵及分解作用而产生的一种以甲烷为主要成分的混合可燃气体。

2.4.7

生物油 bio-oil

生物质热裂解产生的一种黑褐色液体。又称热解生物油。

2.4.8

生物质电力 biopower

以生物质或生物质产业的中间副产物为原料生产的电力。

2.4.9

发生炉燃气 producer gas

生物质在 700～1000℃ 左右与饱和水蒸气反应产生的气体混合物。

2.4.10

合成气　syngas

生物质原料在有氧条件下气化产生的含氢和一氧化碳的混合气体。

2.4.11

生物质炭　bio-char

生物质原料在不完全燃烧条件下或在缺氧条件下燃烧生成的产物。常见的生物质炭包括木炭、竹炭、秸秆炭、稻壳炭等。

2.4.12

焦油　tar

生物质高温热解过程中产生的气体冷凝后得到的黑褐色或褐色黏性液体。

2.4.13

炭黑　soot

生物质不完全燃烧时产生的精细的黑色物质，主要由碳组成。

2.4.14

焦炭　coke

生物质原料在隔绝空气的条件下，加热到 $950\sim1050℃$，经过干燥、热解、熔融、黏结、固化、收缩等处理制成的产物。

2.4.15

副产品　coproduct

在生物质制造过程或者化学反应中附带产生的具有经济价值的次要生物质。

2.4.16

兼容燃料　drop-in fuel；infrastructure compatible fuel

生物质原料生产的可与传统燃料完全互换或兼容的合成汽油、柴油或喷气燃料。

2.4.17

可替代燃料　fungible fuels

与传统燃料（如汽油）有化学相似性，能与现有动力燃料混合使用的生物质燃料。

附录3　固体生物质燃料检验通则
（GB/T 21923—2008）

1　范围

本标准规定了固体生物质燃料检验有关的术语和定义、分类和特性信息、试验样品、测定、符号、测定结果表述、结果换算、溶液及其浓度、方法精密度、试验记录和试验报告等等。

本标准适用于固体生物质燃料检验方法标准和技术规范、文件、书刊、教材和手册。

本标准适用于不同来源，以及贸易中各种形态和各种特性的固体生物质燃料。

注：本标准规定的固体生物质燃料不包括生活垃圾。

2　规范性引用文件

下列文件中的条款通过本标准的引用而成为本标准的条款。凡是注日期的引用文件，其随后所有的修改单（不包括勘误的内容）或修订版均不适用于本标准，然而，鼓励根据本标准达成协议的各方研究是否可使用这些文件的最新版本。凡是不注日期的引用文件，其最新版本适用于本标准。

GB/T 483　煤炭分析试验方法一般规定

GB/T 6379.2　测量方法与结果的准确度（正确度与精密度）第 2 部分：确定标准测量方法重复性与再现性的基本方法

3　术语和定义

下列术语和定义适用于本标准。

3.1

生物质　biomass

生物学起源的物质，不包括埋在地下的形式和转化成的化石。

注：也见草本生物质，果实生物质和木质生物质。

3.2

木质生物质　woody biomass

来源于树，矮树丛和灌木的生物质。

3.3

草本生物质　herbaceous biomass

来源于非木质茎秆和季节性生长植物的生物质。

3.4

果实生物质　fruit biomass

来源于植物中含有种子那部分的生物质。

例：坚果，橄榄。

3.5

固体生物质燃料　solid biofuels

由生物质直接或间接生产的固体燃料。

3.6

生物质燃料掺合物　biofuel blend

不同生物质燃料被人为掺和而形成的生物质燃料。

例：稻草或能源草与木头掺合，干燥的生物浆与树皮掺合。

3.7

生物质燃料混合物　biofuel mixture

自然或非人为混合不同生物质燃料或生物质燃料的不同类型而形成的生物质燃料。

3.8

打包生物质燃料　baled biofuels，bale

被压缩并制成一定形状和一定密度的固体生物质燃料。

3.9

捆扎生物质燃料　bundled biofuels，bundle

已经捆扎在一起的固体生物质燃料，它们具有原来材料的长度。

例：捆扎的能量森林树和林业残留物、小树、枝杈和树梢。

3.10

切割生物质燃料　cut biofuels

切割成块（或段或片）的固体生物质燃料。

注：也见碎木块、柴火、轧断的禾草和小木头。

3.11

碎裂的生物质燃料　shredded biofuels

用钝头工具机械处理成小片状的固体生物质燃料。

例：碎裂禾秆（秸秆）、碎裂树皮、拱曲燃料。

3.12

粉碎的生物质燃料　pulverized biofuels

用碾磨或研磨方式生产的粉屑状和粉末状的固体生物质燃料。

3.13

致密生物质燃料　densified biofuels

压缩生物质燃料　compressed biofuel

由机械压缩生物质以增加其密度并将燃料铸成规定的尺寸和形状而制备的固体生物质燃料，如生物质燃料丸或生物质燃料块。

3.14

生物质燃料块　biofuel briqette

将粉碎后的生物质压缩成为一定形状，如立方形、圆柱形等致密的生物质燃料。

注1：生物质燃料块的原料可以是木质生物质，草本生物质，果实生物质和生物质掺合物，或生物质混合物。

注2：生物质燃料块通常用活塞压缩机制备，用或不用压缩辅料。生物质燃料块的全水分通常小于15%。

3.15

生物质燃料丸　biofuel pellet

将粉碎后的生物质压缩成长度为5～30mm致密的圆柱形生物质燃料。

注：生物质燃料丸的原料可以是木质生物质，草本生物质，果实生物质和生物质掺合物，或生物质混合物。它们通常用压模制备，用或不用压缩辅料。生物质燃料丸的全水分通常小于10%。

3.16

生物质燃料屑　fuel dust

粉碎至 1～5mm 的生物质燃料。

例：锯屑、稻草屑。

3.17

生物质燃料末　fuel powder；fuel flour

粉碎至小于1mm 的生物质燃料。

例：木头末、木头粉、稻草末。

3.18

木质燃料　wood fuels，wood based fuels，wood-derived biofuels

直接或间接来源于木质生物质的所有类型的生物质燃料。

注：也见燃料木，森林燃料和黑液。

3.19

森林燃料　forest fuels

由以前没有使用过的原始物料产生的木质燃料。

注：森林燃料通过机械加工直接由森林木材生产。

3.20

农业燃料　agrofuels

由能量农作物或农作物残渣得到的生物质燃料。

3.21

草本燃料　herbaceous fuels

来自草本生物质的所有类型的生物质燃料。

3.22

拱曲燃料　hog fuels

以不同尺寸和形状的块状物存在的燃料木，用钝头工具如辊子，锤子等破碎生产。

3.23

燃料木材　fuel wood

能量木材　energy wood

保留木头原有成分的木质燃料。

3.24

生物能　bioenergy

来自于生物质燃料的能量。

3.25

能量农作物　energy crops

燃料农作物　fuel crops

特为其燃料价值种植的木质或草本作物。

3.26

能量森林树　energy forest trees

特为其燃料价值以长循环期的林业方式种植的木质生物质。

3.27

能量草　energy grass

燃料草　fuel grass

草本能量作物。

例：甘蔗，芦苇等。

3.28

能量种植树　energy plantation trees

特为其燃料价值以短循环期的林业方式种植的木质生物质。

3.29

生物质残渣　biomass residues

来源于农业、森林业和相关工业生产副产品的生物质。

3.30

生物质浆　biosludge

在生物质废水处理或生物学处理的分解池中形成的、并通过沉淀或浮选分离后形成的浆。

注：浆可脱水形成固体生物质燃料。

3.31

农业残渣　agriculture residues

来自于农田生产、收获和加工的生物质残渣。

注：也见畜牧业残渣和农作物生产残渣。

3.32

农作物生产残渣　crop production residues

来源于农田中农作物生产、收获和加工处理的农业残渣。

注：其中也包括木材、禾草、秸秆和外壳等。

3.33

畜牧业残渣　animal husbandry residues

来源于家畜饲养的农业残渣。

注：包括动物的固体粪便。

3. 34

　　食品加工业残渣 food processing industry residues

　　从食品加工业得到的残渣。

　　注：包括骨粉、果汁工业的渣饼等。

3. 35

　　木材加工业副产品和残渣 wood processing industry by-products and residues

　　来源于木材加工副产品以及纸浆和造纸工业的木质生物质和残渣。

　　注：也见树皮，软木残渣，横切头，边角料，纤维板残渣，纤维浆，磨屑，微粒板残渣，胶合板残渣，锯屑和木刨花等。

3. 36

　　纤维板残渣 fibreboard residues

　　由纤维板工业中产生的木质生物质残渣。

3. 37

　　纤维浆 fibre sludge

　　从造纸制浆过程的废水处理沉积池中通过沉淀或浮选分离后所形成的浆。

　　注：主要成分是木质纤维。浆可脱水和进一步加工成固体生物质燃料。

3. 38

　　黏液残渣 viscose residues

　　来源于黏液生产和加工的残渣。指木浆纤维素用高浓度的氢氧化钠和二硫化碳处理后溶解在氢氧化钠中，形成被称为黏液的黏稠溶液。

3. 39

　　黑液 black liquor

　　从木材造纸的纸浆生产过程中得到的液体，该液体的能量主要来自于木材在制浆过程中被脱除的木质素。

3. 40

　　软木残渣 cork residues

　　来源于软木生产的残渣。

3. 41

　　微粒板残渣 particleboard residues

　　来源于微粒板工业的木质生物质残渣。

3. 42

　　胶合板残渣 plywood residues

　　在胶合板工业中形成的木质生物质残渣。

3. 43

　　削磨残渣 thinning residues

　　在削磨过程中产生的木质生物质残渣。

3.44

　伐木残渣　logging residues

　在伐木过程中产生的木质生物质残渣。

　注：伐木残渣包括带有树枝的树尖，它们可以新鲜或风干后使用。

3.45

　园艺残渣　horticultural residues

　来源于包括温室的园艺生产、收获和加工中的生物质残渣。

3.46

　园林管理残渣　landscape management residues

　来源于园林、公园等地管理的木材、草本和果实生物质残渣。

　注：包括草、干草、园林树的树枝、道路边绿地和灌木丛的木材。

3.47

　谷类作物　cereal crops

　主要作为食品工业原料而种植的年收获庄稼。

3.48

　轧断的禾草　chopped straw

　已被轧成小段的禾草。

3.49

　木炭　char

　由固体生物质燃料热解产生的固体部分或非烧结的碳质材料。

3.50

　圆木　log wood

　切割的燃料木材，大多数的长度大于200mm。

3.51

　小木头　small wood

　用尖锐的切割装置切割的燃料木，大多数物料的典型长度为50～500mm。

　例：碎木棒（块），火（壁）炉木块。

3.52

　碎木块　chunk wood

　用尖锐的切割装置切割或劈裂的木头，大多数有50～150mm的典型颗粒长度，本质上比木片更长和更粗。

3.53

　横切头　cross-cut ends

　当圆木或锯后的木材的端头被横切时出现的带树皮或不带树皮的木质生物质短块。

3.54

柴火　firewood

切割和劈成火炉用的燃料木头，用于家庭木材燃烧如火炉、壁炉和中央加热系统。

注：柴火通常有较均匀的长度，典型长度为150～1000mm。

3.55

切割木片　cutter chips

作为木材加工副产品产生的带树皮或不带树皮的木片。

3.56

边角料　edgings

当修剪锯成的木材时出现的木质生物质的一部分。

3.57

木片　wood chips

用尖锐的工具如刀子进行机械加工产生的一定尺寸的片状木材生物质。

注1：近似长方形的木片，其典型长度是5～50mm，厚度低于长和宽尺寸。

注2：也见切割木片，森林木片，绿色（新鲜）木片，杆木片和整树片。

3.58

木刨花　wood shaving; cutter shaving

刨平木头时产生的木质生物质刨花。

3.59

切片　slabs

沿圆木的边缘切割，一边显示出树原来的圆形表面，或部分或全部带有或不带有树皮时产生的木质生物质部分。

3.60

新鲜木片　green chips

由新伐树木和切削残渣，包括树枝和树尖制备成的木片。

3.61

森林木片　forest chips

以木片形式存在的森林木材。

3.62

磨屑　grinding dust

在磨木料和木板中形成的粉屑状木头残渣。

3.63

锯屑（木屑）　sawdust

锯木头时产生的细颗粒。

注：大多数物料的典型颗粒长度为1～5mm。

3.64

压缩辅料　pressing aid，additives

添加到原料中的、用于提高致密燃料生产的辅料。

3.65

森林和人造林木材　forest and plantation wood

从森林和人造林中得到的木质生物质。

注：也见全树、能量森林树、能量种植树、伐木残渣、削磨残渣、树段和整树。

3.66

拆除的木材　demolition wood

从拆除建筑物或土木工程中得到的已用过的木材。

3.67

用过的木材　used wood

已经使用过的木质材料或物品。

注：也见回收的建筑木材和拆除的木材。

3.68

回收的建筑木材　recovered construction wood

房屋建筑和土木工程场地中用过的木材。

3.69

短循环期树　short rotation trees

作为原材料或为其燃料价值种植的短循环期树。

3.70

全树　complete tree

高大的包括枝叶和根系的树。

3.71

整树　whole tree

砍伐下的、未去掉枝权的树，不包括树根系统。

3.72

树皮　bark

作为木质本外壳包在较高大的植物如树或灌木等的生长层之外形成的有机纤维组织。

3.73

树桩　stump

伐木切割后余下的树干的一部分。

注：在全树的利用中，树根系统包括在树桩中。

3.74

树段　tree section

已切割成合适的长度但未进一步加工的、带有枝权的树的一部分。

3.75

整树片　**whole-tree chips**

由整树制成的木片。

例：含有带树皮、树枝、树(针)叶的木片。

3.76

杆木　**stemwood**

除去了枝杈的树干部分。

3.77

杆木片　**stemwood chip**

由带树皮或不带树皮的杆木制成的木片。

3.78

批　**lot**

需进行整本性质测定的一个独立的固体生物质燃料量。

3.79

采样单元　**sampling unit**

从一批固体生物质燃料中采取一个总样的燃料量，一批燃料可以是一个或多个采样单元。

注：相当于 ISO 13909 中的分批（sub-lot），即：一批燃料中的部分燃料量，其给出所需的一个试验结果。

3.80

子样　**increment**

采样器具操作一次所采取的一份燃料样。

3.81

分样　**sub-sample**

一个样品的一部分。

3.82

样品缩分　**sample division**

将样品或分样缩分成有代表性的、分离的部分的制样过程。

3.83

样品破碎　**sample reduction**

减小样品或分样粒度的制样过程。

3.84

样品　**sample**

为确定生物质燃料的品质特性而从中采取的有代表性的一部分生物质燃料。

3.85

合成样品　**combined sample**

从同一个采样单元中采取的所有子样组成的样品。

注：子样在加入到合成样品中之前可以缩分以减少质量。

3.86

共用样品　**common sample**

为进行多个试验而采取的样品。

3.87

实验室样品　**laboratory sample**

送到化验室的合成样品，或合成样品的分样，或子样，或子样的分样。

3.88

水分分析样品　**moisture analysis sample**

为测定全水分而专门采取的样品。

3.89

粒度分析样品　**size analysis sample**

为进行粒度分析而专门采取的样品。

3.90

一般分析式样　**general analysis sample**

破碎到粒度小于 1mm 或更小的、并达到空气干燥状态，用于多数物理特性和化学成分测定的固体生物质燃料样品。

3.91

试样量　**test portion**

单次执行某一试验方法所需要的试样量。

3.92

工业分析　**proximate analysis**

水分、灰分、挥发分和固定碳四个固体生物质燃料分析项目的总称。

3.93

全水分　**total moisture**

固体生物质燃料的外在水分和内在水分的总和。

3.94

一般分析式样水分　**moisture in the general analysis sample**

空气干燥基水分　**moisture in the air dry**

在规定条件下测定的一般分析试样的水分。

3.95

　　灰分　ash
　　固体生物质燃料在规定条件下燃烧后所得的残留物。

3.96

　　挥发分　volatile matter
　　固体生物质燃料在规定条件下隔绝空气加热，并进行了水分校正后的质量损失。

3.97

　　固定碳　fixed carbon
　　从测定挥发分后的固体生物质燃料残渣中减去灰分后的残留物。通常用 100 减去水分、灰分和挥发分得出。

3.98

　　元素分析　ultimate analysis，elementary analysis
　　碳、氢、氮、全硫和氧 5 个固体生物质燃料分析项目的总称。

3.99

　　新鲜基　green basis
　　以收到状态、含有全水分的新鲜固体生物质燃料为基准。

3.100

　　收到基（湿基）　as received bases，wet basis
　　以收到状态、含有全水分的固体生物质燃料为基准。

3.101

　　空气干燥基　air dry basis
　　以与空气湿度达到平衡状态的固体生物质燃料为基准。

3.102

　　干燥基　dry basis
　　以假想无水状态的固体生物质燃料为基准。

3.103

　　干燥无灰基　dry ash free basis
　　以假想无水无灰状态的固体生物质燃料为基准。

3.104

　　干物质　dry matter
　　在规定条件下除去水分后的物料。

3.105

　　干物质含量　dry matter content
　　干物质质量占总物质质量的比率。

3.106

烘干的木材　**oven dry wood**

在规定条件下干燥到质量恒定后已脱水的木材。

3.107

外来物质　**foreign material**

杂质　**impurities**

除固体生物质燃料本身所具有的、外来的污染固体生物质燃料的物质。

3.108

有机质　**organic matter**

干物质中的可燃组分。

3.109

无机质　**inorganic matter**

干物质中的不可燃组分。

3.110

固有灰分　**natural ash**

未被污染的固体生物质燃料的灰分。

3.111

外来灰分　**extraneous ash**

在收获、装车、处理、运输和储存等过程中进入物料的外来物质的灰分。

3.112

全硫　**total sulfur**

固体生物质燃料中有机硫和无机硫的总和。

3.113

发热量　**calorific value**

热值　**heating value**

单位质量的固体生物质燃料完全燃烧时释放的热量。

3.114

恒容高位发热量　**gross calorific value**

单位质量的固体生物质燃料在充有过量氧气的氧弹内燃烧，其燃烧产物组成为氧气，氮气，二氧化碳、二氧化硫，液态水和固态灰，且所有产物都在标准温度下所放出的热量。

3.115

低位发热量　**net calorific value**

单位质量的固体生物质燃料在恒容或恒压条件下燃烧，在燃烧产物中所有的水都保持气态水的形态（0.1MPa），其他产物与恒容高位发热量相同，并都在标准温度下的固体生物质燃料的发热量。

注：恒容和恒压条件下的低位发热量不同，通常由恒容高位发热量计算。

3.116

灰熔融性　ash fusibility；ash melting behaviour

固体生物质燃料灰在规定条件下随加热温度变化而产生的变形、软化、半球和流动的特征物理状态。

注：灰熔融性在氧化性或在还原性气氛下测定。

3.117

灰的变形温度　ash deformation temperature

在灰熔融性测定中，灰锥尖端或棱开始变圆或弯曲时的温度。

3.118

灰的软化温度　ash softening temperature

在灰熔融性测定中，灰锥弯曲至锥尖触及托板或灰锥变成球形时的温度。

3.119

灰的半球温度　ash hemisphere temperature

在灰熔融性测定中，灰锥形状变成近似半球形、即高约等于底长的一半时的温度。

3.120

灰的流动温度　ash flow temperature

在灰熔融性测定中，灰锥融化展开成高度小于 1.5mm 的薄层时的温度。

3.121

密度　density

质量对体积的比值。

注：必须说明密度是指物料的颗粒密度还是指容积密度，以及物料中水的质量是否被包括。

3.122

毛密度　gross density

含有全水分的木质体的质量和它的包括所有的空腔，包括孔隙和导管的体积之比。

3.123

基础密度　basic density

干燥基质量与新鲜基体积的比值。

3.124

容积密度　bulk density

固体生物质燃料的质量与其在规定条件下填入容器的体积的比值。

3.125

能量密度　energy density

净能量与容积体积（或称散体积）的比值。

注：能量密度根据低位发热量和容积密度计算。

3.126

颗粒密度　particle density

一个单独颗粒的密度。

3.127

颗粒粒度　particle size

被测定的燃料颗粒的大小。

注：不同的测定方法可能给出不同的结果。

3.128

粒度分布　particle size distribution

固体生物质燃料中各种粒度的颗粒所占的比例。

3.129

标称最大粒度　nominal top size

与筛上物累计质量分数最接近、但不大于 5％的筛子相应的筛孔尺寸。

3.130

筛上物颗粒　over size particles

超过某一规定限度值的颗粒。

3.131

容积　bulk volume

散体积　loose volume

包括颗粒间空隙的物料的体积。

3.132

固体体积　solid volume

各个颗粒的体积（不包括颗粒间空隙）。

注：典型的测定方法为用特定量的流体物质置换法。

3.133

堆积体积　stacked volume

堆积木材的体积，包括木块之间的空隙。

3.134

机械强度　mechanical strength，mechanical durability

压缩致密的固体生物质燃料单元，如块或丸，在装载、卸载、入料和运输过程中保持完整性的能力。

3.135

桥联性　bridging；arching

颗粒在开放和受阻流动中形成稳定联接的倾向。

3. 136

流动性　flowability

固体流动的能力。

注：也见"桥联性（bridgig）"。

4　分类和特性信息

4.1　概述

固体生物质燃料通常有两种分类。一种是按照生长源和来源进行分类，另一种是按照主要商品形式进行分类。对于以主要商品形式分类的固体生物质燃料，应给出必要的特性信息。

4.2　根据生长源和来源的分类

4.2.1　分类总则

根据固体生物质燃料的生长源和来源可将其分为 4 大类 30 小类，如表 1 所示。表 1 中还对每一分类给出了详细描述。

表 1 中第一层次的分类为按生长源分类的主要组群，分别是：a. 木质生物质；b. 草本生物质；c. 果实生物质；d. 掺合物和混合物。

木质生物质来源于树木，灌木丛和灌木；草本生物质来源于非木质杆茎和季节性生长的植物；果实生物质来源于植物中的种子；掺合物和混合物特指分类表本层次分类中不同生长源的物料的掺合和混合：掺合物是人为混合的固体生物质燃料，而混合物是非人为混合的固体生物质燃料。混合物或掺合物中的生长源应是表 1 中同层次所述的类别。如果固体生物质燃料的掺合物或混合物可能含有化学处理的原料，应加以说明。例如经化学处理过的木材和未经化学处理过的木材的掺合物和混合物应按照化学处理过的木材分类。

表 1 中第二层次的分类描述了主要组群内燃料的不同来源，说明固体生物质燃料是工业副产品或残渣，还是原始生物质；第三层次的分类为对各组群的进一步细划分。第四层次仅为对各小分类的详细说明。

表 1　根据固体生物质燃料的生长源和来源的分类

1　木质生物质	1.1　森林和人造林木材	1.1.1　整树	1.1.1.1　落叶性的
			1.1.1.2　针叶性的
			1.1.1.3　短循环期的
			1.1.1.4　灌木
			1.1.1.5　掺合物和混合物
		1.1.2　杆木	1.1.2.1　落叶性的
			1.1.2.2　针叶性的
			1.1.2.3　掺合物和混合物
		1.1.3　伐木残渣	1.1.3.1　新鲜的(包括树叶/针叶)
			1.1.3.2　储存的
			1.1.3.3　掺合物和混合物

1 木质生物质	1.1 森林和人造林木材	1.1.4 树桩	1.1.4.1 落叶性的
			1.1.4.2 针叶性的
			1.1.4.3 短循环期的
			1.1.4.4 灌木
			1.1.4.5 掺合物和混合物
		1.1.5 树皮(来源于森林作业)	
		1.1.6 园林管理木质生物质	
	1.2 木材加工工业副产品和残渣	1.2.1 未经化学处理的木材残渣	1.2.1.1 不带树皮
			1.2.1.2 带树皮
			1.2.1.3 树皮(来源于工业生产)
			1.2.1.4 掺合物和混合物
		1.2.2 化学处理过的木材残渣	1.2.2.1 不带树皮
			1.2.2.2 带树皮
			1.2.2.3 树皮(来源于工业生产)
			1.2.2.4 掺合物和混合物
		1.2.3 来源于制浆和造纸工业的纤维废弃物	1.2.3.1 未经化学处理的纤维废弃物
			1.2.3.2 化学处理过的纤维废弃物
	1.3 用过的木材	1.3.1 未经化学处理的木材	1.3.1.1 不带树皮
			1.3.1.2 带树皮
			1.3.1.3 掺合物和混合物
		1.3.2 化学处理过的木材	1.3.2.1 不带树皮
			1.3.2.2 带树皮
			1.3.2.3 掺合物和混合物
	1.4 掺合物和混合物		
2 草本生物质	2.1 农业和园艺草本植物	2.1.1 谷类作物	2.1.1.1 完整植物
			2.1.1.2 秸秆部分
			2.1.1.3 颗粒或种子
			2.1.1.4 外皮或外壳
			2.1.1.5 掺合物和混合物
		2.1.2 草	2.1.2.1 完整植物
			2.1.2.2 秸秆部分
			2.1.2.3 种子
			2.1.2.4 外壳
			2.1.2.5 掺合物和混合物

			2.1.3.1 完整植物
2 草本生物质	2.1 农业和园艺草本植物	2.1.3 油料种子作物	2.1.3.2 茎和叶
			2.1.3.3 种子
			2.1.3.4 外皮或外壳
			2.1.3.5 掺合物和混合物
		2.1.4 根茎作物	2.1.4.1 完整植物
			2.1.4.2 茎和叶
			2.1.4.3 根
			2.1.4.4 掺合物和混合物
		2.1.5 豆科作物	2.1.5.1 完整植物
			2.1.5.2 茎和叶
			2.1.5.3 果实
			2.1.5.4 豆荚
			2.1.5.5 掺合物和混合物
		2.1.6 花	2.1.6.1 完整植物
			2.1.6.2 茎和叶
			2.1.6.3 种子
			2.1.6.4 掺合物和混合物
		2.1.7 园林管理草本生物质	
	2.2 草本植物加工工业副产品和残渣	2.2.1 未经化学处理的草本植物残渣	2.2.1.1 谷类作物和草
			2.2.1.2 油料种子作物
			2.2.1.3 根茎作物
			2.2.1.4 豆科作物和花
			2.2.1.5 掺合物和混合物
		2.2.2 化学处理过的草本植物残渣	2.2.2.1 谷类作物和草
			2.2.2.2 油料种子作物
			2.2.2.3 根茎作物
			2.2.2.4 豆科作物和花
			2.2.2.5 掺合物和混合物
	2.3 掺合物和混合物		
3 果实生物质	3.1 果园和园艺果实	3.1.1 浆果	3.1.1.1 整浆果
			3.1.1.2 果肉
			3.1.1.3 种子(果实)
			3.1.1.4 掺合物和混合物

续表

3 果实生物质	3.1 果园和园艺果实	3.1.2 核果	3.1.2.1 整核果
			3.1.2.2 果肉
			3.1.2.3 果核
			3.1.2.4 掺合物和混合物
		3.1.3 坚果和橡果	3.1.3.1 整坚果
			3.1.3.2 外壳或外皮
			3.1.3.3 果核
			3.1.3.4 掺合物和混合物
	3.2 果实加工工业副产品和残渣	3.2.1 未经化学处理的果实残渣	3.2.1.1 浆果
			3.2.1.2 核果
			3.2.1.3 坚果和橡果
			3.2.1.4 未加工的渣饼
			3.2.1.5 掺合物和混合物
		3.2.2 化学处理过的果实残渣	3.2.2.1 浆果
			3.2.2.2 核果
			3.2.2.3 坚果和橡果
			3.2.2.4 提取油后的橄榄饼
			3.2.2.5 掺合物和混合物
	3.3 掺合物和混合物		
4 掺合物和混合物	4.1 掺合物		
	4.2 混合物		

注：1. 软木废料包括在树皮分组中。

2. 为避免重复，拆除的木料未包括在这个分类表中。

4.2.2 木质生物质

4.2.2.1 森林和人造林木材

这一种类中的森林和人造林木材多半只进行了减小粒度，脱除树皮，干燥或湿润的处理。森林和人造林木材包括来源于森林、公园和人造林以及短循环期树林的木材。

4.2.2.2 木材加工工业副产品和残渣

工业生产的木材副产品和木质残渣在这一组里进行分类。这些固体生物质燃料可能是未经化学处理的残渣（如来源于脱树皮，锯木头或减小尺寸，成型，压制木料等残渣）或可能是经化学处理的残渣，但它们不包含因木材防腐或涂层处理而导入了重金属或卤素有机化合物的木材。

4.2.2.3 用过的木材

这一组包括二次使用的木材废弃物。用与"木材加工工业副产品和残渣"相同的原则进行处理；即它们不包含因进行防腐处理或涂层而导入了重金属和卤素有机物的木材。

296

4.2.2.4 掺合物和混合物

特指表 1 中 1.1～1.3 类别中的木质生物质的掺合物和混合物。混合可以是人为的（掺合物），也可是非人为的（混合物）。

4.2.3 草本生物质

4.2.3.1 农业和园艺草本植物

直接来自于田地，多半在储藏期之后，并可能只进行过粒度减小和干燥处理。它包括来自于农业和园艺场地以及花园和公园的草本物质。

4.2.3.2 草本植物加工工业副产品和残渣

特指工业加工和处理后剩下的草本生物质物料。例如，来源于甜菜制糖工业生产和从啤酒工业生产中制麦芽糖的残渣。

4.2.3.3 掺合物和混合物

特指表 1 中 2.1～2.3 类别中的草本生物质的掺合物和混合物。混合或者是人为的（掺合物），或者是非人为的（混合物）。

4.2.4 果实生物质

4.2.4.1 果园和园艺果实

来源于树、灌木以及草本植物的果实，如西红柿都划分在这一类别中。

4.2.4.2 果实加工工业副产品和残渣

特指工业加工和处理后剩余的果实生物质残渣。例如生产橄榄油或苹果汁后的压榨残渣。

4.2.4.3 掺合物和混合物

特指表 1 中 3.1～3.2 类别中的果实生物质的掺合物和混合物。混合或者是人为的（掺合物），或者是非人为的（混合物）。

4.2.5 生物质掺合物和混合物

包括 4.2.2～4.2.4 中提到的不同生物质的掺合物和混合物。混合或者是人为的（掺合物），或者是非人为的（混合物）。

4.3 根据商品形式的分类和特性信息

4.3.1 固体生物质燃料的主要商品形式

固体生物质燃料以各种不同的尺寸和不同的形状进行贸易。尺寸和形状影响燃料的加工，也影响它的燃烧特性。表 2 给出了贸易中固体生物质燃料的主要商品形式分类。

表 2 固体生物质燃料的主要商品形式

主要商品形式	典型的粒度	通用制备方法
木块	≥25mm	机械压制
木丸	<25mm	机械压制
燃料粉末	<1mm	研磨

续表

主要商品形式	典型的粒度	通用制备方法
锯屑	1~5mm	用尖锐（锋利）的工具切割
木片	5~100mm	用尖锐（锋利）的工具切割
拱曲燃料	可变	用钝头的工具破碎
圆木	100~1000mm	用尖锐（锋利）的工具切割
整木	>500mm	用尖锐（锋利）的工具切割
小禾草（秸秆）包	0.1m³	压缩和捆扎成方形
大禾草（秸秆）包	0.5m³	压缩和捆扎成方形
圆禾草（秸秆）包	2.0m³	压缩和捆扎圆柱形
捆	可变	捆扎
树皮	可变	被碎裂或不被碎裂
轧断的禾草（秸秆）	10~200mm	在收获期间轧断
颗粒或种子	可变	未经制备或干燥
壳和果核	5~15mm	未经制备
纤维饼	可变	由纤维废料脱水制备

注：其他形式也可使用。

4.3.2 固体生物质燃料的特性信息

表3给出了与固体生物质燃料主要商品形式有关的特性信息，贸易双方可根据预期用途选用。

表3 固体生物质燃料主要商品形式的特性信息

主要商品形式	特性信息
木块	1)生长源,2)商品形式,3)尺寸(长度、直径或对角线,mm),4)水分(M_{ar},%),5)灰分(A_d,%),6)收到基低位发热量($Q_{net,ar}$,MJ/kg),或能量密度(MJ/m³,散体积),7)硫($S_{t,d}$,%)(加添加剂时),8)氯(Cl_d,%),9)氮(N_d,%)(化学处理过的木块),10)压缩辅料,11)颗粒密度(kg/m³),12)收到基容积密度(BD,kg/m³)
木丸	1)生长源,2)商品形式,3)尺寸(直径和长度,mm),4)水分(M_{ar},%),5)灰分(A_d,%),6)收到基低位发热量($Q_{net,ar}$,MJ/kg)或能量密度(MJ/m³,散体积),7)硫($S_{t,d}$,%)(加添加剂时),8)氯(Cl_d,%),9)氮(N_d,%)(化学处理过的木块),10)压缩辅料,11)颗粒密度(kg/m³),12)收到基容积密度(BD,kg/m³)
压榨橄榄油后的渣饼	1)生长源,2)商品形式(压实的颗粒、块或丸),3)尺寸(直径和长度,mm),4)水分(M_{ar},%),5)灰分(A_d,%),6)收到基低位发热量($Q_{net,ar}$,MJ/kg),7)氮(N_d,%)
木片	1)生长源,商品形式,2)尺寸(>80%部分、<5%粉末部分和最大颗粒的尺寸,mm),3)水分(M_{ar},%),4)灰分(A_d,%),5)收到基低位发热量($Q_{net,ar}$,MJ/kg)或能量密度(MJ/m³,散体积),6)氯(Cl_d,%),7)氮(N_d,%)(化学处理过的木块),8)收到基容积密度(BD,kg/m³)

续表

主要商品形式	特性信息
拱曲燃料	1)生长源,2)商品形式,3)尺寸(>80％部分,<5％粉末部分和最大颗粒的尺寸,mm),4)水分(M_{ar},%),5)灰分(A_d,%),6)收到基低位发热量($Q_{net,ar}$,MJ/kg)或能量密度(MJ/m^3,散体积),7)氯(Cl_d,%),8)氮(N_d,%)(化学处理过的木块),9)收到基容积密度(BD,kg/m^3)
圆木	1)生长源,2)商品形式,3)木材种类(针叶、落叶或混合使用),4)尺寸(长度和单断面最大直径,mm),5)水分(M_{ar},%),6)灰分(A_d,%),7)能量密度(MJ/m^3,散体积或堆积体积),8)收到基固体体积、堆积体积或散体积(m^3),9)劈开体积的比例(未劈开:主要为圆木;劈开:85％圆木被劈开;混合物:未劈开和劈开的混在一起),10)切割面(平、平滑、不平),11)霉菌和腐朽
锯屑	1)生长源,2)商品形式,3)水分(M_{ar},%),4)灰分(A_d,%),5)收到基低位发热量($Q_{net,ar}$,MJ/kg)或能量密度(MJ/m^3,散体积),6)氯(Cl_d,%),7)氮(N_d,%),8)收到基容积密度(BD,kg/m^3)
树皮	1)生长源,2)商品形式,3)水分(M_{ar},%),4)灰分(A_d,%),5)收到基低位发热量($Q_{net,ar}$,MJ/kg)或能量密度(MJ/m^3,散体积),6)氯(Cl_d,%),7)氮(N_d,%)(化学处理过的树皮),8)收到基容积密度(BD,kg/m^3),9)碎裂状况
禾草包	1)生长源,2)商品形式,3)尺寸(高度、宽度和长度,mm),4)草包的密度(kg/m^3),5)生物质种类,6)水分(M_{ar},%),7)灰分(A_d,%),8)能量密度(MJ/m^3,散体积),9)粒度分布或结构(谷物是否除杂、破碎)
其他	1)生长源,2)商品形式,3)尺寸(mm),4)水分(M_{ar},%),5)灰分(A_d,%),6)收到基低位发热量($Q_{net,ar}$,MJ/kg)或能量密度(MJ/m^3,散体积),7)添加物(种类和含量),8)氯(Cl_d,%),9)硫($S_{t,d}$%),10)氮(N_d,%)(化学处理过的木块),11)机械强度(%),12)进一步的尺寸规格(细粉和粗颗粒的尺寸和含量),13)收到基容积密度(BD,kg/m^3),14)其他主要元素和微量元素

5 样品

5.1 采样

可从原材料生长地、生产厂、运输过程、存储地或使用地采取固体生物质燃料样品。采样方法和程序应予规定,并严格执行。采样方法和程序至少应对采样原则、采样精密度、采样工具,采样批或采样单元(分批),采样点和子样分布,子样数目、子样量,总样量,采样记录等做出规定,使所采样品的特性对被采一批的固体生物质燃料有充分的代表性,满足预计采样精密度的要求。

采取的样品应放在密封的容器(如带盖塑料桶或密封塑料袋)中。若使用透明包装物,样品应避免阳光直射。容器应做标记,注明唯一的样品识别码、批或采样单元(分批)识别码、采样者姓名、采样日期和时间等。

注:当只进行粒度分布试验时,样品可以放在盒子或其他方便的包装物中。

当需要水分测定时,应测定包装物内壁吸收的水分。

5.2 制样

制样方法和程序应以技术规范或标准的形式予以规定,并严格执行。

制样方法和程序中至少应对现场采取样品的接收、空气干燥或预加热干燥、破碎、过筛、缩分等操作及适宜的设备和环境等做出规定;保证在缩分之外的操作中没有颗粒损失;

保证在缩分过程中，缩分前样品中的每一颗粒都有同等的概率被包括在缩分后的分样中；保证在整个制样过程中样品的特性没有改变，使每个分样都对原样具有充分的代表性。

制备的试验样品粒度和样品量应能满足试验的需要。试验样品在送实验室之前应与周围环境湿度达到近似平衡状态。

5.3 试验样品

试验样品的特性应能充分代表被采样所代表的大批量固体生物质燃料的特性。其粒度和质量应满足各项试验方法标准或规范的要求，并应与实验室环境达到平衡。

5.4 试验样品保存

试验样品应保存在严密的容器中。每一份样品都应带有可追溯到样品来源的唯一标识。

6 测定

6.1 测定项目

可根据固体生物质燃料的分类和预期用途选择以下试验项目：

a) 全水分；

b) 工业分析（水分、灰分、挥发分和固定碳）；

c) 碳；

d) 氢；

e) 氮；

f) 全硫；

g) 氯；

h) 水溶性氯、钾和钠含量；

i) 发热量；

j) 灰熔融性；

k) 尺寸或体积测定；

l) 容积密度；

m) 颗粒密度；

n) 筛分（粒度分布）试验；

o) 机械强度；

p) 灰中常量元素（Si、Al、Fe、Ca、Mg、K、Na、S、P、Ti 等，以氧化物表示）；

q) 微量元素（As、Ba、Se、Cd、Co、Cr、Cu、Hg、Mo、Mn、Ni、Pb、Se、Te、V、Zn 等）。

6.2 试验方法要求

所有试验方法和程序应以技术规范或标准的形式予以规定，并严格执行。试验方法对固体生物质燃料应有良好的适用性，测定结果的复现性好、准确可靠，测量不确定度满足实际需要，可操作性强。

试验方法和程序中应根据情况对方法原理、试剂和材料、仪器设备，试验样品、测定步骤、结果计算和表述，以及方法精密度等做出规定。

6.3 测定次数

除特殊规定外，每项试验对同一样品进行 2 次重复测定。2 次测定的差值如不超过重复性限 T，则取其算术平均值作为最后结果；否则，需进行第 3 次测定。如 3 次测定值的极差小于或等于 $1.2T$，则取 3 次测定值的算术平均值作为测定结果；否则，需要进行第 4 次测定。如 4 次测定值的极差小于或等于 $1.3T$，则取 4 次测定值的算术平均值作为测定结果；如极差大于 $1.3T$，而其中 3 个测定值的极差小于或等于 $1.2T$，则可取此 3 个测定值的算术平均值作为测定结果。如上述条件均未达到，则应舍弃全部测定结果，并检查仪器和操作，然后重新进行测定。

6.4 试验样品称取

称取试样前，应将试样充分混匀；取样时，应尽可能从样品容器的不同部位、用多点取样法取出。

6.5 水分测定期限

6.5.1 全水分应在样品制备后立即测定，如不能立即测定，则应将之准确称量，并尽快测定。

6.5.2 凡需对水分测定结果进行校正或需报告干基结果的试验，应同时称出水分测定样品，并尽快进行水分测定。

7 测定结果表述

7.1 结果表述符号
7.1.1 项目及结果表示符号

固体生物质燃料分析检验，除少数惯用符号外，均采用各分析检验项目的英文名词的第一个字母或缩略字，以及各化学成分的元素符号或分子式作为它们的代表符号。以下为固体生物质燃料分析检验项目的专用符号：

M_{ar}——收到基水分（全水分）

M_{ad}——空气干燥基水分

A——灰分

V——挥发分

FC——固定碳

$Q_{gr,V}$——恒容高位发热量

$Q_{net,V}$——恒容低位发热量

$Q_{net,P}$——恒压低位发热量

DT——（灰熔融性）变形温度

ST——（灰熔融性）软化温度

HT——（灰熔融性）半球温度

FT——（灰熔融性）流动温度

BD——容积密度

DE——颗粒密度

DU——机械强度

E_{ar}——收到基能量密度［单位体积（松散、固体或堆积体积）物料的能量］

7.1.2 基的符号

以不同基表示的固体生物质燃料的分析结果，采用基的英文名称缩写字母、标在项目符号右下角，必要时用逗号分开表示。固体生物质燃料分析检验常用基的符号有：

ar——收到基（或新鲜基）

ad——空气干燥基

d——干燥基

daf——干燥无灰基

7.2 基的换算

将有关数值代入表4所列的相应公式中，再乘以用已知基表示的结果值，即可求得用所要求的基表示的结果值（低位发热量的换算除外）。

表4 不同基的换算公式

已知基	计算基			
	空气干燥基 ad	收到基 ar	干燥基 d	干燥无灰基 daf
空气干燥基 ad		$\dfrac{100-M_{ar}}{100-M_{ad}}$	$\dfrac{100}{100-M_{sd}}$	$\dfrac{100}{100-(M_{ad}+A_{ad})}$
收到基 ar	$\dfrac{100-M_{ad}}{100-M_{ar}}$		$\dfrac{100}{100-M_{ar}}$	$\dfrac{100}{100-(M_{ar}+A_{ar})}$
干燥基 d	$\dfrac{100-M_{ad}}{100}$	$\dfrac{100-M_{ar}}{100}$		$\dfrac{100}{100-A_{d}}$
干燥无灰基 daf	$\dfrac{100-(M_{ad}+A_{ad})}{100}$	$\dfrac{100-(M_{ar}+A_{ar})}{100}$	$\dfrac{100-A_{d}}{100}$	

7.3 数字修约

凡末位有效数字后面的第一位数字大于5，则在其前一位上增加1，小于5则弃去；凡末位有效数字后面的第一位数字等于5，而5后面的数字并非全为0，则在5的前一位上增加1；5后面的数字全部为0时，如5前面一位为奇数，则在5的前一位上增加1，如前面一位为偶数（包括0），则将5弃去。所拟舍弃的数字，若为两位以上时，不得连续进行多次修约，应根据所拟舍弃数字中左边第一个数字的大小，按上述规则进行一次修约。

7.4 结果报告

固体生物质燃料的分析试验结果，取2次或2次以上重复测定值的算术平均值、按上述修约规则修约到表5规定的位数。

表5 测定值与报告值位数

测定项目	单位	测定值	报告值
全水	%	小数后一位	小数后一位
工业分析（M_{ad}、A、V、FC）	%	小数后二位	小数后二位
碳、氢、氮	%		
硫	%		
灰中常量元素（Si、Al、Fe、Ca、Mg、K、Na、S、P、Ti 等，以氧化物表示）	%		
微量元素（As、Ba、Cr、Cu、Mo、Ni、Pb、Se、Te、V、Zn）	$\mu g/g$（mg/kg）	个位	个位
微量元素（Cd、Co）	$\mu g/g$（mg/kg）	小数后一位	小数后一位
微量元素（Hg）	$\mu g/g$（mg/kg）	小数后三位	小数后三位
发热量（Q）	MJ/kg J/g	小数后三位 个位	小数后二位 十位
氯 磷 锰	% % %	小数后三位	小数后三位
水溶性氯、钾、钠	$\mu g/g$（mg/kg）	个位	个位
灰熔融性特征温度	℃	个位	十位
容积密度	kg/m³	小数后一位	个位
颗粒密度	g/m³	小数后二位	小数后二位
机械强度	%	小数后一位	小数后一位
粒度分析	%	小数后一位	小数后一位
能量密度	MJ/m³	小数后一位	小数后一位

8 方法的精密度

固体生物质燃料的试验方法精密度，以重复性限和再现性临界差表示。

8.1 重复性限

在重复性条件下，即在同一试验室中，由同一操作者、用同一仪器、对同一试样、于短期内所做的重复测定，所得结果间的差值（在95％概率下）的临界值。

8.2 再现性临界差

在再现性条件下，即在不同试验室中，对从试样缩制最后阶段的同一试样中分取出来的、具有代表性的部分所做的重复测定，所得结果的平均值间的差值（在95％概率下）的临界值。

8.3 方法精密度的确定

方法精密度（重复性限 r 和再现性临界差 R），按 GB/T 6379.2 通过多个试验室对多个试样进行的协同试验来确定。

重复性限：$r = \sqrt{2}\, t_{0.05} s_r$

再现性临界差：$R = \sqrt{2}\, t_{0.05} s_R$

式中 s_r——实验室内单个重复测定的结果的标准差；

s_R——实验室间测定结果（单个实验室重复测定结果的平均值）的标准差；

$t_{0.05}$——95％概率下的 t 分布临界值。

9 溶液及其浓度

9.1 溶液

固体生物质燃料分析试验中使用的溶液，凡以水作溶剂的称为水溶液，简称溶液；以其他液体为溶剂的溶液，则在其前面冠以溶剂的名称，如以乙醇（或苯）为溶剂的溶液称为乙醇（或苯）溶液。

9.2 溶液浓度

以下为固体生物质燃料分析试验中常用的溶液浓度。

9.2.1 物质的量浓度

单位体积溶液中所含溶质的物质的量，单位为摩尔每升，符号为 mol/L。

9.2.2 质量分数或体积分数

溶质的质量与溶液质量或溶质的体积与溶液体积之比。

9.2.3 质量浓度

溶质的质量除以溶液体积，以克每升或其适当分倍数表示，如 g/L、mg/mL。

9.2.4 体积比或质量比

一试剂和另一试剂（或水）的体积比或质量比，以 $(V_1 + V_2)$ 或 $(m_1 + m_2)$ 表示，如 $(1+4)(V+V)$ 硫酸是指 1 体积相对密度 1.84 的硫酸与 4 体积水混合后的硫酸溶液。

10 试验记录及试验报告

10.1 试验记录

试验记录应按规定的格式、术语、符号和法定计量单位填写，并应至少包括以下内容：

a) 试验项目名称及记录编号；

b) 试验日期；

c) 试验依据标准（或技术规范）及主要使用的仪器设备名称及编号；

d) 试验数据；

e) 试验结果及计算；

f) 试验过程中发现的异常现象及其处理；

g) 试验人员和审查人员；

h)   其他需说明的问题。

10.2   试验报告

试验报告应按规定的格式、术语、符号和法定计量单位填写，并应至少包括以下内容：

a)   报告名称、编号、页号及总页数；

b)   试验单位名称、地址、邮编、电话、传真等；

c)   委托单位名称、地址、邮编、电话、传真及联系人等；

d)   样品名称、特性和状态、原编号及送样日期；

e)   实验室样品编号；

f)   试验项目及依据标准或技术规范；

g)   试验结果及结论（如果适用）；

h)   抽样程序（包括固体生物质燃料类别、抽样依据标准或规范、抽样基数、采样单元数和子样数、子样质量和总样质量、抽样时间、地点和人员）（如果适用）；

i)   关于"本报告只对来样负责"的声明（如果适用）；

j)   批准、审核和主验人员，签发日期；

k)   其他需要的信息。

索　引

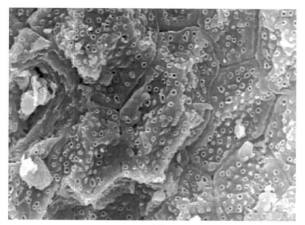

(a) 杏核

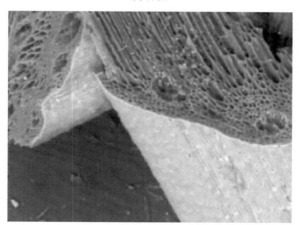

(b) 芒草

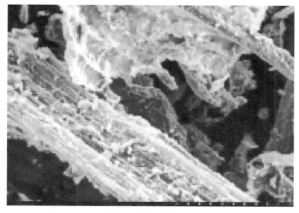

(c) 奶牛粪便

彩图 1　各类生物炭电镜图

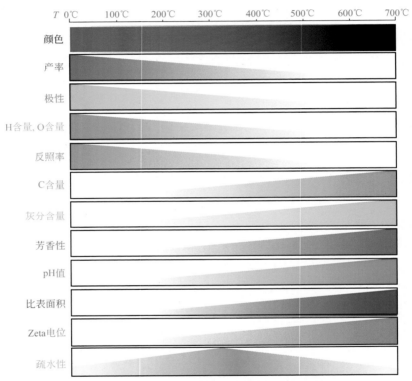

彩图 2　典型生物炭的物理化学性质随热裂解温度的变化关系